数字水准仪、全站仪测量技术

赵世平　编著

黄河水利出版社
·郑州·

内 容 提 要

本书主要内容共分为 8 章,对数字水准仪和全站仪的概念、测量原理、使用方法和功能、参数设置、检验校正方法、数据传输方法、应用技术等方面均作了较详细的介绍。本书内容上力求新颖、简练、系统、深入浅出、通俗易懂、结合实际,适应科技发展方向,符合国家规范、标准。本书介绍的仪器是目前市场上销量较大、质量较好且技术较为成熟的主流仪器。各章附有思考题与习题,以便读者自学。

本书可供高等学校工程测量、土木工程、工程管理、道路与交通工程、地下工程等专业作为教材或参考书使用,亦可供各类设计院、勘察院和建设工程公司相关专业工程技术人员学习参考。

图书在版编目(CIP)数据

数字水准仪、全站仪测量技术/赵世平编著 . —郑州:黄河水利出版社,2015.9
ISBN 978 - 7 - 5509 - 1230 - 4

Ⅰ.①数… Ⅱ.①赵… Ⅲ.①数字式测量仪器 - 水准仪 - 测量技术②光电测量仪 - 测量技术 Ⅳ.①TH761 ②TH82

中国版本图书馆 CIP 数据核字(2015)第 214300 号

出 版 社:黄河水利出版社
　　　　　　地址:河南省郑州市顺河路黄委会综合楼 14 层　　　　邮政编码:450003
发行单位:黄河水利出版社
　　　　　　发行部电话:0371 - 66026940、66020550、66028024、66022620(传真)
　　　　　　E-mail:hhslcbs@126. com
承印单位:郑州龙洋印务有限公司
开本:787 mm × 1 092 mm　1/16
印张:17.75
字数:410 千字　　　　　　　　　　　　　印数:1—4 000
版次:2015 年 9 月第 1 版　　　　　　　　印次:2015 年 9 月第 1 次印刷
定价:38.00 元

前　言

　　本书是作者根据多年来的教学、实践、修理经验，并收集参考了大量数字水准仪和全站仪方面的文章、资料编写而成的。

　　随着现代科学技术的飞速发展，先进技术在测绘学科得到了广泛的应用。测绘仪器从原来的以光学仪器为主，逐步发展为现在的以电子测量仪器和各种数字化测绘应用软件为主，并在各行各业得到了普及和广泛的应用。在我国，国产全站仪的生产历史已有15年左右，国产数字水准仪也已有近10年的研制、生产历程，这些国产电子测量仪器在我国的经济建设中发挥了很大的作用，促进了国家基本建设行业的快速发展。如今，国产电子测量仪器不但在国内占据了大半个测绘仪器市场，而且部分仪器还出口到国外，其质量和品质都可以与进口仪器相媲美。本书对数字水准仪和全站仪的测量原理、使用方法、参数设置、检验校正方法、数据传输方法、应用技术等方面均作了较详细的介绍。本书重点介绍了中纬测量系统（武汉）有限公司生产的 ZT20 Pro 系列全站仪和 ZDL700 数字水准仪、苏州一光仪器有限公司生产的 RTS310 系列全站仪和 EL302A 数字水准仪，这些型号的电子测量仪器是厂家较为成熟且市场销量较大、质量较好的常用电子测量仪器，掌握好这些仪器的使用与应用技术对学生将来毕业后从事工程建设事业是大有好处的。

　　本书共分为8章，第1章绪论，介绍数字水准仪和全站仪的概念、发展现状及前景；第2章全站仪、数字水准仪的测量原理，介绍测角、测距、补偿及数据处理原理和数字水准仪的原理；第3章全站仪的使用方法，介绍中纬 ZT20 Pro 系列全站仪和苏州一光 RTS310 系列全站仪的使用；第4章中纬 ZT20 Pro 系列全站仪的程序测量，介绍对边测量、自由设站测量、面积测量、悬高测量和偏心测量的原理与使用；第5章数字水准仪的使用方法，介绍中纬 ZDL700 数字水准仪和苏州一光 EL302A 数字水准仪的使用方法；第6章数字水准仪、全站仪与计算机的数据通信，介绍数据通信的概念、数字水准仪和全站仪与计算机的双向数据通信。第7章数字水准仪、全站仪的检验校正，介绍数字水准仪和全站仪的检验校正；第8章数字水准仪、全站仪的应用，介绍全站仪数字测图方法、倾斜测量原理与测量方法、曲线测设的原理与应用、全站仪在基坑监测中的应用、数字水准仪和全站仪使用中应注意的问题。各章附有思考题与习题。

　　参加本书编著人员如下：第1章第1.1~1.4节，第2、5、7章，第4章第4.5节，第6章第6.1节，第8章第8.3、8.6节和各章思考题与习题由海南大学赵世平编著；第1章第1.5节，第6章第6.2、6.3节由中纬测量系统（武汉）有限公司刘时忠编著；第3章第3.1~3.5节和第8章第8.1、8.2节由海口市建筑工程质量检测中心徐光勇编著；第3章第3.6~3.11节由海南省文昌市第二建筑安装公司潘正波编著；第4章第4.1~4.4节由海南中正达测绘信息工程有限公司黄运龙编著；第6章第6.4、6.5节由海南大学阴壮琴编著;第 8 章第 8.4、8.5 节由海南大学雷永强编著。最后,由赵世平负责全书统稿。

本书在编著过程中得到了中纬测量系统(武汉)有限公司、苏州一光仪器有限公司的大力支持,在此深表谢意。

由于作者水平有限,书中疏漏和不妥之处在所难免,敬请读者批评指正。

作　者
2015 年 6 月

目　录

第1章 绪 论

1.1 数字水准仪的概念

数字水准仪是现代微电子技术和传感器工艺发展的产物,它依据图像识别原理,将编码尺的图像信息与已存储的参考信息进行比较获得高程信息,从而实现了水准测量数据采集、处理和记录的自动化。数字水准仪具有测量速度快、操作简便、读数客观、精度高、能减轻作业劳动强度、测量数据便于输入计算机和易于实现水准测量内外业一体化等优点,是对传统几何水准测量技术的突破,代表了现代水准仪和水准测量技术的发展方向。

高程测量中的几何水准测量方法是使用时间最长、原理最简单,但又最精密的高程测量方法,因而一直运用至今。其主要弱点是工效低,因而近几十年来人们一直致力于提高几何水准测量的作业效率。由于水准测量时仪器和标尺不仅在空间上是分离的,而且它们的相对距离也不固定,因而给水准测量自动化与数字化带来了一定的困难。一般认为水准测量自动化可沿两个途径发展:一个途径是在仪器上实现;另一个则是在标尺上实现,或者是两者配合共同实现。这样,水准仪的数字化比经纬仪的数字化晚了大约30年。对于低等(三、四等)水准测量而言,三角高程测量方法(对向观测法)具有作业效率高、精度好的特点,完全可以替代三、四等水准测量,应用前景十分广阔。

1990年3月徕卡(Leica)公司推出世界上第一台数字水准仪NA2000,参见图1-1。在NA2000上首次采用数字图像技术处理标尺影像,并以行阵传感器取代观测员的肉眼获得成功。这种传感器可以识别水准标尺上的条形码分划,并采用相关技术处理信号模型,自动显示与记录标尺读数和视距,从而实现观测自动化。

可以说,从1990年起,大地测量仪器已经完成了从精密光机仪器向光机电测一体化的高技术产品的过渡,攻克了大地测量仪器中水准仪数字化读数的这一最后难关。

图1-1 徕卡NA2000型数字水准仪

到1994年蔡司厂研制出了数字水准仪DiNi10/20,同年拓普康厂也研制出了数字水准仪DL101C/102C。这意味着数字水准仪也将普及,并开始了激烈的市场竞争。同时也说明,目前还是几何水准测量的精度高,没有其他方法可以取代。GPS技术只能确定大地高,大地高换算成工程上需要的正高,还要知道高程异常,确定高程异常还少不了精密水准测量。这也是各厂家努力开发数字水准仪的原因之一。

目前国外有3个国家生产数字水准仪,Leica公司的相关测量法,Zeiss公司的几何测量法、拓普康公司的相位测量法、索佳公司的 RAB 码(双向随机码)测量法,均受专利保护。各厂家的数字水准仪采用了大体一致的结构,其基本构造由光学机械部分、自动安平补偿装置和电子设备组成,电子设备主要包括调焦编码器、光电传感器(线阵 CCD 器件)、读取电子元件、单片微处理机、CSI 接口(外部电源和外部存储记录)、显示器件、键盘和测量键以及影像、数据处理软件等,标尺采用条形码供电子测量使用。各厂家条形码的编码规则各不相同,不可以互换使用。各厂家在数字水准仪研制过程中采用了不同的测量算法,条形码编码方式和测量算法不同仅仅是由于专利权的原因。数字水准仪采用普通标尺时,又可像一般自动安平水准仪一样使用。

数字水准仪利用电子图像处理技术来获得测站高程和距离,并能自动记录,仪器内置测量软件包,功能包括测站高程连续计算、测点高程计算、路线水准平差、高程网平差及断面计算、多次测量平均值及测量精度计算等。它与传统仪器相比有以下共同特点:

(1)读数客观。不存在读数误差、误记问题。

(2)精度高。视线高和视距读数都是采用大量条码分划图像经处理后取平均得出来的,因此削弱了标尺分划误差的影响。多数仪器都有进行多次读数取平均的功能,可以削弱外界条件影响。不熟练的作业人员也能进行高精度测量。

(3)速度快。由于省去了报数、听记、现场计算的时间以及人为出错的重测数量,测量时间与传统仪器相比可以节省 1/2 左右。

(4)效率高。只需调焦和按键就可以自动读数,减轻了劳动强度。视距还能自动记录、检核、处理并能输入电子计算机进行后处理,可实现内外业一体化。

(5)操作简单。由于仪器实现了读数和记录的自动化,并预存了大量测量和检核程序,在操作时还有实时提示,因此测量人员可以很快掌握使用方法,减少了培训时间,即使不熟练的作业人员也能进行高精度测量。

另外,数字水准仪也存在一些不如光学水准仪的缺点,主要表现为:

(1)数字水准仪对标尺进行读数不如光学水准仪灵活,数字水准仪只能对其配套标尺进行照准读数,而在有些部门的应用中,使用自制的标尺,甚至是普通的钢板尺,只要有刻划线,光学水准仪就能读数,而数字水准仪则无法工作。同时,数字水准仪要求有一定的视场范围,但有些情况下,只能通过一个较窄的狭缝进行照准读数,这时就只能使用光学水准仪。

(2)数字水准仪受外界条件影响大。由于数字水准仪是由 CCD 探测器来分辨标尺条码的图像,进而进行电子读数,而 CCD 只能在有限的亮度范围内将图像转换为用于测量的有效电信号,因此水准标尺的亮度是很重要的,要求标尺亮度均匀,并且亮度适中。

国产数字水准仪的研制起步于 21 世纪初期,2007 年苏州一光仪器有限公司首先推出了 EL100 系列数字水准仪,2009 年推出 EL200 系列数字水准仪,2011 年推出 EL302A 数字水准仪(见图 1-2),精度均为 0.7 mm/km。2014 年又

图 1-2　苏州一光 EL302A 数字水准仪

推出了 EL03 高精度数字水准仪,精度为 0.3 mm/km。现今,南方公司、北京博飞等国内厂家均有数字水准仪出产,可以说,数字水准仪正在逐步得到应用和普及。

1.2　全站仪的概念

在传统的测量中,人们已经提到了速测法,它是指使用一种仪器在同一个测站点,能够同时测定某一点的平面位置和高程的方法。这种方法也称作速测术,速测仪最初就是根据这个原理而设计的测量仪器。速测仪器的距离测量是通过光学方法来实现的,我们称这种速测仪为光学速测仪。实际上光学速测仪就是指带有视距丝的经纬仪,被测定点的平面位置由经纬仪角度测量及光学视距来确定,而高程则是用三角高程的测量方法来确定的。带有视距丝的光学速测仪,由于其快速、简易、方便,在短距离(100 m 以内)、低精度(1/200 ~ 1/500)的测量中(如碎部点测量),具有较大优势,得到了广泛的应用。

电子测距技术的出现大大地推动了速测仪的发展,用光电测距代替光学视距测距,用电子经纬仪代替光学经纬仪测角,使得仪器的测量距离更长、时间更短、精度更高。随着仪器结构、功能的进一步完善,便出现了全站仪。

1.2.1　全站仪的概念及应用

1.2.1.1　全站仪的概念

由于电子测距仪、电子经纬仪及微处理机的生产与性能不断完善,在 20 世纪 60 年代末出现了把电子测距、电子测角和微处理机结合成一个整体,能自动记录、存储并具备某些固定计算程序的电子速测仪。因该仪器在一个测站点能快速进行三维坐标测量、定位和自动数据采集、处理、存储等工作,较完善地实现了测量和数据处理过程的电子化和一体化,所以称为全站型电子速测仪,通常又称为电子全站仪或简称全站仪。

早期的全站仪由于体积大、质量大、价格昂贵等因素,其推广应用受到了很大的限制。自 20 世纪 80 年代起,由于大规模集成电路和微处理机及半导体发光元件性能的不断完善和提高,全站仪进入了成熟与蓬勃发展阶段。其表现特征是小型、轻巧、精密、耐用,并具有强大的软件功能。特别是 1992 年以来,新颖的电脑智能型全站仪投入世界测绘仪器市场,如索佳(SOKKIA)SET 系列、拓普康(T'OPCON)GTS700 系列、尼康(NIKON)DTM – 700 系列、徕卡(Leica)TPS1000 系列等,操作更加方便快捷、测量精度更高、内存容量更大、结构造型更精美合理。

1.2.1.2　全站仪的应用

全站仪的应用范围已不仅局限于测绘工程、建筑工程、交通与水利工程、地籍与房地产测量,而且在大型工业生产设备和构件的安装调试、船体设计施工、大桥水坝的变形观测、地质灾害监测及体育竞技等领域中都得到了广泛应用。

全站仪的应用具有以下特点:

(1)在地形测量过程中,可以将控制测量和地形测量同时进行。

（2）在施工放样测量中,可以将设计好的管线、道路、工程建筑的位置测设到地面上,实现三维坐标快速施工放样。

（3）在变形观测中,可以对建筑（构筑）物的变形、地质灾害等进行实时动态监测。

（4）在控制测量中,导线测量、前方交会、后方交会等程序功能操作简单、速度快、精度高;其他程序测量功能方便、实用且应用广泛。

（5）在同一个测站点,可以完成全部测量的基本内容,包括角度测量、距离测量、高差测量,实现数据的存储和传输。

（6）通过传输设备,可以将全站仪与计算机、绘图机相连,形成内外一体的测绘系统,从而大大提高地形图测绘的质量和效率。

1.2.2　全站仪的基本组成

全站仪由电子测角、电子测距、电子补偿、微机处理装置四大部分组成,它本身就是一个带有特殊功能的计算机控制系统,其微机处理装置由微处理器、存储器、输入部分和输出部分组成。由微处理器对获取的倾斜距离、水平角、竖直角、竖直轴倾斜误差、视准轴误差、横轴误差、竖直度盘指标差、棱镜常数、气温、气压等信息加以处理,从而获得各项改正后的观测数据和计算数据。在仪器的只读存储器中固化了测量程序,测量过程由程序完成。仪器的设计框架如图 1-3 所示。

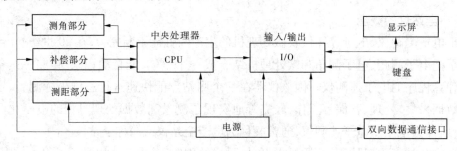

图 1-3　仪器的设计框架

其中:

（1）电源部分是可充电电池,为各部分供电。

（2）测角部分为电子经纬仪,可以测定水平角、竖直角,设置方位角。

（3）补偿部分可以实现仪器垂直轴倾斜误差对水平、垂直角度测量影响的自动补偿改正。

（4）测距部分为光电测距仪,可以测定两点之间的距离。

（5）中央处理器接收输入指令、控制各种观测作业方式、进行数据处理等。

（6）输入/输出包括键盘、显示屏、双向数据通信接口。

从总体上看,全站仪的组成可分为两大部分:

（1）为采集数据而设置的专用设备,主要有电子测角系统、电子测距系统、数据存储系统、自动补偿设备等。

（2）测量过程的控制设备，主要用于有序地实现上述每一专用设备的功能，包括与测量数据相连接的外围设备及进行计算、产生指令的微处理器等。

只有上面两大部分有机结合才能真正地体现"全站"功能，既要自动完成数据采集，又要自动处理数据和控制整个测量过程。

1.2.3 全站仪的基本结构

全站仪按其结构可分为组合式（积木式）与整体式两种。

1.2.3.1 组合式全站仪

组合式全站仪由测距头、光学经纬仪及电子计算部分拼装组合而成。这种全站仪出现较早，经不断地改进可将光学角度读数通过键盘输入到测距仪并对倾斜距离进行计算处理，最后得出平面距离、高差、方位角和坐标差，这些结果可自动地传输到外部存储器中，后来发展为把测距头、电子经纬仪及电子计算部分拼装组合在一起。其优点是能通过不同的构件进行多样组合，当个别构件损坏时，可以用其他构件代替，具有很大的灵活性。早期的全站仪都采用这种结构，这种仪器也称为半站仪，如图1-4所示。在20世纪90年代，半站仪是我国市场上的主流仪器产品，进入2000年逐渐在我国市场上被淘汰。

1.2.3.2 整体式全站仪

整体式全站仪是在一个机器外壳内含有电子测距、测角、补偿、记录、计算、存储等部分，如图1-5所示。它将发射、接收、瞄准光学系统设计成同轴，共用一个望远镜，如图1-6所示，角度和距离测量只需一次瞄准，测量结果能自动显示并能与外围设备双向通信。其优点是体积小、结构紧凑、操作方便、精度高。现今的全站仪都采用整体式结构。

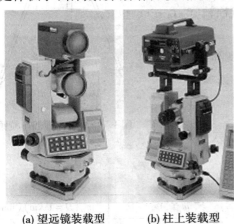

(a) 望远镜装载型
REDmini2+DT2

(b) 柱上装载型
RED2L+DT2

图1-4 组合式全站仪

图1-5 整体式全站仪

整体式全站仪配套使用的棱镜与对中杆脚架如图1-7所示。

如果仪器有水平方向和竖直方向同轴双速制动及微动手轮，瞄准操作只需单手进行，更适合移动目标的跟踪测量及空间点三维坐标测量，操作更方便，应用更广泛。

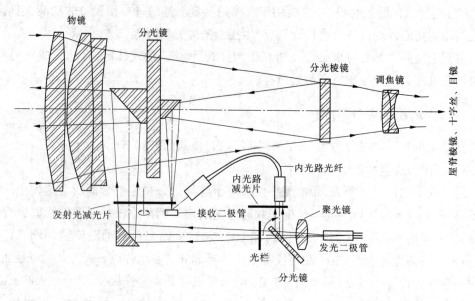

图 1-6 索佳 SET500/SET600、SET210/SET510/SET610 全站仪的望远镜光路结构

1.2.4 全站仪的精度及等级

1.2.4.1 全站仪的精度

全站仪是集光电测距、电子测角、电子补偿、微机数据处理为一体的综合型测量仪器,其主要精度指标是测距精度 m_D 和测角精度 m_β。如中纬公司 ZT20 Pro 系列全站仪的标称精度为:测角标称精度 $m_\beta = \pm 2''$,测距标称精度 $m_D = \pm (2\ \text{mm} + 2 \times 10^{-6}D)$。

在全站仪的精度等级设计中,对测距精度和测角精度的匹配采用"等影响"原则,即

$$\frac{m_\beta}{\rho} = \frac{m_D}{D} \tag{1-1}$$

式中,取 $D = 1\ \text{km}$,$\rho = 206\ 265''$,则有表 1-1 所示的对应关系。

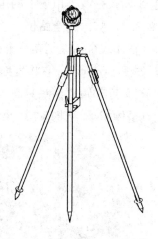

图 1-7 对中杆脚架 + 棱镜

表 1-1 m_β 与 m_D 的关系

$m_\beta('')$	$m_D(D = 1\ \text{km})(\text{mm})$	$m_\beta('')$	$m_D(D = 1\ \text{km})(\text{mm})$
1	4.8	5	24.2
1.5	7.3	10	48.5

1.2.4.2 全站仪的等级

国家计量检定规程《全站型电子速测仪检定规程》(JJG 100—2003)将全站仪的准确度划分为四个等级,见表 1-2。

表 1-2　全站仪的准确度等级

准确度等级	测角标准差 m_β (″)	测距标准差 m_D (mm)
I	$\lvert m_\beta \rvert \leqslant 1$	$\lvert m_D \rvert \leqslant 5$
II	$1 < \lvert m_\beta \rvert \leqslant 2$	$\lvert m_D \rvert \leqslant 5$
III	$2 < \lvert m_\beta \rvert \leqslant 6$	$5 < \lvert m_D \rvert < 10$
IV	$6 < \lvert m_\beta \rvert \leqslant 10$	$\lvert m_D \rvert \leqslant 10$

注: m_D 为每千米测距标准差。

I、II 级仪器为精密型全站仪,主要用于高等级控制测量及变形观测等;III、IV 级仪器主要用于道路和建筑场地的施工测量、电子平板数据采集、地籍测量和房地产测量等。

1.2.5　全站仪的分类

1.2.5.1　按测量功能分类

1. 工程型全站仪

工程型全站仪也称为常规全站仪,它具备全站仪电子测角、电子测距和数据自动记录等基本功能,可以运行厂家开发的机载测量程序,补偿器为单轴补偿器。如苏州一光仪器有限公司生产的 RTS110 系列全站仪、RTS100 系列全站仪等。

2. 标准型全站仪

标准型全站仪具备全站仪电子测角、电子测距和数据自动记录等基本功能,厂家开发了丰富的机载测量程序,如导线测量、线路测量等,补偿器为双轴补偿器,仪器外置温度、气压传感器,自动进行气象改正。如苏州一光仪器有限公司生产的 RTS310 系列全站仪、RTS320 系列全站仪等。

3. 无合作目标型全站仪

无合作目标型全站仪是指在无反射棱镜的条件下,可对一般的目标直接测距的全站仪。因此,对不便安置反射棱镜的目标进行测量,无合作目标型全站仪具有明显优势,在建(构)筑物的倾斜观测、变形观测等特种测量中使用无合作目标型全站仪极为方便、高效。其代表为苏州一光仪器有限公司生产的 RTS112R5L 全站仪、RTS312R5L 全站仪等。

4. 智能型全站仪

智能型全站仪为测量人员提供了创新、完善、集成的野外测绘数字化的解决方案,具有典型代表意义的是苏州一光仪器有限公司生产的 RTS810 系列智能型全站仪。

1.2.5.2　按测距仪测程分类

1. 短距离测程全站仪

测程小于 3 km,一般标称测距精度为 $\pm(5\ \text{mm} + 5 \times 10^{-6} D)$,主要用于普通测量和城市测量。

2. 中距离测程全站仪

测程为 3 ~ 15 km,一般标称测距精度为 $\pm(5\ \text{mm} + 2 \times 10^{-6} D) \sim \pm(2\ \text{mm} + 2 \times 10^{-6} D)$,通常用于一般等级的控制测量和工程测量。

3. 长距离测程全站仪

测程大于 15 km，一般标称测距精度为 $\pm(5\ mm + 1\times10^{-6}D)$，通常用于国家三角网及特级导线的测量。

由于目前国家控制网及工程控制网一般采用全球定位系统 GPS 测量，所以目前的全站仪以中、短距离测程全站仪为主。

1.2.6 智能型全站仪的主要特点

智能型全站仪亦称电脑型全站仪，具有双轴倾斜补偿器，双边主、附显示器，双向传输通信，大容量的内存或磁卡与电子记录簿两种记录方式以及丰富的机内软件，因而测量速度快、观测精度高、操作简便、适用面宽、性能稳定，深受广大测绘技术人员的欢迎，成为1993 年以来的全站仪主流发展方向。智能型全站仪的主要特点如下：

（1）电脑操作系统。智能型全站仪具有像通常个人计算机（简称 PC 机）一样的Windows 操作系统。

（2）大屏幕显示。可显示数字、文字、图像，也可显示电子气泡居中情况，以提高仪器安置的速度与精度，并采用人机对话式控制面板。

（3）大容量的内存。一般内存在 16 MB 以上，扩展内存为 64 MB 甚至 1 GB，能存储海量测量数据。

（4）采用国际计算机通用磁卡。所有测量信息都可以文件形式记入磁卡或电子记录簿，磁卡采用无触点感应式，可以长期保留数据。

（5）自动补偿功能。补偿器装有双轴倾斜传感器，能直接检测出仪器的垂直轴在视准轴方向和横轴方向上的倾斜量，经仪器处理计算出改正值并对垂直方向和水平方向的值加以改正，提高测角精度。

（6）测距时间短，耗电量少。

1.3 全站仪的发展现状及前景

全站仪作为最常用的测量仪器之一，它的发展改变着我们的测量作业方式，极大地提高了生产的效率。虽然 GPS 技术在大地测量领域已广泛应用，但在测绘领域中全站仪依然发挥着极其重要的作用，因为它有着 GPS 接收机所不具备的一些优点，如不需对天通视，选点和布点灵活，特别适用于带状地形及隐蔽地区，价格相对较低，观测数据直观，数据处理简单，操作方便，精度高等。

全站仪早期的发展主要体现在硬件设备上，如减轻质量、减小体积等；中期的发展主要体现在软件功能上，如水平距离换算、自动补偿改正、加常数和乘常数的改正等；现今的发展则是全方位的，如全自动、智能型。

全站仪正朝着全自动、多功能、开放性、智能型、标准化方向发展，它将在地形测量、工程测量、工业测量、建筑施工测量和变形观测等领域中发挥越来越重要的作用。

1.3.1 全站仪的发展

纵观全站仪的发展,有些是仪器加工制造及传统理论的进化,有些是其他技术的进步所带来的变化,而有些则是思想观念的更新。综合全站仪的发展具有如下几个特点。

1.3.1.1 仪器的系统性

全站仪从 20 世纪 60 年代末开始出现即显示了其系统性。如德国 ZEISS 厂的 RegElta-14 全站仪和瑞典 AGA 厂的 Geodimeter700 全站仪,它们都配有记录、打印的外围设备,因此全站仪都配有供数据输出的 RS232C 标准串行端口。目前这个标准串口的开发应用,不仅能将数据从仪器传输到记录器、电子记录簿或电子平板中,即实现数据的单向流动,而且能够将数据或程序从计算机输入到仪器中,以便对仪器的软件进行更新,甚至通过计算机和仪器的连接,将仪器作为终端由计算机中的程序对仪器进行实时控制操作,实现数据的双向流动。此时全站仪已不再是一台单一的测绘仪器,它和计算机、软件甚至一些通信设备(如电话、传真机、调制解调器等)一起,组成了一个智能型的测绘系统。

1.3.1.2 双轴自动补偿改正

仪器误差对测角精度的影响,主要是由仪器的三轴之间关系不正确造成的。在光学经纬仪中主要是通过对三轴之间关系的检验校正,减少仪器误差对测角精度的影响;在电子仪器中则主要是通过所谓"自动补偿"实现的。最新的全站仪已实现了三轴补偿功能(补偿器的有效工作范围一般为 ±3′),即全站仪中安装的补偿器,自动检测和改正由于仪器垂直轴倾斜而引起的测角误差;通过仪器视准轴误差和横轴误差的检测结果计算出误差值,必要时由仪器内置程序对所观测的角度加以改正。

1.3.1.3 实时自动跟踪、处理和接受计算机控制

新式结构的全站仪,仪器中都安装有驱动仪器水平方向 360°、望远镜竖直方向 360° 旋转的伺服马达,用这种类型的全站仪可以实现无人值守观测、自动放样、自动检测三轴误差、自动寻找和跟踪目标。因此,在变形观测、动态定位及在一些对人体有害的环境中应用,将具有无可比拟的优越性。

1.3.1.4 操作方便,功能性强

全站仪的发展使得它操作方便,功能性强。由于仪器中的操作菜单往往使用的是英文描述,于是操作便显得复杂起来,全站仪处理这一问题时是用象形符号或助记符号帮助理解或使用类似于 Windows 风格的界面提供联机帮助。事实上,提供中文菜单并不是没有可能。由于全站仪所使用的是液晶显示屏,因此用何种文字显示并没有太大的区别(有些仪器即提供了好几种不同语言的操作菜单,如英文、日文、法文、德文等),尽管中文占用的点阵行数会多一些,但滚动条的使用可解决这个问题。目前,全中文菜单的全站仪已经得到了完全普及。

1.3.1.5 内置程序增多和标准化

近年来,全站仪发展的一个极其重要的特征是内置程序的增多和标准化。内置程序能够实时提供观测过程并计算出最终结果。观测者只要能够按仪器中设定的功能,操作步骤正确就能完成测量工作,而不含程序的全站仪则只能提供观测值和观测值的计算值。

也就是说,通过程序将内业计算的工作直接在外业中完成,程序的执行过程实际上也就是仪器操作的执行过程。目前,各厂家仪器都具备内置程序的功能,比较实用的程序有度盘定向、放样测量、坐标测量、偏心测量、悬高测量、面积测量、对边测量、自由设站测量等。

1.3.1.6 开放性环境,用户可二次开发功能

开放性环境最大的特点是它具有足够的包容性和灵活性,在不同的场合中能够适应不同的要求。随着科学技术的进步,开放环境的要求已经遍及整个开发和应用领域。过去用户只能被动地接受全站仪所提供的功能,若遇到一些特殊要求的工作,用户只能采用一些变通的方法,不能主动地去指挥仪器工作。而在开放环境的条件下,用户就可以参与到仪器功能的二次开发中,从而使用户真正地成为仪器的"头脑",使仪器按照人的意愿去进行工作。

1.3.1.7 仪器的兼容性和标准化

考虑到用户的利益,兼容性是必须的。兼容的基础是在计算机领域由 IBM 公司首先完成的,从而使计算机得以飞速发展。在全站仪领域,用户已经体会到了不兼容的弊端,如所购的一套仪器,使用了若干年后,如果其中一个关键部件损坏或技术更新,而由于设备之间的不兼容,这套仪器配置中的其他配件也不能为别的仪器所利用,那么用户只能将其整个淘汰。目前各厂家的数据记录设备都向 PCM – CIA 卡靠拢,但这仅仅是在兼容性方面迈出的小小一步。考虑到全站仪是一种特殊行业使用的特殊仪器及各厂家自身的利益,兼容性还仅仅停留在设想上。

1.3.1.8 实现数据共享能力

由于对仪器实时作业的要求,内业的外业化便显得十分必要。过去从外业到内业再到外业的工作过程,将被一次性的外业工作所替代,而这种效率的提高,需要以仪器间数据的共享为基础。这种数据共享主要是指全站仪和其他类型的仪器(如 GPS 接收机、数字水准仪)之间的数据交流。通过不同仪器之间的数据交流,从而减少内业、外业之间的衔接,提高测量工作的自动化水平。

1.3.1.9 高精度

精度是全站仪最重要的参数之一,现行精度最高的全站仪,测角精度为 $\pm 0.5''$,测距精度为 $\pm (0.5 \text{ mm} + 1 \times 10^{-6}D)$。高精度仪器的出现,解决了一系列精密工程测量方面的问题,但现实测量工程中有时也需要更高精度的仪器,以降低精密测量的难度和工作量,这是用户的要求,也是技术发展的要求。

1.3.2 全站仪软件包的发展

20 世纪 90 年代推出的全站仪所配置的测量与定位软件,已由过去少量的特殊功能发展到迄今的功能齐全、实用、操作简便的测量软件包,使得全站仪测量技术更加广泛地应用于控制测量、施工放样测量、地形测量和地籍测量等领域。

1.3.2.1 全站仪测量软件包的发展现状

随着市场产销竞争日趋激烈,全站仪测量软件包也在不断地更新。现代新型全站仪配置的软件包普遍向多功能化方向发展,归纳起来具有如下功能:

(1)菜单功能。各公司目前新近推出全站仪软件包大都采用了菜单功能。利用菜

单功能和配置的操作提示,可以在提高仪器操作功能的同时简化键盘操作。

(2)基本测量功能。包括电子测距、电子测角(水平角、垂直角),经微处理器可实现数据存储、成果计算、数据传输及基本参数设置等。主要用于测绘的基本测量工作,包括控制测量、地形测量和工程放样施工测量等。特别注意的是只要开机,电子测角系统即开始工作并实时显示观测数据。

(3)程序测量功能。包括水平距离和高差的切换显示、三维坐标测量、对边测量、放样测量、偏心测量、后方交会测量、面积测量等。特别注意的是程序测量功能只是测距及数据处理,它是通过预置程序由观测数据经微处理器数据处理、计算后显示所需要的测量结果,实现数据的存储及双向通信。

(4)用户开发系统。为了便于用户自行开发新的功能,满足某些特殊测量工作的需要,全站仪具有用户开发系统。目前,全站仪一般都装有标准的 MS - DOS 操作系统,用户可在 PC 机上开发各种测量应用程序,以扩充全站仪的功能。

国外厂商针对我国测量用户开发的全站仪软件包,提供了较丰富的测量功能,在生产实践中得到了广泛应用,但这些全站仪软件包尚存在一些缺点,需进一步地完善并适应我国国情。

1.3.2.2　国内全站仪软件包开发状况

我国电子测量仪器的研制与生产虽然起步较晚,但发展较快。20 世纪 80 年代初,国产光电测距仪投放市场。90 年代研制和生产电子经纬仪,南方公司生产的我国第一台 NTS - 200 系列全站仪,打破了国外厂家垄断我国全站仪市场的局面,随后其他仪器厂家也相继推出了自己的全站仪。目前,国产全站仪的生产历史已有 15 年以上,全站仪精度也能满足实际需要,价格仅是国外全站仪的 1/3。从这些全站仪目前所配备的软件来看,它们具有以下特点:

(1)软件包一般配置有按我国测绘生产组织方式和国家测绘规范要求的应用程序。

(2)软件包功能齐全。能够提供平均测量、放样测量、悬高测量、间接测量、坐标测量和数据传输等功能,它们在实现数字化测图中起着重要作用。

(3)用户界面汉字化,便于我国用户操作。

(4)软件包数据采集和计算处理一体化,形成的各种坐标数据文件可通过格式转换与各种绘图软件接口,实现自动绘图。

(5)随着液晶显示技术的发展,国内厂家生产的智能型全站仪,其显示屏不仅能显示字符,而且还能显示图形,全站仪软件包能现场实时绘制工作草图,使数据自动采集与辅助测图同时进行,成为未来野外测量作业的先进作业方式。

(6)多种测量方法供用户选择,使全站仪能广泛地应用于控制测量、工程测量和工程放样施工等领域。

1.3.2.3　全站仪软件包的未来发展趋势

由于近代电子技术的高速发展,测量仪器不断地更新换代,满足了各种各样的用途和精度的需要,新型全站仪正朝着自动化、多功能化、一体化的方向更新和发展。为了充分发挥全站仪的功能,国内外厂家都在进一步地研究与开发全站仪软件包。从目前情况来看,全站仪软件包将向着以下方向发展:

（1）由基于 DOS 编程向 Windows 编程发展，软件包功能更强大，界面更丰富多彩。

（2）通过格式转换和各种绘图软件接口，实现自动绘图。

（3）全站仪作为内、外作业联系的重要部分，建立综合测量系统，已成为开发全站仪软件包的延续。如索佳测绘公司的综合测绘系统、徕卡公司的开放式测量世界、北京光学仪器厂的 BGSS 综合测绘系统等。

因此，综合测量系统将是今后测量工作的发展趋势。这种系统把全站仪通过相关软件系统和计算机、打印机、绘图机、数字化仪等设备联为一体，将大大有利于实现地形测量、地籍测量、工程测量及变形观测等工作的自动化。

1.3.3　新型全站仪简介

徕卡 SmartStation 超站仪（见图 1-8）是世界上第一台智能型超站仪。其特点如下：

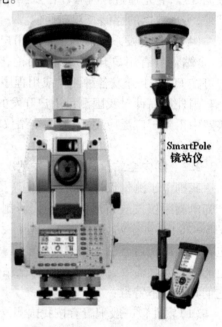

（1）灵活多变的组合模式，适合不同用户的需求，全站仪和 GPS 完全兼容，测量数据即测即用。

（2）全新的设站、定向方式，轻松完成测量任务。不再需要 GPS 静态三角控制网的测量，不再需要全站仪控制导线的测量，在最适合的地方一次设站，就可解决设站定向、未知点测量的所有问题。

（3）首次打破先定向、后测量的传统作业流程。传统的全站仪作业流程是先完成已知点定向，再进行未知点测量，自从有了徕卡 SmartPole 镜站仪，在没有已知点的情况下也可实现测站定向，并且是边测量、边定向的创造性作业新流程。

图 1-8　徕卡 SmartStation 超站仪

（4）TPS 与 GPS 可即时切换的灵活测量方式。每个测绘现场情形各异，有的最适合TPS 测量，有的最适合 GPS 测量，有了 SmartPole 镜站仪，您可以随时作出最佳选择，当GPS 受到空中卫星信号遮挡而限制测量时，选择使用 TPS；当 TPS 因障碍物遮挡视线不能通视时，则可切换为 GPS 测量。

1.4　苏州一光全站仪简介

全站仪是测绘仪器技术发展到一定阶段的产物，测绘仪器技术发展的原动力是不断提高的生产需求，如核电站、地铁、海底隧道、高速铁路、跨海大桥、电子对撞机等重点工程的建设，同时相关技术，特别是以电子技术、计算机技术和信息技术为代表的新技术的快速发展，不断地促进全站仪向精密、自动化、智能化、信息化的方向发展。

20 世纪 90 年代末期，随着我国综合实力的提高，国内开始研制全站仪，2001 年苏州一光研制的 DQZ2、DQZ5 全站仪开始投放市场，经过这十几年的市场磨合与国内科研攻关,现今,国产优质全站仪已占据了国内市场的大半,并且部分仪器还出口到海外市场。

1.4.1 国产全站仪的分类

1.4.1.1 按测量功能分类

（1）电脑型全站仪:内置操作系统,可以完成较为复杂的测量程序和数据文件管理。

（2）专业型全站仪:用于大地测量、地形测量、控制测量和精密工程测量。

（3）工程型全站仪:用于建筑、道路、农田、水利等普通工程测量。

1.4.1.2 按测量原理分类

（1）有协作目标全站仪:测距一般采用红外线相位法测距原理,需要以角锥棱镜作为反射目标。

（2）无协作目标全站仪:测距可不使用棱镜作为反射目标,一般使用半导体激光管作为光源,采用相位或脉冲测量原理,可对不同材质、不同颜色的物体进行距离测量。

（3）光栅增量式全站仪:测角采用光栅度盘测角原理,开机后需人工进行角度初始化。

（4）绝对编码式全站仪:测角采用编码度盘测角原理,开机后不需人工进行角度初始化。

1.4.2 苏州一光各系列全站仪简介

1.4.2.1 RTS810 系列彩屏 Win CE 智能型全站仪

RTS810 系列彩屏 Win CE 智能型全站仪(见图 1-9),采用 WINCE5.0 操作系统,其功能强大的机载软件可随时随地满足全部作业需求,其主要特点如下:

（1）QVGA 大屏幕、彩色触摸屏;

（2）32 位 CPU、32 MB ROM、64 MB RAM。

（3）除具有主从 USB 设备端口和 RS－232C 串口外,还支持蓝牙通信和 U 盘的接入,内置高达 1 GB 海量 SD 卡。

（4）采用红绿光导向,帮助作业员快速定位正确的定线方向。

（5）功能强大的机载软件,如道路放样程序,强大的图形放样、实时成图功能让所见即所得,一次轻松完成内、外业全部工作。

RTS810 系列全站仪属智能电脑型全站仪,有 RTS812、RTS812R5 两个型号,RTS812R5 免棱镜测程为 500 m。RTS810 系列全站仪代表国产全站仪的较高水平,适用于各种专业测量队伍,完全能够满足从事大型工程和特种工程建设任务的施工单位对测量仪器的要求。

1.4.2.2 RTS812M 电动全站仪

RTS812M 电动全站仪(见图 1-10)是苏州一光 2015 年推出的高端全站仪,为测量人员提供了创新、完善、集成的野外测绘数字化的解决方案,适用于内、外业一体化设计施工及数字测图,建筑施工、道路放样、变形监测、隧道断面测量、地形地籍测量及控制点测设。其主要特点如下:

图 1-9　RTS810 系列全站仪　　　　图 1-10　RTS812M 电动全站仪

（1）无限位微动。

（2）伺服马达驱动。

（3）伺服定位精度：±3″。

（4）最大旋转速度：35°/s。

（5）免棱镜测程 500 m，免棱镜测距精度 3 mm + 2 × $10^{-6}D$。

（6）棱镜测程 5 000 m，棱镜测距精度 2 mm + 2 × $10^{-6}D$。

PC 视窗风格图形化的操作界面让操作者轻松上手；丰富的功能模块满足全方位的测绘需求；专业的测量向导让操作者轻松完成各类应用。

1.4.2.3　810 型超站仪

810 型超站仪（见图 1-11）是苏州一光最新研发的集合全站仪测角功能、测距功能和 GPS 定位功能，不受时间地域限制，不依靠控制网，无须设基准站，没有作业半径限制，单人单机即可完成全部测绘作业流程的一体化的测绘仪器。其主要特点如下：

（1）Win CE 智能型。

（2）真彩触摸屏。

（3）定线引导功能。

（4）高速 32 位处理器。

810 型超站仪可实现无控制点情况下的外业测量，这种作业模式可以大大改善传统的作业方法，应用领域非常广泛，比如对于偏远山区、农村地区的矿山测量、线路测量、工程放样、地形测图等劳动强度较大的测量工作，还有建筑场所、快速发展中的城市地区，能够大大提高工作效率，节省人力、物力。

1.4.2.4　RTS010、RTM010 高精度全站仪

RTS010、RTM010 系列全站仪（见图 1-12）是苏州一光研制并于 2014 年推出的高精度全站仪。其主要特点如下：

图 1-11　810 型超站仪

图 1-12　RTS010、RTM010 系列全站仪

（1）测角和测距核心技术全面突破,测角精度 $\pm 1''$,棱镜测距精度 $1\ mm + 1 \times 10^{-6}D$。

（2）免棱镜测程 1 000 m,免棱镜测距精度 $2\ mm + 2 \times 10^{-6}D$。

（3）反射片测程 1 200 m,反射片测距精度 $1\ mm + 1 \times 10^{-6}D(RTM)$。

（4）3.5 in(1 in = 2.54 cm)半透半反彩色触摸屏,阳光下清晰可见。

（5）智能发光键,根据背景光亮度自动开启和关闭。

（6）全新 Win CE 应用软件。

1.4.2.5　RTS310、RTS320 系列全站仪

RTS310、RTS320 系列全站仪(见图 1-13)是全中文数字键全站仪,采用绝对编码测角、数字相位激光测距技术和 ARM CORTEX M3 平台,内置人容量内存和各种应用测量程序,功能强大、性能稳定、使用方便,适用于建筑放样、道路放样、地形地籍测量及控制测量等测量工作。其主要特点如下:

（1）高速 32 位处理器。

（2）大容量 SD 卡存储。

（3）内置温度、气压传感器。

（4）全新设计的软件结构。

（5）具有线路计算、导线平差功能。

1.4.2.6　RTS332S 全站仪

RTS332S 全站仪(见图 1-14)是苏州一光 2014 年推出的新型全站仪,采用绝对编码测角、数字相位激光测距技术和 ARM CORTEX M3 平台。其主要特点如下:

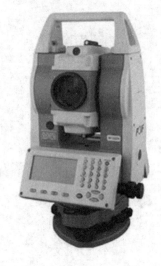

图 1-13　RTS310、RTS320 系列全站仪　　　图 1-14　RTS332S 全站仪

（1）快捷测量键,连续采点时眼睛无须离开望远镜。

（2）500 m 免棱镜测程。

（3）红绿导向光,提高放样测量效率。

（4）激光指向,不测距时自动打开,便于在暗环境下照准目标。

（5）高级测量应用程序,多测回导线测量与导线平差、道路设计与放样等。

（6）超大内存,自带内存可存储 6 万个点,标配 2GB SD 卡,兼容 SDHC 卡。

（7）超亮 LED 背光屏幕。

（8）一体式高精度温度、气压传感器。

（9）大容量锂电池,超长工作时间。

1.5　中纬全站仪简介

作为全球最大的测量技术集团海克斯康的一部分,GeoMax 有着来源于欧洲、美国和亚洲的技术发展水平和生产设计制造的绝对优势。

中纬产品定位于"大众测量豪华装备",满足用户高品质、高性能、价格适中的需求。中纬的目标是以最优化的成本,提供专业的仪器给这个领域的用户们,使他们能顺利完成工作任务和保证他们的生产力。

1.5.1　中纬全站仪的发展历程

（1）低端全站仪:2011 年中纬推出了 ZT20 系列低端全站仪,2014 年进行了软件、硬件升级,其型号命名为 ZT20 Pro 系列。

（2）高端全站仪:2007 ~ 2009 年推出 ZTS602 系列;2010 ~ 2014 年推出 ZT80 系列;2014 年推出 ZOOM 系列全站仪。

（3）中端全站仪:2015 年推出 ZT30 中端全站仪。

1.5.2　中纬各系列全站仪简介

1.5.2.1　ZOOM 系列全站仪

（1）全球顶级的精密轴系，横轴为一体轴。

（2）全球顶级的光学系统，真正同轴发射、接收。

（3）国际领先的超高频测距技术。

（4）国际领先的动态测距频率校正技术。

（5）免棱镜最高可达 1 000 m（ZOOM35）。

（6）同级仪器测程最远，单棱镜 7.5 km。

（7）最成熟的绝对编码测角技术。

（8）高精度液态双轴补偿系统，补偿范围为 ±4′，精度为 ±0.5″。

（9）电子气泡、激光对中、激光亮度可调、激光指向。

（10）U 盘、RS232、USB 及蓝牙通信（ZOOM30/35）。

（11）高能锂电池。

（12）工作温度：−20 ~ +50 ℃。

中纬 ZOOM 系列全站仪见图 1-15。

图 1-15　中纬 ZOOM 系列全站仪

1.5.2.2　ZT20 Pro 系列全站仪

（1）全球顶级的精密轴系，横轴为一体轴。

（2）全球顶级的光学系统，真正同轴发射、接收。

（3）国际领先的超高频测距技术。

（4）国际领先的动态测距频率校正技术。

（5）免棱镜最高可达 400 m（ZT20R Pro）。

（6）最成熟的绝对编码测角技术。

（7）高精度液态双轴补偿系统，补偿范围为 ±3′。

（8）电子气泡、激光对中、激光亮度可调、激光指向。

（9）高能锂电池。

（10）双 USB 接口，支持 U 盘数据传输。

（11）工作温度：−20 ~ +50 ℃。

中纬 ZT20 Pro 系列全站仪见图 1-16。

图 1-16　中纬 ZT20 Pro 系列全站仪

1.5.2.3　ZT30 系列全站仪

ZT30 系列全站仪是中纬为满足客户不断变化的需求而设计的一款全站仪。该系列全站仪拥有中纬全站仪一贯的高品质、高精度技术特色，采用全新的机身架构，全新的进口无棱镜 EDM 和软件系统，更加适合广大工程用户。

（1）3.5 in 超大高清真彩触摸屏。

（2）正版 Win CE6.0 操作系统。

（3）端口开放，支持自定义程序开发。

（4）支持 U 盘及蓝牙数据传输。

（5）全球顶级的精密轴系，横轴为一体轴。

（6）全球顶级的光学系统，真正同轴发射、接收。

（7）国际领先的超高频测距技术。

（8）国际领先的动态测距频率校正技术。

（9）免棱镜最高可达 400 m（ZT30R）。

（10）最成熟的绝对编码测角技术。

（11）高精度液态双轴补偿系统，补偿范围为 ±3′。

（12）电子气泡、激光对中，激光亮度可调，激光指向。

（13）高能锂电池。

（14）工作温度：−20 ~ +50 ℃。

中纬 ZT30 系列全站仪见图 1-17。

图 1-17 中纬 ZT30 系列全站仪

思考题与习题

1.1 什么是数字水准仪？数字水准仪有哪些优点与缺点？

1.2 什么是全站仪？全站仪由哪四大部分组成？全站仪有哪些特点？

1.3 按测量功能分类全站仪有哪几种？

1.4 试述苏州一光 RTS310 系列全站仪的特点。

1.5 试述中纬 ZT20 Pro 系列全站仪的特点。

第2章　全站仪、数字水准仪的测量原理

2.1　全站仪的测角原理

2.1.1　电子经纬仪的特点

电子经纬仪与光学经纬仪的根本区别在于它用微机控制的电子测角系统代替光学读数系统。

光学经纬仪:光学度盘、目视读数。

电子经纬仪:光电扫描度盘、自动显示系统(角—码转换系统)。

电子经纬仪是一种集光机电技术于一体的测角仪器。比起传统的光学经纬仪来,它具有许多优点:

(1)水平角、垂直角自动显示,一般最小显示为1″,有的可达0.1″,没有读数误差。而光学经纬仪必须设有专门的读数窗,需要人工调焦、调像进行对径读数,掌握起来较为困难。

(2)光学经纬仪的精密整平使用长气泡,长气泡容易受振动影响,以至于调整螺旋松动使气泡偏离,整平过程也需要较长时间。而如今越来越多的电子经纬仪去掉了长气泡,直接采用电子气泡,仪器整平时的倾斜量有的用数字显示,也有的用图形和数字同时显示,使用起来非常方便。

(3)设计了众多的应用程序,将电子经纬仪通过内存、PCMCIA卡、外接记录器等方法自动采集的数据适时处理,省掉了光学经纬仪用手工记录、后续计算等诸多麻烦,提高了工作效率。

(4)光学经纬仪的轴系误差,如视准轴误差、竖盘指标差、横轴误差、竖轴误差等,其调整只有一种方法,即机械调整,而这些调整往往要送到专业维修站进行。而电子经纬仪除这一种方法外,还使用了电子补偿进行调整的方法,使误差在相当大的范围内,通过软件设置进行修正,使调置后的剩余误差几乎为零,特别适合单面测量。这些调整除送专业维修站外,用户也可以自行操作。

(5)光学经纬仪采用机械补偿器,对垂直角进行补偿。而如今的电子经纬仪则采用电子液体补偿器,不仅可对垂直角进行补偿,而且可对水平角进行补偿,补偿范围之大,精度之高,非光学经纬仪所能比。除此之外,补偿器零点可以通过软件进行调整设置,免除了机械调整的麻烦。

除此以外,电子经纬仪还有许多优点,如大屏幕显示,用户界面好,激光对中,重量轻、功能强等,这里不再赘述。

2.1.2 全站仪的测角单位

测角单位是电子经纬仪、全站仪设置中的一项重要内容,它规定了用户在测量中所使用的角度制式。全站仪里一般提供给用户的角度单位有 400 gon(哥恩)、360°六十进制、360°十进制、6 400 密位。

上述单位中,最常见的是 360°六十进制和 400 gon。

进口全站仪出厂时的缺省设置一般为 400 gon,而我国测量单位习惯上使用 360°六十进制,但是有的时候也用到 400 gon。如检修单位使用的专用维修程序,会自动地把角度设置成 400 gon。有时计量部门检定仪器时,认为度的分辨率不够(如有的仪器最小显示为 1″),此时可能临时设置成 400 gon。

2.1.3 电子测角原理

全站仪在结构和外观上与光学经纬仪类似,主要区别在于读数系统不同,它采用光电扫描和电子元件进行自动读数和液晶显示。电子测角虽然仍采用度盘,但它不是按照度盘上的分划线用光学读数法读取角度值,而是从度盘上取得电信号,再将电信号转换为数字并显示角度值。

电子测角的度盘主要有编码度盘、光栅度盘、动态度盘、静态绝对度盘四种形式。因此,电子测角的原理就有编码度盘测角原理、光栅度盘测角原理、动态度盘测角原理、静态绝对度盘测角原理四种形式。

2.1.3.1 光栅度盘测角原理

在全站仪中,光栅度盘是一种广泛使用的测角方法,如苏州一光早期生产的 RTS630 系列全站仪就是采用光栅度盘测角原理。由于这种测角原理方法比较容易实现,所以目前在世界各生产厂家中已被广泛采用。

1. 光栅度盘

在光学玻璃上均匀地刻划出许多等间隔的细线就构成了光栅。刻在直尺上用于直线测量的称为直线光栅;刻在圆盘上由圆心向外辐射的等角距光栅称为径向光栅,在全站仪中就称为光栅度盘,如图 2-1 所示。

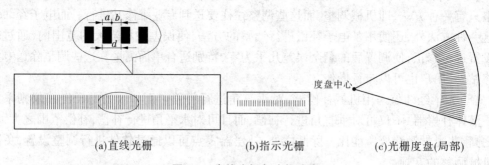

(a)直线光栅　　　　　　(b)指示光栅　　　　　(c)光栅度盘(局部)

图 2-1　直线光栅与光栅度盘

光栅的基本参数是刻划线的密度和栅距,密度即 1 mm 内刻划线的条数,栅距为相邻两栅的间距。如图 2-1 所示,光栅宽度为 a,缝隙宽度为 b,栅距为 $d = a + b$,通常 $a \approx b$。

由于栅线不透光,而缝隙通光,若在光栅度盘的上下对称位置分别安装光源和光电接收管,则可将光栅盘是否透光的信号转变为电信号。当光栅度盘与光线产生相对移动(转动)时,可利用光电接收管的计数器,累计求得所移动的栅距数,从而得到转动的角度值。这种靠累计计数而无绝对刻度数的读数系统,称为增量式读数系统。由此可见,光栅度盘的栅距就相当于光学度盘的分划,栅距越小,则角度分划值越小,即测角精度越高。例如在80 mm 直径的光栅度盘上,刻划有12 500 条细线(刻线密度为50 条/mm),栅距分划值为1′44″。要想再提高测角精度,必须对其做进一步的细分,然而这样小的栅距,无论是再细分或计数都不易达到准确,所以在光栅度盘测角系统中采用了莫尔条纹技术。

2. 莫尔干涉条纹

如图 2-2 所示,当该原理用来测角时,将度盘圆周刻成径向光栅(度盘光栅),同时在读数指标上也刻一段同样栅距的径向光栅(称为分析光栅)。通过光学系统,将两片径向光栅重叠在一起,并使两光栅刻线的辐射中心略为偏离,使之形成莫尔条纹。当分析光栅随仪器望远镜转动时,随着分析光栅相对于度盘光栅的角移,便产生了莫尔条纹在径向的移动,这种移动使得在某固定点上接收到的莫尔条纹的光强呈现正弦形的变化。若在该点上设置光电探测器进行光电转换,则会输出正弦电信号。正弦电信号一周即一个莫尔条纹宽 m,这相应于分析光栅和度盘光栅间相对移动一个栅距 d。将正弦电信号经过放大、整形并由微分电路变成脉冲信号,则一个脉冲就与一定的角度值相当。计算脉冲个数便得到角度。由此看出,光栅度盘的测角是在相对运动中读出角度的变化量,因此这种测角方式属于"增量法"的测角。

根据光学原理,莫尔条纹有如下特点:

(1)两光栅之间的倾角越小,条纹越宽,则相邻明条纹或暗条纹之间的距离越大。

(2)在垂直于光栅构成的平面方向上,条纹亮度按正弦规律周期性变化。

(3)当光栅在垂直于刻线的方向上移动时,条纹顺着刻线方向移动。光栅在水平方向上相对移动一条刻线,莫尔条纹则上下移动一周期,即移动一个纹距 w。

(4)纹距 w 与栅距 d 之间满足如下关系式:

$$w = \frac{d}{\theta}\rho' \qquad (2-1)$$

式中 θ——两光栅(见图 2-2 中的指示光栅和光栅度盘)之间的倾角。

其中 $\rho' = 3\ 438'$。

例如,当 $\theta = 20'$ 时,纹距 $w = 172d$,即纹距比栅距放大了 172 倍。这样,就可以对纹距进一步细分,以达到提高测角精度的目的。

为了判别测角时照准部旋转的方向,采用光栅度盘的全站仪,其电子线路中还必须有判向电路和可逆计数器。判向电路用于判别照准时旋转的方向,若顺时针旋转,则计数器累加;若逆时针旋转,则计算器累减。

2.1.3.2　编码度盘测角原理

利用编码度盘进行测角是全站仪中采用较早、较为普遍的电子测角方法。它是以二进制为基础,将光学度盘分成若干区域,每一区域用一个二进制编码来表示,当照准方向确定以后,方向的投影落在度盘的某一区域上并与某一个二进制编码相对应。通过发光

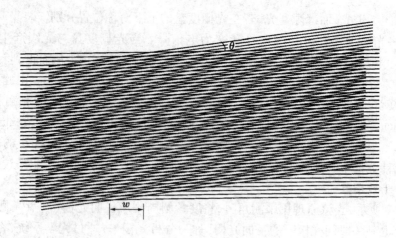

图 2-2　莫尔条纹

二极管和接收二极管,将编码度盘上的二进制编码信息转换成电信号,再通过模拟数字转换,得到一个角度值。由于每一个方向单值对应一个编码输出,不会由于停电或其他原因而改变这种对应关系。另外,利用编码度盘,不需要基准数据,即没有基准读数方向值的影响,就可以得出绝对方向值。因此,把这种测角方法称为绝对式测角方法。

　　1. 纯二进制码盘

　　将光学度盘刻上分划,造成透光与不透光两种状态,分别看作是二进制代码的逻辑"1"和"0"。纯二进制可以表示任何状态并由计算机来识别,二进制位数越多,所能表达的状态也越多。纯二进制码是按二进制数的大小依次构成编码度盘的各个不同状态。

　　如图 2-3 所示,度盘一周为 360°,如果分成两半,即可确定两种状态:0°～180°与 180°～360°,换句话说,角度的分辨率为 180°(见图 2-3(a))。如果角度的分辨率提高到 90°,首先必须把度盘分成四等份,然后加上一圈,并以二进制规则刻制(见图 2-3(b)),用纯二进制码来代替这四种状态为 00、01、10、11,对应的角度分别为 0°～90°、90°～180°、180°～270° 和 270°～360°。

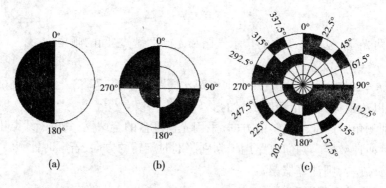

(a)　　　　　　　(b)　　　　　　　(c)

图 2-3　纯二进制编码

　　这里一圈称为一个编码轨道,图 2-3(b)度盘共有两个编码轨道,并且其二进制构成的数值是依次相邻安排的。为了提高角度分辨率,就必须增加度盘的等份数和相应的编码道数。若编码道数为 n,则整个编码度盘表示的状态数为

$$S = 2^n \tag{2-2}$$

分辨率为

$$\delta = \frac{360°}{2^n} \tag{2-3}$$

如图 2-3（c）所示，度盘分成 16 等份，即所能表示的状态数 $S = 16$，要求的编码道数 $n = 4$，分辨率 $\delta = 22.5°$。

码盘上刻制的圆环（码道）数目，取决于对码盘角度分辨率的精度要求。例如，若码盘的分辨率为 $10'$，则按 $10' = 360°/2^n$ 反求，可得 $2^n = 2\ 160$，因此码道数 $n \approx 11$。码道的尺寸是有限的，码盘下面对应着 n 个码道，排列着 n 个传感元件，又有一定的几何尺寸，则码道必须更宽些。因此，增加码道数只能到某一个限度，要进一步提高电子测角的精度，则有赖于电子测微技术。

对二进制编码度盘来说，由于度盘刻制工艺上存在公差或光电接收管安置不严格，有时测量会出现大的粗差，这是不允许的，因此在全站仪的编码度盘上引入了葛莱码盘。

2. 葛莱码盘

为了克服用纯二进制编码度盘可能会出现较大粗差这一缺点，可以采用葛莱码。葛莱码是由 H. T. Gray 于 1953 年发明的，它使整个编码度盘的相邻状态只有一个码道发生变化，所以亦称为循环码。这样，即使当读数位置处于两个状态的分界线上或光电接收管安置不很严格时，所得的读数只能是两相邻状态数中的一个，使得可能产生的误差不超过十进制的一个单位，如图 2-4 所示。

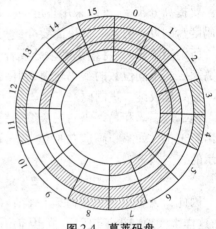

图 2-4　葛莱码盘

为了计算角度值，必须通过转换电路将葛莱码转换成相应的纯二进制数，转换方法如下：

设二进制码的第 i 个状态所代表的数值为 P_i，而葛莱码的第 i 个状态所代表的数值为 G_i，$i = 0, 1, \cdots, n$（n 为总的状态数），它们之间的关系为

$$P_n = G_n$$
$$P_{n-1} = G_n \mathrm{e} G_{n-1} = P_n G_{n-1}$$
$$P_{n-2} = G_n \mathrm{e} G_{n-1} \mathrm{e} G_{n-2} = P_{n-1} G_{n-2}$$
$$\vdots$$
$$P_1 = G_n \mathrm{e} G_{n-1} \mathrm{e} \cdots \mathrm{e} G_2 \mathrm{e} G_1 = P_2 G_1$$
$$P_0 = G_n \mathrm{e} G_{n-1} \mathrm{e} \cdots \mathrm{e} G_1 \mathrm{e} G_0 = P_1 G_0$$

式中 e 表示不进位逻辑加，故有：

$$P_i = G_n \mathrm{e} G_{n-1} \mathrm{e} \cdots \mathrm{e} G_{i+1} \mathrm{e} G_i = P_{i+1} \mathrm{e} G_i$$

为了易于比较，列出 16 种状态的纯二进制编码与葛莱码的编码对照，如表 2-1 所示。

表 2-1　纯二进制码与葛莱码的编码对照

状态	纯二进制码	葛莱码	状态	纯二进制码	葛莱码
0	0000	0000	8	1000	1100
1	0001	0001	9	1001	1101
2	0010	0011	10	1010	1111
3	0011	0010	11	1011	1110
4	0100	0110	12	1100	1010
5	0101	0111	13	1101	1011
6	0110	0101	14	1110	1001
7	0111	0100	15	1111	1000

3. 矩阵码盘

全站仪度盘的实际尺寸受到一定的限制,也就是说,编码道数是有限的,即分辨率有限。要提高分辨率,可以采用角度测微技术,也可以缩小光电接收管的尺寸,还可以改进编码度盘的设计方案。这里简要介绍另一种编码度盘——矩阵码盘。

所谓矩阵码,是将编码度盘分成若干个区域,每一个区域上刻有相当于纯二进制编码或葛莱码的不同位数的编码轨道,利用若干个读数头取出按矩阵排列的电信号,经过矩阵编码器处理成纯二进制码。

纯二进制码和葛莱码的一个编码轨道只能输出一位,而矩阵码的一个编码轨道可以输出若干位。如第一码道有 n_1 位、第二码道有 n_2 位……最后一个码道有 n_k 位,则其所能表示的总的状态为

$$2^{n_1} \times 2^{n_2} \times \cdots \times 2^{n_k} = 2^{(n_1 + n_2 + \cdots + n_k)}$$

因此,k 编码道数的矩阵码相当于 $(n_1 + n_2 + \cdots + n_k)$ 编码道数的纯二进制码和葛莱码,这样大大地减少了编码道数,从而有利于缩小度盘直径和提高角度分辨率。

矩阵编码度盘的实际工作原理在此不再赘述。

值得指出的是,在实际仪器中,往往是将各种编码方法组合在一起,随着编码度盘刻制技术和读数系统的改进,在新型的仪器中还出现了一些变异的编码度盘。同时,为了提高测角精度,还必须采用角度测微技术。

2.1.3.3　动态度盘测角原理

前面介绍的电子测角原理中,无论是编码度盘还是光栅度盘,其度盘相对于全站仪的水平轴和垂直轴固定不变,测角时仅仅用到度盘的一部分,测角精度受到度盘上编码或光栅位置分划误差的影响。为了提高测角精度,必须通过适当的角度测微技术来提高测角分辨率。

另一种与之相反的测角技术,是在测角时仪器的度盘分别绕垂直轴和横轴恒速旋转,称为动态式。如图 2-5 所示,徕卡的动态角度扫描系统是对角度扫描系统的一个重大突破,它建立在计时扫描绝对动态测角原理的基础上。测角系统由绝对式光栅度盘及驱动系统,与底座连接在一起的固定光栅探测器和与照准部连接在一起的活动光栅控测器,以及数字测微系统等组成。它主要应用于高精度全站仪或电子经纬仪,如 T2000/T2002/

TC2000／TC2002／T3000 等。

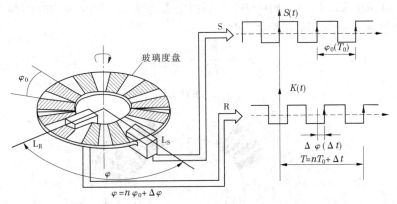

图 2-5 T2000 动态测角系统

旋转的玻璃度盘是此扫描系统的核心,以 T2000 动态测角系统为例,在测角过程中,度盘以特定的速度旋转,并用对径读数的中数消除度盘偏心差,更重要的是测量时是对度盘上所有的刻划进行计算。两个对径的光栅扫描度盘的分划,每周分别进行 512 次角度测量,然后取平均数作为观测结果,彻底消除了度盘刻划误差和偏心误差,大大提高了测量精度。

T2000 的度盘直径为 52 mm,在度盘上刻有 1 024 条分划,且一般刻划线(不透光)的宽度为刻划间隔(透光)宽度的两倍,则每一分划区间(包含一条透光和一条不透光部分)所对应的角度值 φ_0 为

$$\varphi_0 = \frac{360°}{1\ 024} = 21'05.625'' \tag{2-4}$$

T2000 的角度信息是通过光电信号的扫描来获取的。其光电扫描装置(读数头)见图2-6。

可见,光电扫描装置都是由一个发光二极管和一个接收二极管构成。其中,发光二极管持续发出红外线,接收二极管接收穿过度盘的光线。

当仪器的度盘绕水平轴和垂直轴分别以恒定的

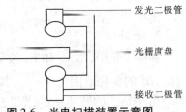

图2-6 光电扫描装置示意图

速度旋转时,由安置在度盘上对径位置的两组光电传感器(图 2-5 中只画出一组)分别在度盘转动时获得度盘信息。图 2-5 中 L_S 为固定传感器,相当于角度值的起始方向;L_R 为可随望远镜转动的可动传感器,相当于提供目标方向。这两个光电传感器之间的夹角 φ 就是要测定的角度值。显然,φ 值包括了 $n\varphi_0$ 和不足一个 φ_0 的角度值 $\Delta\varphi$,即:

$$\varphi = n\varphi_0 + \Delta\varphi \tag{2-5}$$

这样动态测角就包括了粗测 $n\varphi_0$、精测 $\Delta\varphi$ 两部分,只有在仪器完成角度的粗测 $n\varphi_0$、精测 $\Delta\varphi$ 之后,由微处理器进行衔接,才能得到完整的 φ 值。

1. 粗测

粗测 $n\varphi_0$ 中的 φ_0 为已知值,n 值的测定是利用不同的编码刻划 A、B、C、D 实现的。如

图 2-7 所示,当度盘旋转一周时,A、B、C、D 分别经过 L_S 和 L_R 一次。L_S 和 L_R 发出的信号依次为 RA、SA、RB、SB、RC、SC、RD、SD。A 刻划由 L_S 转到 L_R 所对应的时间为 T_A,则待测角 φ 中所含的 φ_0 个数 n_A 可由下式给出:

$$n_A = \frac{T_A}{T_0} \quad （取整）$$ (2-6)

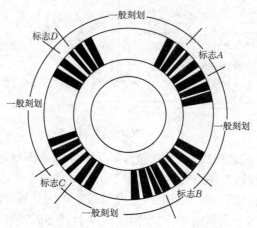

图 2-7　度盘示意图

同理,对于编码刻划 B、C、D 依次测量的 n 值,有:

$$n_i = \frac{T_i}{T_0} \quad （取整,i = B、C、D）$$ (2-7)

微处理器将一周内测出的 4 个 n 值加以比较,若有差异,则自动重复测量一次,以保证 n 值的正确性。

2. 精测

在图 2-5 中,由 L_S 和 L_R 波形的前沿存在一个时间延迟 Δt。它和 $\Delta \varphi$ 的变化范围相对应,Δt 的变化范围为 $0 \sim T_0$,其中 T_0 为一个刻划周期。

由于马达的转速一定,所以光栅度盘的转速也一定,故有:

$$\Delta \varphi_i = \frac{\Delta t_i}{T_0} \varphi_0$$ (2-8)

其中,$i = 1、2、3、\cdots、n$,n 为度盘刻划总数。t_i 可用脉冲填充的方法精确测定,T2000 动态测角系统中的微处理器按照上式计算出 $\Delta \varphi_i$ 后,再代入下式:

$$\Delta \varphi = \frac{[\Delta \varphi_i]}{n} \quad （i = 1、2、3、\cdots、n）$$ (2-9)

计算整周多次测量的平均值,作为最后的结果,实现了对光栅度盘的全周测角,消除了度盘刻划误差和度盘偏心差的影响。

光栅度盘扫描完成,T2000 动态测角系统的微处理器将 $\Delta \varphi$ 和 $n\varphi_0$ 衔接后,得到 φ 角度值。

2.1.3.4 静态绝对度盘测角原理

徕卡的动态扫描编码系统工艺精湛,精度达到了电子经纬仪和全站仪之最,但这种技术仅使用在高精度仪器上,现今,徕卡和中纬的全站仪大多使用另外一种编码系统,即静态绝对度盘编码系统。1984 年,徕卡就开始在经纬仪里使用具有徕卡特色的绝对度盘编码系统。这种系统甚至在仪器关闭或丢电以后,绝对编码器还能保持原来的定向(角度)。到了 20 世纪 90 年代,动态扫描编码系统由于成本高、工艺难度大而不再使用,高精度的全站仪如 TPS2000/5000 系列同样也采用了静态绝对度盘编码系统。

徕卡的 TPS1100 系列,是徕卡公司于 1998 年推出的最新产品,是 TPS 系列中产品类型和精度等级最多的系列。它使用静态绝对度盘编码系统,玻璃度盘的编码刻划利用光电转换方法读出。中纬测量系统(武汉)有限公司生产的 ZT80 系列全站仪亦采用了这一编码系统。

市场上大多数绝对角度测量系统,其编码必须通过一些平行的轨道来进行;而静态绝对度盘编码系统不是这样,其度盘上只有一个刻划轨道,并使用条形编码技术(这种技术与数字水准仪的条码技术相当),参见图 2-8。工作时,它的编码连续地改变并保存所有的位置信息,此编码由一阵列即线性 CCD(Charge Couple Device)数组和一个 8 位的 A/D 转换器读出,提供大约 0.3 gon 精度的概略位置。

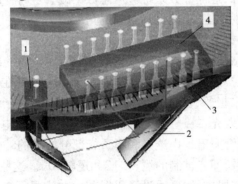

1—发光二极管;2—光路系统;3—条码度盘;4—CCD 阵列传感器

图 2-8　静态绝对度盘编码系统

首先确定数组上独立编码线的中心位置,然后使用适当的计算方法来求得平均值,完成精密测量。为了确定其位置,必须捕获至少 10 条编码线。然而在通常情况下,一次单次测量即可包括大约 60 条编码线,用以改进插入精度,减轻冗长和再生。此角度测量系统的原理应用于目前所有徕卡电子经纬仪和全站仪。

在静态绝对度盘编码系统中,阵列和偏心改正是仪器精度高低的关键,二者相互配合确定了仪器的精度。阵列,又称传感器、探测器,即度盘的读数及模数转换装置。同系列仪器中,不同等级的仪器使用的度盘是一样的,使用的编码技术是一样的,但使用阵列的多少是不一样的。

2.1.4 电子测角的读数系统

2.1.4.1 光栅度盘的读数系统

光栅度盘的读数系统采用发光二极管和光电接收二极管进行光电探测,如图 2-9 所示。在光栅度盘的一侧安置一个发光二极管,而在另一侧正对位置安放光电接收二极管。当两光栅度盘相对移动时,就会出现莫尔条纹的移动,莫尔条纹正弦信号被光电接收二极管接收,并通过整形电路转换成矩形信号,该信号变化的周期数可由计数器得到。计数器的二进制输出信号通过总线系统输入到存储器,并由数字显示单元以十进制数字显示出来。

图 2-9 光栅度盘读数系统

另外,在光栅度盘的读数系统中还需要注意以下几个问题:

(1)为了消除光栅度盘刻制误差的影响,通常采用对径位置安放光电探测器扫描。

(2)为了提高测角精度,必须采用角度测微技术。

(3)为了实现正确计数,必须进行计数方向判别。

如果照准部瞄准一个目标,顺时针方向旋转时计数累加,转过目标后,还必须按逆时针方向旋转回到这一目标,这样计数系统应从总数中减去逆时针旋转的计数。因此,该计数系统必须具备方向判别功能,才能得到正确的角度值。

2.1.4.2 编码度盘的读数系统

在用编码度盘的全站仪中,通过光电探测器获取特定度盘的编码信息,并由微处理器译码,最后将编码信息转换成实际的角度值。如图 2-10 所示,在编码度盘的每一个编码轨道上方安置一个发光二极管,在度盘的另一侧正对发光二极管的位置安放接收器件。当望远镜照准目标时,由发光二极管和光电接收器件构成的光电探测器正好位于编码度盘的某一区域,发光二极管照射到由透光和不透光部分构成的编码器,光电接收器件就会产生电压输出或者零信号,即二进制的逻辑"1"和逻辑"0"。这些二进制编码的输出信号通过总线系统输入到存储器中,然后通过译码器并由数字显示单元以十进制数字显示出来。

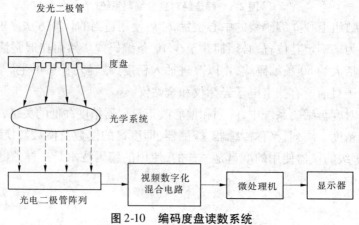

图 2-10 编码度盘读数系统

2.1.5 角度的电子测微技术

无论是编码度盘还是光栅度盘,直接测定角度值的精度很低,主要是由于受到度盘直径、度盘刻制技术和光电读数系统的尺寸限制。如将一个度盘刻成 8 个编码轨道,已是很不简单了,而其分辨率仅为 $360°/2^8 = 1.4°$,这样的分辨率远达不到角度的测量要求,光栅度盘亦是如此。因此,在测量角度时,无论采用什么格式的电子度盘,都必须采用适当的角度电子测微器技术,提高角度分辨率,才能满足角度测量的精度要求。

角度的电子测微器技术是运用电子技术对交变的电信号进行内插,从而提高计数脉冲的频率,达到细分的效果。下面仅简单介绍几种常用的电子测微方法。

2.1.5.1 四倍频直接测微法

四倍频直接测微法是英国费南梯(Ferranti)公司首创的,是目前各种电子测微技术的基础。

在前面光栅度盘的计数方向判别中已经提到,为了判别计数方向,必须另加一个光电二极管,其位置与原来读数的光电二极管间隔 1/4 的莫尔条纹宽度,使得两光电二极管所获得的信号的相位差为 90°。每相对移动一个光栅,就会产生一个莫尔条纹的移动,且光电二极管接收的莫尔条纹的亮度变化一周。这样,每通过一个条纹,两光电二极管接收的信号就有四个过零点,经过一定的电路就可将四个过零点转化为四个脉冲,且两相邻脉冲间隔为 90°,相当于 1/4 的莫尔条纹宽度,故称四倍频。在该法中,光电信号经整形后产生计数脉冲并进行编码,中间不必提取角度的测微信息,故又称直接测微。

AGA 厂的 Geodimeter700 的角度测微方法,是将整形后的方波经积分变成对称的锯齿波,然后分成 20 等份,使其每等份相当 2″。ZEISS Elta2 的编码度盘的角度分辨率为 0.9°,经测微之后将其分划细分为 1 250 等份,这样就达到了 0.648″ 的分辨率。但是,KERN E2 电子经纬仪的角度分辨率经测微之后能达到 0.3″ 的读数分辨率。

2.1.5.2 正弦比内插测微法

这是一种利用类似于测距系统中测量相位来进行角度内插测微的方法。即将获得的光强与发光二极管发射的光强信号比较,叠加后获得信号的相位差 φ。由于测定相位 φ 的计数器具有 $2\pi/1\ 000$ 的分辨率,即相当于把一个周期的正弦值细分为 1 000 等份,这样就大大提高了测角分辨率。

2.1.5.3 光学测微电子重合读数法

这是利用一般经纬仪的光学原理进行细分的方法,只是采用光电方式读出结果。

如 Zeiss Elta2 是采用度盘的编码来确定"粗读数",而用光学平行玻璃板测微器来确定"精读数",采用对径读数,相当于将编码度盘分辨率提高了一倍。测微器本身有 1 250 个分划,故细分的分辨率可达 0.65″。

2.1.5.4 分散细分小因子内插法

这是一种在读数系统中设置多个分散的细分因子环节而最终达到细分要求的方法。其细分的倍率较低,一般用于光栅度盘的角度测微中,这是因为光栅度盘的分划较小,需要细分的倍率不大。如 TC1 光栅度盘的分辨率为 1.728′,现在经过 32 倍细分内插,可达到的最小分辨率为 3.24″。

2.1.6　垂直角度测量模式

2.1.6.1　天顶距(竖盘读数)模式(VZ)

仪器开机并初始化后,垂直角测量模式自动为天顶距模式(VZ);显示角度范围为0°~360°,天顶为0°,参见图2-11(a)。

2.1.6.2　坡度模式(V%)

显示坡度值范围为-100%~+100%,水平方向为0,相应的角度值范围为-45°~+45°,如果超出范围,则显示"超出范围"(!! Over range!!),参见图2-11(b)。

2.1.6.3　垂直角(高度角)模式

垂直角(高度角)模式参见图2-11(c)。

(a)天顶距(竖盘读数)模式　　(b)坡度模式　　(c)垂直角(高度角)模式

图2-11　垂直角度测量模式

2.2　全站仪的测距原理

长距离丈量是一项繁重的工作,劳动强度大,工作效率低,尤其是在山区或沼泽区,丈量工作更是困难。进入20世纪50年代,相继出现了以激光、红外光为载波的光波测距仪和以微波为载波的微波测距仪,通称为电磁波测距仪(Electro-magnetic Distance Measuring,EDM),简称光电测距仪或测距仪。光电测距与传统的钢尺或基线丈量距离相比,具有测程长、精度高、作业快、工作强度低、几乎不受地形限制等优点。

电磁波测距仪按采用载波不同,可分为微波测距仪、激光测距仪和红外测距仪。

2.2.1　测距仪的精度指标

测距仪的测距精度是仪器的重要技术指标之一。测距仪的测距精度为

$$m_D = \pm(a + bD) \tag{2-10}$$

式中　m_D——测距中误差,mm;

　　　a——固定误差,mm;

　　　b——比例误差系数,mm/km;

　　　D——距离,km。

固定误差a主要由仪器加常数的测定误差、对中误差、测相误差等引起。固定误差与测量的距离长短无关,即不管实际测量距离多长,全站仪将存在不大于该值的固定误差。全站仪的这部分误差一般为1~5 mm。

比例误差系数 b 和距离 D 的乘积形成比例误差。一旦距离确定,则比例误差部分就会确定。

固定误差与比例误差绝对值之和,再冠以偶然误差 ± 号,即构成全站仪测距精度。如徕卡 TPS1100 系列全站仪测距精度为 $\pm(2\ mm + 2 \times 10^{-6}D)$。当被测距离为 1 km 时,仪器测距精度为 ±4 mm,换句话说,全站仪最大测距误差不超过 ±4 mm;当被测距离为 2 km 时,仪器测距精度则为 ±6 mm,最大测距误差不超过 ±6 mm。

特别需要指出的是,上述测距仪的测距精度亦称为全站仪的标称精度,是一种误差限差的概念,也就是说每台全站仪测距误差不得超过生产厂家提供的标称精度指标。所谓不得超过,可能出现的情况是有的仪器实际误差接近于这个限差,也可能有的小于或远小于这个限差,因此决不能把某台仪器的标称精度当作该仪器的实际精度。没有误差的全站仪是不存在的,但标称精度一样的全站仪的实际精度即存在的实际误差却不同,有的相差还很大。据资料统计,相当多的徕卡全站仪的实测精度高于标称精度一倍以上。

2.2.2　测距的基本原理

电磁波测距的基本原理是利用电磁波在空气中传播的速度为已知这一特性,测定电磁波在被测距离 D 上往返传播的时间 t_{2D} 来求得距离值,如图 2-12 所示。

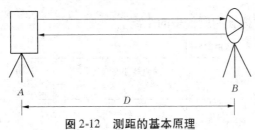

图 2-12　测距的基本原理

当 A 点仪器发射的电磁波,经 B 点棱镜反射后仍回到 A 点,则 AB 间的距离 D 为

$$D = \frac{1}{2}ct_{2D} \tag{2-11}$$

式中　c——光在大气中的传播速度,约为 30 万 km/s;

t_{2D}——光在 AB 间往返传播的时间。

由此可见,只要测出往返时间,即可计算出待测距离 D。但是,这种直接测距的方法实现起来非常困难,主要是对测定时间的精度要求很高,对电子元器件性能要求亦很高,在实践上往往是做不到的。

但是,人们可以根据此原理采取改进的方法进行测距。在测距仪实际生产中,测量距离 D 的方法不是很多,按测定时间 t_{2D} 的方法,电磁波测距仪主要分为以下两种类型。

1. 脉冲式测距仪

它是直接测定仪器发出的脉冲信号往返于被测距离的传播时间 t,进而按式(2-11)求得距离值的一类测距仪。

2. 相位式测距仪

它是测定仪器反射测距信号往返于被测距离的滞后相位 φ 来间接推算信号的传播时间 t,从而求得所测距离的一类测距仪。

根据式(2-11),取 $c = 3 \times 10^8$ m/s, $f = 15$ MHz,当要求测距误差小于 1 cm 时,通过计算可知:用脉冲法测距时,计时精度须达到 0.667×10^{-10} s;而用相位法测距时,测定相位的精度达到 $0.36°$ 即可。目前,欲达到 10^{-10} s 的计时精度困难较大,而达到 $0.36°$ 的测量相位精度则易于实现。所以,当前电磁波测距仪中相位式测距仪居多。

2.2.3 脉冲法测距的基本原理

脉冲法测距使用的光源为激光器,它发射一束极窄的光脉冲射向目标,同时输出一电脉冲信号,打开电子门让标准频率发生器产生的时标脉冲通过并对其进行计数。光脉冲被目标反射后回到发射器,同样产生一电脉冲,关闭电子门阻止时标脉冲通过。电子门开关的时间,即测距光脉冲往返的时间 t_{2D}(见图 2-13)。若其间通过的时标脉冲为 n,则

$$t_{2D} = n\frac{1}{f} \tag{2-12}$$

$$D = \frac{c}{2}\frac{n}{f} = \frac{\lambda}{2}n \tag{2-13}$$

式中 f——时标脉冲的频率;

$1/f$——时标脉冲的周期;

λ——波长。

显然,$\lambda/2$ 即一个时标脉冲所代表的距离。

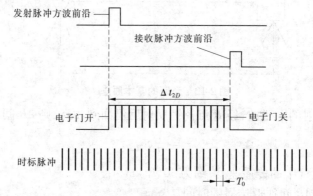

图 2-13 脉冲法测距原理

我们知道,波长与频率的乘积等于波每秒传播的距离,即波速 $c = \lambda f$。当电磁波频率等于 150 MHz 时,其波长等于 2 m,则一个时标脉冲代表的距离为 1 m。当知道时标脉冲的个数时,待测距离就会很容易求出来。

脉冲法测距的精度直接受到时间测定精度的限制,例如,如果要求测距精度 $\Delta D \leqslant 1$ cm,则要求时间测定的精度为

$$\Delta t \leqslant 2 \times \Delta D/c \approx 2/(3 \times 10^{-10}) \quad (\text{s})$$

这就要求时标脉冲的频率 f 达到 15 000 MHz,目前计数频率一般达到 150 MHz 或 30 MHz,计时精度只能达到 10^{-8} s 量级,即测距精度仅达到 1 m 或 0.5 m。

20 世纪 90 年代,随着脉冲测距技术的迅速发展,许多利用脉冲测距技术的全站仪都可达到毫米级精度。如徕卡公司的 DIOR3000 系列测距仪,就是使用半导体激光器的脉

冲式测距仪。它在上述时标计数原理的基础上,采用了细分一个时标脉冲的技术,求小于一个时标脉冲的距离值,从而提高了测距精度,使之达到了毫米级。该类仪器也是目前市场上尚存的少数长距离测距仪之一。

2.2.4 相位法测距的基本原理

相位法是当前使用最为广泛的测距方法。由于红外光的频率非常高,故直接测量其相位是不可能的。具体实现方法是对测距光波进行调制,使其幅度随着调制信号按正弦波形进行变化,从而形成调制光波即载波。测距时,电路对接收和发射时刻的载波相位进行比较(即通过一定电路将载波的调制信号(包络线)取出来进行比较),求出其相位移 φ。

将距离与时间的关系变成距离与相位的关系,通过测定相位差来求得距离。这种方法测量距离的精度可以达到厘米级,若采用超高频调制,精度可达毫米级。

相位法测距与钢尺量距有些相似,用尺长为 l 的钢尺丈量 AB 的距离 D 时可得:

$$D = Nl + \Delta l = l(N + \Delta N) \tag{2-14}$$

其中
$$\Delta N = \Delta l / l$$

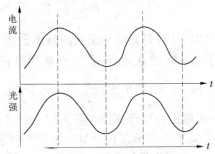

N 为所量得的整尺数,ΔN 为不足整尺的比例数。相位法测距就好像是以一种调制光波做尺子,尺子刻度用相位表示,仪器通过测量相位来测距离,测距结果自动显示。

在砷化镓(GaAs)发光二极管上加了频率为 f 的交变电压(即注入交变电流)后,它发出的光强就随注入的交变电流呈正弦变化,如图 2-14,这种光称为调制光。

图 2-14 光强随电流变化

如图 2-15 所示,测距仪在 A 点发出调制光,该调制光在待测距离上传播,为了便于说明问题,将图中反光镜 B 反回的光波沿测线方向展开画出,调制光经反射镜反射后被接收器所接收,然后用相位计将发射信号与接收信号进行比较,由显示器显示出调制光在待测距离往、返传播所引起的相位移 ϕ,图中所示的相位移 ϕ,相应地代表了光波走过的往返距离 $2D$。

$$\phi = 2\pi N + \Delta\phi = 2\pi\left(N + \frac{\Delta\phi}{2\pi}\right) = 2\pi(N + \Delta N) \tag{2-15}$$

式中　　N——ϕ 中 2π 的整周期数;

　　　　$\Delta\phi$——不足整周期的尾数,$\Delta\phi < 2\pi$;

　　　　ΔN——不足整周期的比例数,$\Delta N = \dfrac{\Delta\phi}{2\pi} < 1$。

由物理学知,调制波在传播过程中产生的相位移 ϕ 等于调制波的角频率 ω 乘以时间 t,即 $\phi = \omega t$。而角频率又等于调制波的频率 f 乘以 2π,即 $\omega = 2\pi f$,则

$$t = \frac{\phi}{\omega} = \frac{\phi}{2\pi f} \tag{2-16}$$

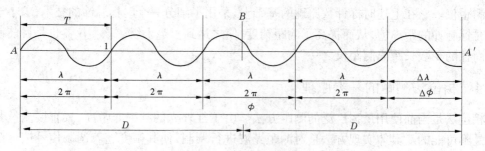

图 2-15 相位法测距原理图

将式(2-16)代入式(2-11),则得

$$D = \frac{1}{2}ct = \frac{1}{2}c\frac{\phi}{2\pi f} = \frac{c}{2f}\frac{\phi}{2\pi} \qquad (2\text{-}17)$$

光传播过程中波速(c)、波长(λ)和频率(f)的关系为

$$c = f\lambda \qquad (2\text{-}18)$$

令式(2-17)中 $\frac{c}{2f} = \frac{\lambda}{2} = \mu$,并将式(2-15)代入式(2-17)有:

$$D = \frac{c}{2f}\frac{\phi}{2\pi} = \frac{\lambda}{2}(N + \Delta N) = \mu(N + \Delta N) \qquad (2\text{-}19)$$

式(2-19)是光电测距仪的基本公式。由该式可以看出,c、f 为已知值,只要知道相位移的整周期数 N 和不足一个整周期的相位移 $\Delta\phi$,即可求得距离值。将式(2-19)与式(2-14)相比,把半波长 $\frac{\lambda}{2}$ 当作光"测尺"的长度,亦称为单位长度,在测距中可以把它当作一把量距的尺子,简称为"光尺"或"电尺",亦称为测尺长度,则距离 D 也像钢尺量距一样,成为 N 个整测尺长度与不足一个整测尺长度之和。测尺长度与调制频率(概值)的关系如表2-2所示。

表 2-2　不同的调制频率对应的测尺长

测尺长度 $\frac{\lambda}{2}$	10 m	20 m	100 m	1 km	2 km	10 km	100 km
测尺频率	15 MHz	7.5 MHz	1.5 MHz	150 kHz	75 kHz	15 kHz	1.5 kHz
精度	1 cm	2 cm	10 cm	1 m	2 m	10 m	100 m

式(2-19)中,μ 为

$$\mu = \frac{\lambda}{2} = \frac{c}{2f} = \frac{c_0}{2n_g f} \qquad (2\text{-}20)$$

式中　c_0——光在真空中传播的速度,$c_0 = (299\ 792\ 853 \pm 1.2)$ m/s;

　　　n_g——大气折射率,是载波波长、大气温度、气压的函数。

在使用式(2-19)时,仪器上的测相装置只能分辨 $0 \sim 2\pi$ 的相位值,即只能测出不足一个整周期的相位移 $\Delta\phi$,测不出整周期 N。仪器测相精度为 1/1 000,1 km 的测尺精度只能达到米级,测尺越长,精度越低。目前测距仪常采用多个调制频率(即几个测尺)进行测距。用短测尺(精尺)测定精确小数,用长测尺(粗尺)测定距离大数,如同钟表上用时、分、秒针相互配合来确定精确的时刻一样。

例如某测距仪以 10 m 做精测尺,显示米位及米位以下距离值,以 2 000 m 作为粗测尺,显示千米位、百米位、十米位距离值。如实测距离为 1 382.658 m,则精测显示 2.658 m,粗测显示 1 380 m,仪器显示的距离为 1 382.658 m。

2.2.5　徕卡、中纬测距仪专用技术

2.2.5.1　先进的超高频测距高频信号处理技术

前面我们提到测距仪为了求出完整的距离,采用多把测尺也就是多个调制频率的方法来解决问题。测尺最短的调制信号频率称为精测频率,简称精尺;测尺最长的调制信号频率称为粗测频率,简称粗尺。如果待测距离超出千米,还需增加第三把测尺,因此说每台测距仪都是根据仪器的测程范围来设置调制频率的个数的。

显然,测尺越短,频率越高,测距精度越高,但由于测相器的分辨率和精度有限,以及全站仪电路噪声、背景噪声等原因,大幅度提高精测频率的技术难度很大。所以,目前市场上流通的全站仪,其精测频率多为 15 MHz 和 30 MHz。

徕卡仪器精测频率的提高经历了一个较长的发展过程。早期的徕卡全站仪,其精测频率有 5 MHz(TC2000)、7.5 MHz(DI2000、DI1000)和 15 MHz(TC1000)。到了 20 世纪 90 年代初,以 DI1600 为代表的测距仪使用 50 MHz 的精测频率,1998 年投入市场的 TPS300/700/1100 系列,则安装 TCWⅢ型测距头,该测距头的精测频率为 100 MHz,这也是当今测绘仪器市场上精测频率较高的全站仪。

大量测试结果表明,这种利用高频技术测距的全站仪,工作稳定,数据离散不大,受环境条件的影响小,其测距精度远高于全站仪本身的标称精度,从而充分证明了高频测距技术的成熟性、可靠性和先进性。

中纬测量系统(武汉)有限公司与徕卡同属瑞典海克斯康集团,中纬 ZT80 系列全站仪,亦采用当今世界上较高的测距信号频率(100 MHz),所以可以得到最好的测距精度。

2.2.5.2　先进的动态测距频率校正技术

测距频率是决定测距精度的重要因素,它的稳定与否直接关系着测距仪比例误差的大小。测距频率由石英晶体振荡器产生,它的频率稳定度一般只能达到 $\pm 5 \times 10^{-5}$。实际测距时,环境气象条件的变化,特别是温度的变化,将直接影响晶体振荡器的稳定,因此生产厂家采取很多措施来保证晶体振荡器的频率稳定度,如采用被动"保姆"式的温补测距频率稳定技术。

还有的厂家采取晶振器件老化的方法保证晶体振荡器的频率稳定度。一般来说,器件使用初期老化进程最快,为了不把这种变化带给用户,工厂在仪器制造时,先进行晶体老化工作。这样在仪器投入使用后,老化进程将变得极为缓慢。对于徕卡仪器来说,仪器在出厂前已使晶体老化一年,使第一年 3×10^{-6} 的变化量在用户使用之前结束,而后晶体年变化量约为 1×10^{-6}。

然而,徕卡全站仪或测距仪对测距频率的控制,除晶振器件老化外,还使用另外一种独特的方法,即动态频率校正技术。下面简述其工作原理。

一般来说,从作用和所代表的意义来划分,徕卡测距仪具有三种不同类型的频率:

（1）标称频率（nominal frequency）。仪器的标称精测频率。

（2）发射频率，或称实际频率（effective frequency）。来自晶体振荡器的调制频率。

（3）计算频率（calculated frequency）。这是徕卡测距仪特有的一种频率，由计算产生。它用来对发射频率进行校正，但这种校正并不直接应用于发射频率，而是通过自动测相环节的计算过程来进行。

徕卡测距仪在生产过程中，除对晶体进行老化外，还对晶体在整个温度范围内的变化进行严格的测试，得出其在标准温度下的频率 F_0，同时还测出了在其他温度状态下的三个温度系数 K_1、K_2、K_3，求出晶体随温度变化的多项式函数曲线和表达式，即：

$$f(t) = F_0 + K_1 t + K_2 t^2 + K_3 t^3 \tag{2-21}$$

其工作原理如图 2-16 所示。

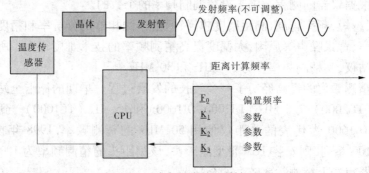

图 2-16　动态频率校正技术原理

测距仪工作时，将受到环境、自身元器件运作时的发热等温度的影响。因此，晶体振荡器频率即测距频率必然会产生变化。徕卡测距仪内部的温度传感器适时地测出此时晶体附近的温度，将其送往 CPU，代入 K_1、K_2、K_3 所组成的温度表达式对 F_0 进行校正，得出该温度状态下的计算频率和测尺来参加最终距离解算。由于这一过程与发射、接收过程同步进行，动态地对测尺进行校正，因此可以有效地保证实际测距频率参与计算的准确性和可靠性，从而大大提高了距离测量的精度。

2.2.6　无棱镜测距

无棱镜（reflectorless）测距，又叫作无接触（noncontact）测距，指的就是全站仪光束经自然表面反射后直接测距。这种方法并不是今天才有，早在 20 世纪 90 年代初，徕卡 DIOR3000 系列测距仪就具有无棱镜测距的功能。徕卡公司于 1998 年推出的无棱镜测距全站仪，开创了整体式全站仪具有两种测距功能的先河，也代表了此类仪器新的发展前景和希望。其真正含义是，既具有传统的用棱镜配合测距的功能，又具有创新的无棱镜测距的功能。如 TCR300/700/1100 系列。

在一台 TCR 类型的全站仪测距头里，安装有两个光路同轴的发射管，提供两种测距方式。一种方式为 IR，它可以发射利用棱镜和反射片进行测距的红外光束，具有 780 nm 的波长，单棱镜可测距离达 3 000 m，精度为 $\pm(2 \text{ mm} + 2 \times 10^{-6}D)$；一种方式为 RL，它可以发射可见的红色激光束，其波长为 670 nm，不用反射棱镜（或反射片）可测距离达 80

m,精度为 $\pm(3\text{ mm}+2\times10^{-6}D)$。这两种测量方式的转换可通过仪器键盘上的操作控制内部光路来实现,由此引起的不同的常数改正会由系统自动修正到测量结果上。但是,无论使用哪种测距方式,其原理均为相位法测距原理。其精测频率为 100 MHz,相应的精测尺长为 1.5 m,粗测尺长最大可达 12 km。现今,徕卡的 TCR 类全站仪无棱镜测距测程最大可达 1 000 m,精度可达 $\pm(2\text{ mm}+2\times10^{-6}D)$。

通常,脉冲法测距具有测程远的优势,而相位法测距则有精度高的优势。脉冲法用测量发射和接收信号之间的时间间隔来计算距离,多次测量得出平均距离;相位法则使用连续信号,以不同的频率来调制基本信号,测出发射和接收信号之间的相位差,从而求出被测距离。徕卡全站仪将相位法测距的精度优势应用在无棱镜测距上,这在世界测绘市场上是个首创。由于徕卡仪器无棱镜测距的准确度也是由特殊性的频率系统即采用动态频率校正技术来保证的,因此这种方式的精度相对同类产品来说是最高的,而且有棱镜测距和无棱镜测距两种方式的精度几乎相等。

对测量无法接触的点位来讲,无棱镜测距全站仪具有巨大的先进性,使用它可以很容易地获得被测点的位置信息,而且是三维信息。由于无反射棱镜全站仪测距光路设计成发射与接收同轴,作业员用望远镜瞄准被测点,只要被测点在测程之内,就可以测得该点的坐标。这样,一方面省去了作业员爬高上低的奔波之苦,作业强度和危险性大大降低;另一方面也对一些重要的建筑(比如文物)起到了一定的保护作用。徕卡的无棱镜测距中,可见红色激光束还可以经常打开来提供目标点的位置,激光点打在什么地方,仪器就测到什么地方,这在坑道剖面测量或室内测量时特别有用,因为当测量环境条件不利时可代替望远镜瞄准目标。

2.2.7 边长改正

设测距仪测定的是斜距,并且也未预置仪器常数,因而需对所测距离进行仪器加常数改正、乘常数改正和气象改正,求得改正后的斜距值,最后进行倾斜改正,求得水平距离。

现代全站仪都可进行改正数预置,测量时自动进行改正,无须计算。

2.2.7.1 加常数改正

加常数是由发光管的发射面、接收面与仪器中心不一致,反光镜的等效反射面与反光镜中心不一致,内光路产生相位延迟及电子元件的相位延迟等因素的影响所致,其单位为 mm,用 ΔD_1 表示。新出厂的仪器,厂家已测定其加常数并预置到仪器内部。

2.2.7.2 乘常数改正

仪器的测尺长度与仪器振荡频率有关,仪器经过一段时间使用,晶体会老化,致使测距时仪器的晶体振荡频率与设计时的频率有偏移,因此产生与测量距离成正比例的系统误差,其比例因子称为乘常数 K,其单位是 $10^{-6}(\text{mm/km})$。如晶振有 15 Hz 误差,会产生 $1\times10^{-6}(\text{mm/km})$ 的系统误差,1 km 的距离将产生 1 mm 误差。每台仪器均存在着乘常数,只是大小不同而已。一般大的有十几个 $10^{-6}(\text{mm/km})$,小的则有零点几 10^{-6}(mm/km),甚至可以忽略不计。用户可根据测量任务对精度的要求来决定是否在数据处理时加上这项改正。乘常数的改正用 ΔD_2 表示。

全站仪的加常数和乘常数由国家法定计量单位在仪器检定证书上给出。

2.2.7.3　气象改正

全站仪在测距作业中必须进行气象改正,即通过测量作业现场的温度 T(Temperature)、气压 P(Pressure)及湿度 H(Humidity,该项仅在高精度测量时使用),按照一定的气象改正公式,求出气象改正比例系数 K_{PT} 以及距离改正数 ΔD_3。不同厂家的全站仪,其气象改正公式不同。

全站仪的气象改正是在标准气象条件的基础上进行的。在标准气象条件下,全站仪的气象改正比例系数 K_{PT} 值为零。如苏州一光 RTS312L 全站仪,选 $T = 15$ ℃, $P = 1\ 013$ hPa(760 mmHg),作为标准气象条件,此时的气象改正比例系数 $K_{PT} = 0$。实际测量时,现场的气象条件一般会与标准气象条件有所不同,因此通常所说的气象改正就是指相对于标准气象条件变化的改正。苏州一光 RTS312L 全站仪气象改正比例系数 K_{PT} 值计算公式如下:

$$K_{PT} = 278.960 - \frac{0.290\ 2P}{1 + 0.003\ 6T} \tag{2-22}$$

式中　K_{PT}——气象改正比例系列,mm/km;

　　　P——气压,hPa;

　　　T——温度,℃。

在全站仪的使用手册中,关于气象改正比例系数的获得方法一般有三种:

(1)用户直接输入温度 T、气压 P,由全站仪自动算出(新型全站仪一般都有此功能);

(2)根据气象改正图表,由用户查出相应的气象改正比例系数值;

(3)厂家提供气象改正公式,由用户通过计算机或计算器算出。

在全站仪上设有输入对话框,不但可以直接输入温度 T、气压 P,对测得的距离自动进行气象改正,还可以将通过查表或其他方式得出的气象改正比例系数值直接输入进行改正。

2.2.7.4　测距边长的改正计算

斜距的改正计算:

$$S = S^1 + \Delta D_1 + \Delta D_2 + \Delta D_3 \tag{2-23}$$

式中　S——斜距改正后值;

　　　S^1——仪器显示的斜距值;

　　　ΔD_1——加常数改正,mm;

　　　ΔD_2——乘常数改正,$\Delta D_2 = K \cdot S^1$,K,mm/km,S^1,km;

　　　ΔD_3——气象改正,$\Delta D_3 = K_{PT} \cdot S^1$,$K_{PT}$,mm/km,$S^1$,km,气象改正公式以仪器说明书为准。

2.2.7.5　倾斜改正

测距仪经过前几项改正后的距离是测距仪几何中心到反光镜几何中心的斜距,要改算成平距还应进行倾斜改正。全站仪测距时可测出天顶距 VZ,计算出竖直角 α。用下式计算平距:

$$D = S\sin VZ = S\cos\alpha \tag{2-24}$$

式中　S——斜距改正后的值;

　　　α——视线倾角,即垂直角度。

2.3 全站仪补偿器的原理

近几年来,电子经纬仪和全站仪已普遍应用于各项工程建设,使测图与施工放样定位工作既方便快捷,又准确高效,但是要使电子经纬仪和全站仪在工程建设中完全发挥作用,除要用好它的自动计算、自动存储、数据通信等功能外,对电子经纬仪和全站仪补偿器功能的正确理解与应用也是至关重要的。下面仅讨论电子经纬仪和全站仪补偿器的原理与应用问题。

2.3.1 全站仪的轴系误差

2.3.1.1 视准轴误差

视准轴误差又称照准误差,也就是人们常说的"c"角。它产生的原因是由于安装和调整不当,望远镜的十字丝中心偏离了正确的位置,结果是视准轴与水平轴不正交,引起了测量误差,它是一个固定值;外界温度的变化也会引起视准轴位置的变化,这个变化则不是一个固定值。若令 Δc 为视准轴误差 c 对水平方向观测读数的影响,则有

$$\Delta c = \frac{c}{\cos\alpha} \tag{2-25}$$

显然,视准轴误差对水平方向读数的影响不仅与视准轴误差 c 成正比,而且也与目标点的垂直角有关。采取盘左、盘右取中数的方法能够消除视准轴误差对水平度盘读数的影响。

2.3.1.2 横轴误差

横轴误差 i 又称水平轴倾斜误差。其主要原因是安装或调整不完善致使支承水平轴的二支架不等高,水平轴两端的直径不等也是一个原因。由于仪器存在着水平轴误差,当整平仪器时,垂直轴垂直,而水平轴不水平,这就会在水平方向引起观测误差。若令 Δi 为水平轴倾斜误差 i 对水平方向观测读数的影响,则有

$$\Delta i = i\tan\alpha \tag{2-26}$$

显然,Δi 的大小不仅与 i 角的大小成正比,而且与目标点的垂直角 α 有关。采取盘左、盘右取中数的方法能够消除横轴倾斜误差对水平度盘读数的影响。

2.3.1.3 竖轴倾斜误差

仪器的竖轴偏离铅垂位置,存在一定的倾斜,这种竖轴不垂直的误差称为竖轴误差。偏离的竖轴与铅垂线之间的夹角用 v 来表示。产生竖轴误差的主要原因是仪器整平不完善,竖轴晃动,土质松软引起脚架下沉或因震动、湿度和风力等因素的影响而引起脚架移动。若令 Δv 为竖轴倾斜误差 v 对水平方向观测读数的影响,则有

$$\Delta v = v\cos\beta\tan\alpha \tag{2-27}$$

由式(2-27)可知,竖轴倾斜误差对水平方向值的影响不仅与竖轴倾斜角 v 有关,还随照准目标的垂直角和观测目标的方位不同而不同。在测量工作中,采取盘左、盘右取中数

的方法不能消除竖轴倾斜误差对水平角和垂直角的影响。

2.3.2 竖轴倾斜误差对竖直度盘和水平度盘读数的影响

竖轴发生倾斜实际上有两种:一种是在望远镜的纵轴方向(X轴)的倾斜,另一种是在与 X 轴垂直的横轴方向(Y轴)的倾斜。若不是正对 X 轴和 Y 轴倾斜,根据几何关系可以将倾斜方向解析到 X 轴和 Y 轴方向,参见图 2-17。

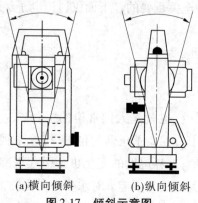

(a)横向倾斜　　　(b)纵向倾斜

图 2-17　倾斜示意图

纵向(X轴)倾斜将引起垂直角的误差,垂直轴纵向的倾斜将引起 1:1 的垂直角误差。横向(Y轴)的倾斜影响水平角的测量。

假设:测量中发生仪器竖轴在 X 轴的倾斜为 ϕ_X,Y 轴的倾斜为 ϕ_Y。那么存在以下函数关系:

$$\left.\begin{aligned} \text{天顶距的误差} &= \phi_X \\ \text{水平度盘读数的误差} &= \phi_Y \times \cot V_K \\ V_K &= V_0 + \phi_X \end{aligned}\right\} \tag{2-28}$$

式中　ϕ_x——竖轴倾斜在视准轴方向(X轴)的分量;

　　　ϕ_y——竖轴倾斜在横轴方向(Y轴)的分量;

　　　V_K——仪器显示的天顶距;

　　　V_0——电子度盘测得的天顶距。

从式(2-28)可看出,水平角的误差与测得的天顶距有关。先假设 Y 轴的倾斜为一个定量,则水平角的误差随着望远镜的转动而变化。在天顶距接近 90°(水平方向)时,根据式(2-28)可以知道水平角的误差趋近于 0,就是说此时没有误差;在接近天顶(0°)但未达到天顶时,我们知道此时的误差较大。

根据式(2-28),当转动的角度相同时,Y 轴的倾斜量越大(即 ϕ_Y 越大),水平角的误差就越大。比如:若 Y 轴倾斜 30″即 $\phi_Y = 30″$,当望远镜转动到天顶距为 25°位置时,水平角的误差大约为 64″,即大约有 1′的误差。另外,$\cot V_K$ 又是奇函数,当从水平方向向下转动望远镜时,误差数值仅改变符号,接近天底就会有较大的误差。

2.3.3　补偿器的目的和作用

在测量工作中,有许多方面的因素影响着测量的精度,其中垂直轴、水平轴和视准轴的不正确安装或整置,常常是诸多误差源中最重要的因素。为了减小测量误差,人们常常采用盘左、盘右求平均的测量方法,但是这个过程比较麻烦,常常需要多花费一些时间,且容易导致操作上的错误。在许多应用工程中,测量精度的要求相对低些,例如建筑工地,对某点进行单面测量就能够满足精度要求;另外,担任许多定位和测量任务的人员,没有经过更多的有关测量技术方面的培训,这就对仪器生产提出了更高的要求,即其产品应尽可能方便使用,自动减少轴系误差的影响。而补偿器就是为了这个目的应运而生的。补偿器的作用就是通过寻找仪器竖轴在 X 轴和 Y 轴方向的倾斜信息,自动地对测量值进行改正,从而提高采集数据的精度。

2.3.4　补偿器的工作原理

补偿器,又称倾斜传感器(tile sensor),是全站仪的一个重要部分。补偿器按工作原理可划分为摆式补偿器和液体补偿器。按补偿范围可划分为单轴补偿器、双轴补偿器和三轴补偿器。

2.3.4.1　单轴补偿器

在光学经纬仪上采用单轴补偿的方法来补偿竖轴倾斜而引起的竖直度盘读数误差已很久了。光学经纬仪上一般采用簧片式补偿器、吊丝补偿器、液体补偿器。图 2-18 是徕卡的摆式补偿器工作原理图,多见于徕卡的老式全站仪,如 T/TC1600,T/TC1000 等。

当仪器倾斜的时候,将引起摆的微小摆动,这个变化通过光路引起竖直度盘影像的相应变化,垂直指标的位移与仪器的倾斜量相等,正确地改正了角度的输出,从而对仪器的倾斜起到了补偿作用。

图 2-19 是国内某厂采用的电容式单轴补偿器,当仪器倾斜的时候,将引起气泡的运动,从而导致电容的变化,只要测量极板间的电容变化,就可以测量仪器的倾斜量。

2.3.4.2　双轴补偿器

双轴补偿器的功能是,仪器竖轴倾斜时能自动改正由于竖轴倾斜对竖直度盘和水平度盘读数的影响。目前绝大部分具有双轴补偿的仪器均采用液体补偿器。

双轴补偿技术目前被各品牌厂家广泛采用,而现有的双轴补偿技术均是采用两个垂直放置的水泡电容式长水准倾斜传感器测定气泡在长水准管中的位置,从而推断出仪器在各轴上的倾斜角度进行补偿。

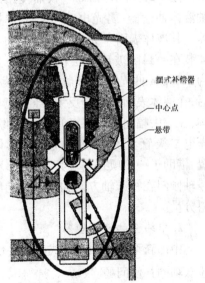

图 2-18　摆式补偿器

摆式补偿器
中心点
悬带

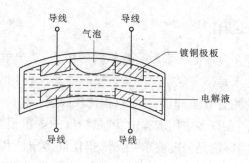

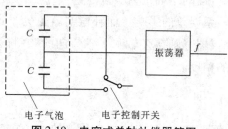

图 2-19　电容式单轴补偿器简图

这就存在一个问题,在仪器照准部转动过程中气泡在水准管中是运动的,只有气泡静止后补偿器才能起作用。水准管中液体阻尼越大,气泡静止得越快,补偿器灵敏度提高了,但稳定度就降低了;液体阻尼越小,气泡静止得越慢,补偿器稳定度提高了,但灵敏度就降低了。另外,采用电容测量方式使得补偿器抗电磁干扰能力差。

1. Zeiss 仪器使用的双轴液体补偿器

图 2-20 所示为 Zeiss 仪器使用的双轴液体补偿器,属光电式双轴液体补偿器。其液体表面 4 为补偿器基准面。液体装在一封闭玻璃补偿器 5 中,一直径为 100 μm 的光源 1 经物镜 2 和棱镜 3后,在液体表面形成全反射,经物镜 6 聚焦,在一大幅面光电二极管 7 上成像,从光电二极管上可以获得成像的具体位置,借助于一多项式实现其数字化,获得竖轴倾斜在视准轴方向和横轴方向的倾斜分量。

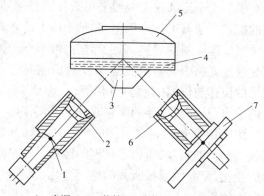

1—光源;2,6—物镜;3—棱镜;4—液体表面;
5—封闭玻璃补偿器;7—光电二极管

图 2-20　光电式双轴液体补偿器

2. 中纬全站仪补偿器

中纬新型垂直轴光电式液体补偿器在光路上更加紧凑,并用一线性 CCD 阵列解决上述双轴的补偿问题。

该补偿器精密而小巧的结构,使液体补偿器可以安装在水平度盘中心上方的垂直轴线上,即使照准部快速旋转,补偿器液体镜面也可瞬间平静如常。

如图 2-21 所示,棱镜上的三角线状分划板被发光二极管照亮,在液体表面上经过两次反射后经成像透镜在线性 CCD 阵列上形成影像。通过三角线状分划板影像线间距的变化信息求得纵向倾斜量,横向倾斜量则由分划板影像中心在线性 CCD 阵列中的位移变化而求得。因此,用一个一维线性接收器就能获取纵、横两个倾斜量。

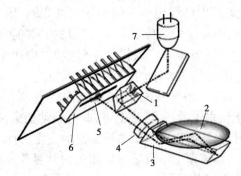

1—棱镜分划板;2—液体表面;3—偏转透镜;4—成像透镜;
5—分划板影像;6—线性 CCD 阵列;7—发光二极管

图 2-21　中纬全站仪补偿器光路图

2.3.4.3　三轴补偿器

三轴补偿则不仅能补偿全站仪垂直轴倾斜引起的竖直度盘和水平度盘读数误差,而且还能补偿由于水平轴倾斜误差和视准轴误差引起的水平度盘读数的影响。徕卡、宾得的 PTS – V2 以及捷创力的 Geodimeter500/600 系列仪器等都使用了三轴补偿的方法。其采取的手段是用双轴补偿的方法来补偿垂直轴倾斜引起的竖直度盘和水平度盘的读数误差,用机内计算软件来改正因横轴误差和视准轴误差引起的水平度盘读数误差。

2.3.5　补偿器的零位误差及调整

补偿器的零位误差是补偿器与铅垂方向不一致的误差,也称补偿器指标差。当仪器的竖轴绝对垂直时补偿器的零位也处于绝对垂直位,那么当竖轴发生倾斜时,补偿器的自动改正量才是完全正确的。

若补偿器零位不正确,那么在进行照准误差、横轴误差、竖盘指标差预置校正时,照准误差、横轴误差、竖盘指标差的余量值就包含了补偿器的零位误差量。就是说,改正的结果包含了误差。

为了消除补偿器零位误差,厂商在用户程序中均向用户提供了"补偿器零位改正"功能。

请注意,在厂商的用户程序中,有的厂家"补偿器零位改正"和"竖盘指标差改正"是分开校正的,有的厂家"补偿器零位改正"和"竖盘指标差改正"是在同一程序一次校正完的。

2.3.6　补偿器的应用

(1)有的技术人员在使用全站仪时,当水平制动螺旋制动,转动望远镜时,水平度盘读数会不断变化,这显然不符合常理,便百思不得其解,其实这正是全站仪自动补偿改正的结果。

单轴补偿只能对竖直度盘读数进行改正,没有改正水平度盘读数的功能。当照准部水平方向固定,上下转动望远镜时水平度盘读数不会变化。

(2)由于显示的度盘读数中已经包含了轴系误差的影响,因此在放样时需要特别注意。例如放样一条直线时,不能采用与传统光学经纬仪相同的方法,即只纵转望远镜,而应采用旋转照准部180°的方法来测设。放样一条竖线时,应使用水平微动螺旋,使其水平度盘显示的读数完全一致,而不能只简单地转动望远镜。

(3)有些全站仪提供了电子整平功能,当电子气泡居中,X、Y 分量值(即竖轴倾斜分量)均为零时,竖轴即位于铅垂位置,从理论上讲,此时转动望远镜,水平角读数就不会发生变化,但有些仪器在进行上述操作后水平角还会发生变化,为什么呢? 这是因为这些全站仪具有三轴补偿的功能,即该型全站仪还可以用机内计算软件来改正因横轴误差和视准轴误差引起的水平度盘读数误差。

(4)全站仪对竖轴倾斜的补偿功能提供了三种选择模式,即[双轴]、[单轴]、[关]。选择[关]即补偿功能不起作用;选择[单轴]即对竖直度盘读数进行补偿;选择[双轴]时对水平度盘和竖直度盘读数均进行补偿。

(5)全站仪补偿器的补偿范围一般为 ±3′,整平度超过此范围时起不到补偿作用。在天顶距接近天顶、天底 2°范围内,电子补偿器的补偿功能不起作用。

全站仪补偿器是测量仪器由光学型(经纬仪)转向光电型(电子全站仪)后出现的一种全新的误差改正仪器,一些用户用传统的光学经纬仪的思路来理解全站仪是不对的,只有在对补偿器的基本原理有了一定的认识后,才能在实践中用好全站仪,才能提高观测精度和减少劳动强度。

2.4 全站仪的数据处理原理

全站仪的数据处理由仪器内部微处理器接收控制命令后按观测数据及内置程序自动完成。

2.4.1 数据存储器的基本结构

要解决数据的自动传输与处理,首先要解决数据的存储方法,所以存储器是关键,它是信息交流的中枢,各种控制指令、数据的存储都离不开它。存储的介质有电子存储介质和磁存储介质,目前使用的大多是磁存储介质,因为它所构成的存储器在断电后存储的信息仍能保留。

数据存储器由控制器、缓冲器、运算器、存储器、输入设备、输出设备、字符库、显示器等部分组成,如图 2-22 所示。

(1)控制器:用于产生各种指令及时序信号。

(2)缓冲器:连接并驱动内外数据及地址。

(3)运算器:用于对数据进行计算及逻辑运算。

(4)存储器:用于存储观测数据、观测信息及固定的控制程序。可分为随机存储器(RAM)和只读存储器(ROM)。

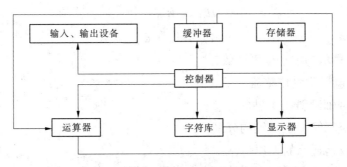

图 2-22　数据存储器的基本结构

（5）输入设备、输出设备：数据输入、输出的关口，可以是自动传输的接口和手工输入的键盘。

（6）字符库：用于提供字母及数字等。

（7）显示器：用于输出信息。

2.4.2　全站仪的观测数据

全站仪的原始观测数据只有电子测距仪测量的仪器到棱镜之间的倾斜距离 SD（斜距），电子经纬仪测得的仪器到目标点的水平方向值 HR、仪器到目标点的天顶距 VZ。

电子补偿器检测的是仪器垂直轴（竖轴）倾斜在 X 轴（视准轴方向）和 Y 轴（水平轴方向）上的分量，并通过程序计算自动改正由于垂直轴倾斜对水平角度和垂直角度的影响。

所以，全站仪的原始观测数据是 HR、VZ、SD。仪器上显示的其他数据，如平距、三维坐标等，是通过观测者输入仪器的测站坐标、仪器高、棱镜高等已知数据和仪器内置的程序间接计算并显示出来的，称为计算数据。

需要注意的是，所有观测数据和计算数据都只是半个测回的数据，因此在等级控制测量中不能用内存功能，手工记录水平方向值、天顶距、倾斜距离这三个原始数据是十分必要的。

2.4.3　全站仪的度盘读数计算公式

具有三轴补偿的全站仪用下述公式来计算并显示水平度盘读数：

$$
\left.
\begin{aligned}
H_{ZT} &= H_{Z0} + \frac{c}{\sin V_k} + (\phi_Y + i)\cot V_K \\
V_K &= V_0 + \phi_X
\end{aligned}
\right\}
\tag{2-29}
$$

在双轴补偿的情况下，式（2-29）变为

$$
\left.
\begin{aligned}
H_{ZT} &= H_{Z0} + \phi_Y \times \cot V_K \\
V_K &= V_0 + \phi_X
\end{aligned}
\right\}
\tag{2-30}
$$

在单轴补偿的情况下，式（2-29）变为

$$\left. \begin{array}{l} H_{ZT} = H_{Z0} \\ V_K = V_0 + \phi_X \end{array} \right\} \qquad (2\text{-}31)$$

式中 H_{ZT}——显示的水平度盘读数;

$\qquad H_{Z0}$——电子度盘传感器测得的值;

$\qquad \phi_X$——竖轴倾斜在 X 轴的分量;

$\qquad \phi_Y$——竖轴倾斜在 Y 轴的分量;

$\qquad V_K$——仪器显示的天顶距;

$\qquad V_0$——电子度盘测得的天顶距;

$\qquad i$——横轴误差;

$\qquad c$——视准轴误差。

下面对以上各式进行如下讨论:

(1)从式(2-31)可以得出,对于只能对竖直度盘读数进行单轴补偿的全站仪来说,没有改正水平度盘读数的功能,当照准部固定、上下转动望远镜时,水平度盘读数都不变化,并不是因为这种仪器稳定可靠,其实是仪器没有能力进行这方面改正的缘故。

(2)对于仅有双轴补偿器的仪器来说,只能改正垂直轴倾斜引起的竖直度盘和水平度盘读数误差,从式(2-30)可以得出,当照准部固定、上下转动望远镜时,水平度盘读数必然发生变化。当补偿器关闭以后,无论如何转动望远镜,水平度盘读数也不会变化。

(3)三轴补偿器是在双轴补偿器的基础上,用机内计算软件来改正因横轴误差和视准轴误差引起的水平度盘读数误差。由式(2-29)可看出,即使不旋转照准部(H_{Z0}不变),只上下纵转望远镜,显示的水平度盘读数 H_{ZT} 仍会有较大的变化。

2.4.4 全站仪坐标测量原理

2.4.4.1 坐标计算原理

1. 平面直角坐标系

如图 2-23 所示,点的平面位置是以点到纵、横轴的垂直距离来表示的。点到坐标横轴的距离叫作该点的纵坐标,以 X 来表示;点到坐标纵轴的距离叫作该点的横坐标,以 Y 来表示。象限的编号按顺时针进行。

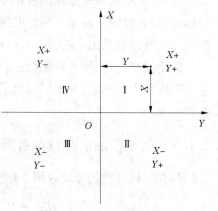

图 2-23 平面直角坐标系

2. 直线定向

所谓直线定向,就是确定直线的方向。一条直线的方向,是以该直线和某一基本方向线之间的夹角来表示的。

1)方位角

从基本方向的北端起,顺时针方向计算到某直线的夹角称为该直线的方位角,角值为 $0° \sim 360°$,用 α 表示。

如图 2-24 所示,一条直线的正反方位角相差 180°。

$$\alpha_{正} = \alpha_{反} \pm 180° \qquad (2\text{-}32)$$

如果 $\alpha_{反}$ 小于 180°,则 +180°;如果 $\alpha_{反}$ 大于 180°,则 -180°。

2)象限角

从基本方向的北端或南端起,顺时针或逆时针计算到某直线的夹角称为象限角,角值为 0°~90°,用 R 表示,参见图 2-25。方位角与象限角的换算关系见表 2-3。

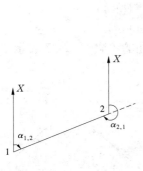

图 2-24 正、反方位角

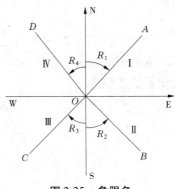

图 2-25 象限角

表 2-3 方位角与象限角的换算关系

直线方向	由方位角推算象限角	由象限角推算方位角
第一象限 Ⅰ	$R_1 = \alpha_1$	$\alpha_1 = R_1$
第二象限 Ⅱ	$R_2 = 180° - \alpha_2$	$\alpha_2 = 180° - R_2$
第三象限 Ⅲ	$R_3 = \alpha_3 - 180°$	$\alpha_3 = 180° + R_3$
第四象限 Ⅳ	$R_4 = 360° - \alpha_4$	$\alpha_4 = 360° - R_4$

3. 坐标增量

两点的坐标之差称为坐标增量,用 ΔX、ΔY 表示。

在测量工作中,应用 ΔX、ΔY 解决两类问题:

(1)正算:依直线起点的坐标和线段长度、方位角,求直线终点的坐标;

(2)反算:依直线起点和终点的坐标,计算直线的水平距离和方位角。

A 至 B 点的坐标增量为

$$\left.\begin{array}{l} \Delta X_{AB} = X_B - X_A = X_{终点} - X_{起点} \\ \Delta Y_{AB} = Y_B - Y_A = Y_{终点} - Y_{起点} \end{array}\right\} \qquad (2\text{-}33)$$

反之 B 至 A 点的坐标增量为

$$\left.\begin{array}{l} \Delta X_{BA} = X_A - X_B \\ \Delta Y_{BA} = Y_A - Y_B \end{array}\right\} \qquad (2\text{-}34)$$

A 至 B 点和 B 至 A 点的坐标增量绝对值相等,符号相反,可见一直线坐标增量的正负取决于直线的方向。

4. 坐标正算

如图 2-26 所示,1 点至 2 点的坐标增量为

$$\left.\begin{array}{l} \Delta X_{1,2} = D_{1,2}\cos\alpha_{1,2} \\ \Delta Y_{1,2} = D_{1,2}\sin\alpha_{1,2} \end{array}\right\} \tag{2-35}$$

则 2 点坐标为

$$\left.\begin{array}{l} X_2 = X_1 + \Delta X_{1,2} = X_1 + D_{1,2}\cos\alpha_{1,2} \\ Y_2 = Y_1 + \Delta Y_{1,2} = Y_1 + D_{1,2}\sin\alpha_{1,2} \end{array}\right\} \tag{2-36}$$

坐标增量的正负取决于直线的方位角大小和它所在的象限,图 2-27 表示了在四个象限中坐标增量的正负情况。

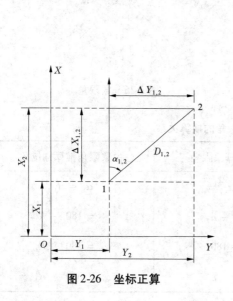

图 2-26　坐标正算

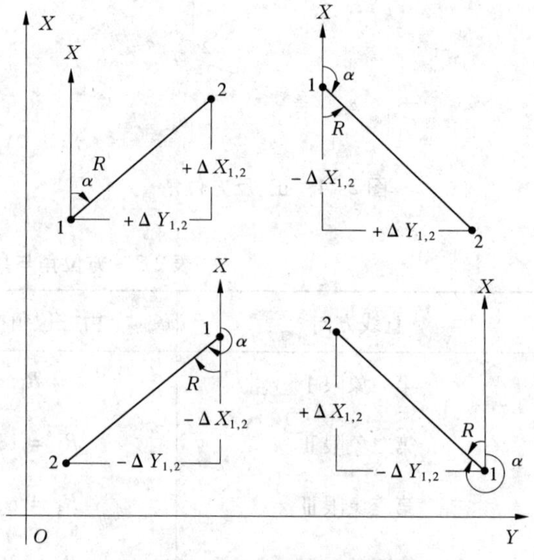

图 2-27　坐标增量的正负情况

5. 坐标反算

如图 2-28 所示,根据坐标增量的定义和三角原理有:

$$\left.\begin{array}{l} \Delta X_{1,2} = X_2 - X_1 \\ \Delta Y_{1,2} = Y_2 - Y_1 \\ \alpha_{1,2} = \arctan\dfrac{\Delta Y_{1,2}}{\Delta X_{1,2}} = \arctan\dfrac{Y_2 - Y_1}{X_2 - X_1} \\ D_{1,2} = \sqrt{\Delta X_{1,2}^2 + \Delta Y_{1,2}^2} = \dfrac{\Delta Y_{1,2}}{\sin\alpha_{1,2}} = \dfrac{\Delta X_{1,2}}{\cos\alpha_{1,2}} \end{array}\right\} \tag{2-37}$$

【例 2-1】 已知:$X_1 = 1\ 234.57$ m,$Y_1 = 7\ 654.32$ m,$\alpha_{1,2} = 221°16'$,$D_{1,2} = 246.28$ m,求 X_2,Y_2。

解:

$$\Delta X_{1,2} = 246.28 \times \cos221°16' = -185.12(\text{m})$$

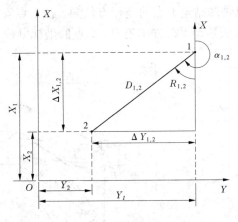

图 2-28　坐标反算

$$\Delta Y_{1,2} = 246.28 \times \sin 221°16' = -162.44 (m)$$

$$X_2 = X_1 + \Delta X_{1,2} = X_1 + D_{1,2}\cos\alpha_{1,2} = 1\ 234.57 - 185.12 = 1\ 049.45 (m)$$

$$Y_2 = Y_1 + \Delta Y_{1,2} = Y_1 + D_{1,2}\sin\alpha_{1,2} = 7\ 654.32 - 162.44 = 7\ 491.88 (m)$$

【例 2-2】 已知：$X_1 = 1\ 234.765$ m，$Y_1 = 8\ 059.887$ m，$X_2 = 990.683$ m，$Y_2 = 7\ 974.371$ m，求 $\alpha_{1,2}$、$D_{1,2}$。

解：

$$\alpha_{1,2} = \arctan\frac{\Delta Y_{1,2}}{\Delta X_{1,2}} = \arctan\frac{Y_2 - Y_1}{X_2 - X_1} = \arctan\frac{7\ 974.371 - 8\ 059.887}{990.683 - 1\ 234.765}$$

$$= \arctan\frac{-85.516}{-244.082} = 199°18'30''$$

$$D_{1,2} = \sqrt{\Delta X_{1,2}^2 + \Delta Y_{1,2}^2} = \frac{\Delta Y_{1,2}}{\sin\alpha_{1,2}} + \frac{\Delta X_{1,2}}{\cos\alpha_{1,2}} = \sqrt{(-85.516)^2 + (-244.082)^2}$$

$$= 258.629 (m)$$

2.4.4.2　全站仪坐标测量原理

坐标测量就是通过输入同一坐标系中测站点和后视点（定向点）的坐标、测站点的仪器高和未知点（棱镜点）的棱镜高，可以测量出未知点（棱镜点）在该坐标系中的三维坐标。

由 2.4.2 小节可知，任何仪器都不能直接测出点的三维坐标，全站仪的原始观测数据是 HR、VZ、SD。仪器上显示的其他数据，如平距、三维坐标等，是仪器内置的程序间接计算并显示出来的，称为计算数据。平面坐标 X、Y 是按极坐标原理、高程是按三角高程测量原理计算出来的。

如图 2-29 所示，A、B 为控制点，B 为测站点，A 为后视点，两点坐标为 (X_B, Y_B, Z_B) 和 (X_A, Y_A, Z_A)，求测点 1 坐标。

在测站点 B 架好仪器，首先输入测站 B 的三维坐标和仪器高，再输入后视点（定向点）A 的坐标，仪器即刻算出测站到后视点的方位角，操作仪器对准后视点 A 后按"是"，即完成了定向工作。此时水平度盘读数就与坐标方位角相一致，当用仪器瞄准 1 点时，显

示的水平度盘读数 HR 就是测站至 1 点的坐标方位角。在 1 点安置棱镜,输入棱镜高,测出测站至 1 点的斜距 SD、天顶距 VZ、方位角 HR,1 点的坐标可按下式算出:

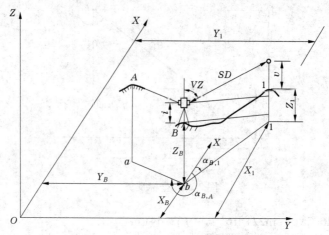

图 2-29　全站仪坐标测量原理图

$$X_1 = X_B + SD\sin VZ\cos HR$$
$$Y_1 = Y_B + SD\sin VZ\sin HR \left.\right\} \tag{2-38}$$
$$Z_1 = Z_B + SD\cos VZ + i - v + f$$

式中　(X_1, Y_1, Z_1)——测点坐标;

(X_B, Y_B, Z_B)——测站点坐标;

(X_A, Y_A, Z_A)——后视(定向)点坐标;

SD——测站点至测点的斜距;

HR——测站点至测点方向的坐标方位角;

VZ——测站点至测点的天顶距;

v——目标高(棱镜高);

f——两差改正;

i——仪器高。

对于两差改正,若在全站仪的设置中选择了两差改正系数,仪器就会加上两差改正,若没有选择两差改正系数,则在高程的计算中不会加上两差改正。

2.4.5　全站仪坐标放样测量原理

2.4.5.1　极坐标法放样点的三维坐标原理

1. 极坐标法放样数据的计算原理

极坐标法是根据一个角度和一段距离测设点的平面位置,是放样点的平面位置使用最多的方法。

如图 2-30 所示,A、B 为已知平面控制点,其坐

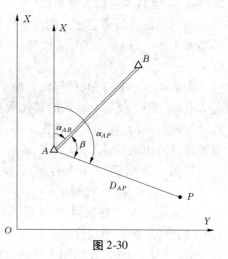

图 2-30

标值分别为 $A(x_A, y_A)$、$B(x_B, y_B)$，P 为拟放样点，其坐标为 $P(x_P, y_P)$。可根据 A、B 两控制点测设 P 点，当设站于 A 点放样 P 点时，放样数据计算公式如下：

$$\left.\begin{array}{l} \beta = \alpha_{AP} - \alpha_{AB} = \arctan\dfrac{y_P - y_A}{x_P - x_A} - \arctan\dfrac{y_B - y_A}{x_B - x_A} \\[2mm] D_{AP} = \sqrt{(x_P - x_A)^2 + (y_P - y_A)^2} \end{array}\right\} \qquad (2\text{-}39)$$

2. 全站仪极坐标法放样点的三维坐标原理

图 2-31 为全站仪极坐标法放样点的三维坐标原理示意图，其平面坐标的放样原理为极坐标法，高程的放样原理为三角高程测量原理。首先进行正确的建站和定向工作，建站即输入测站坐标和仪器高，定向即输入后视点的坐标，仪器即刻算出测站到后视点的方位角，转动仪器瞄准后视点后在仪器上按［确定］键，即完成了正确的建站和定向工作。然后输入放样点的三维坐标和棱镜高，仪器即刻可以算出测站到放样点的方位角、水平距离和高差。

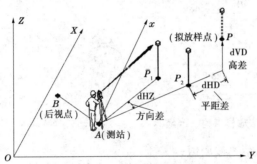

图 2-31 极坐标法放样点的三维坐标

第一步为极坐标法放样时的角度部分，转动仪器，当仪器显示的 dHZ = 0°00′00″ 时，即表明放样方向正确。

第二步为极坐标法放样时的距离部分，瞄准棱镜测距，当 dHD − 0.000 m 时，即得到待放样点的平面位置。

第三步为极坐标法放样时的高差部分，上、下移动棱镜，当 dVD = 0.000 m 时，即得到待放样点的高程位置。

当仪器显示的 dHZ、dHD、dVD 均满足以上要求时，即完成点的三维坐标放样工作。

2.4.5.2 笛卡儿坐标法放样点的三维坐标原理

笛卡儿坐标法放样点的位置是根据当前测点与拟放样点的坐标差来测设点的三维位置。

如图 2-32 所示，A、B 为已知控制点，其坐标值分别为 $A(x_A, y_A, z_A)$、$B(x_B, y_B, z_b)$，P 为拟放样点，其坐标为 $P(x_P, y_P, z_P)$，P_1 为当前测点，其坐标为 $P_1(x_{P1}, y_{P1}, z_{P1})$，可根据 A、B 两控制点测设 P 点，计算公式如下：

$$\left.\begin{array}{l} dX = x_{P1} - x_P \\[1mm] dY = y_{P1} - y_P \\[1mm] dZ = z_{P1} - z_P \end{array}\right\} \qquad (2\text{-}40)$$

全站仪将显示当前 dX、dY、dZ 值,调整点位,当 dX、dY、dZ 值均为 0 时,即完成点的三维放样工作。

2.4.5.3 正交法放样点的三维坐标原理

图 2-33 为正交法放样点的三维坐标原理示意图。P_0 为测站点,P 为拟放样点,其坐标为 $P(x_P,y_P,z_P)$,P_1 为当前测点,其坐标为 $P_1(x_{P1},y_{P1},z_{P1})$,仪器根据测站 P_0 与当前测点 P_1 连线为参考线计算纵向偏差(沿参考线方向)、横向偏差(与参考线方向垂直)和垂直方向距离偏差来测设 P 点的三维坐标。

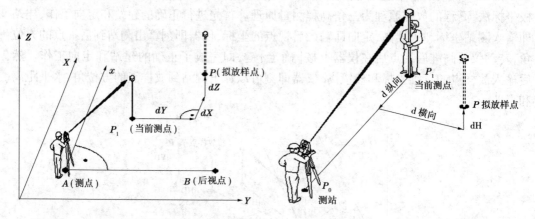

图 2-32 笛卡儿坐标法放样点的三维坐标   图 2-33 正交法放样点的三维坐标

d 纵向:视线方向的距离偏离值;

d 横向:视线方向的正交方向距离偏差值;

dH:垂直方向的距离偏差值。

启动距离测量,仪器将显示当前 d 纵向、d 横向、dH 值,调整点位,当 d 纵向、d 横向、dH 值均为 0 时,即完成点的三维放样工作。

2.5 数字水准仪的测量原理

1990 年 3 月,瑞士徕卡(Leica)公司推出世界上第一台数字水准仪 NA2000,至今已有多种型号,表 2-4 列出了进口和国产部分数字水准仪的型号和技术指标。

表 2-4 进口和国产部分数字水准仪的型号和技术指标

指标	DNA03	ZDL700	EL03	EL302A
望远镜放大率	24	24	30	30
物镜孔径(mm)	36	36	45	45
补偿器工作范围(′)	±10	±10	±14	±14
补偿器安平精度(″)	±0.2	±0.35	±0.3	±0.5

指标	DNA03	ZDL700	EL03	EL302A
高程测量精度（mm/km）	0.3,铟钢条码尺 1.0,标准水准尺 2.0,E字标尺	0.7,铟钢条码尺 2.5,E字标尺	0.3,铟钢条码尺 1.0,普通条码标尺 1.5,E字标尺	0.7,玻璃钢条码尺 1.5,E字标尺
距离测量精度（m）	0.01～0.11	0.01～0.105	0.01～0.165	0.01～0.21
测程（m）	1.8～110	2～105	2～110	2～105
电子测量时间（s）	3	3	1	2
内存	6 000个测量数据、PCMCIA卡	3 000组数据	内置2GB、外带SD卡（2 GB）	内置128 MB、SD卡（2 GB）标配
圆水准器格值	10′/2 mm	10′/2 mm	8′/2 mm	8′/2 mm
水准标尺长（m）	2、3	2、3	2、3	2、3
防水等级	IP53	IP55	IP54	IP54
仪器质量（kg）	2.8	2.55	3.5	3.25
生产厂家	徕卡测量系统有限公司	中纬测量系统（武汉）有限公司	苏州一光仪器有限公司	苏州一光仪器有限公司
用途	一等以下水准测量	二等以下水准测量	一等以下水准测量	二等以下水准测量

　　数字水准仪和传统水准仪相比较,相同点是:两类水准仪具有基本相同的光学、机械和补偿器结构;光学系统也是沿用光学水准仪的;水准标尺一面具有用于电子读数的条码,另一面具有传统水准标尺的E型分划;既可用于数字水准测量,也可用于传统水准测量、摩托化测量、形变监测和适当的工业测量。其不同点是:传统水准仪用人眼观测,数字水准仪用光电传感器(CCD行阵,即探测镜)代替人眼;数字水准仪与其相应条码水准标尺配用,仪器内装有图像识别器,采用数字图像处理技术,这些都是传统水准仪所没有的;同一根编码标尺上的条码宽度不同,虽然各类型数字水准仪的条码尺有自己的编码规律,但均含有黑白两种条块,这与传统水准标尺不同;另外,对精密水准仪而言,传统水准仪利用测微器读数,而数字水准仪没有测微器。

　　数字水准仪的基本原理是:水准标尺上宽度不同的条码通过望远镜成像到像平面上的CCD传感器,CCD传感器将黑白相间的条码图像转换成模拟视频信号,再经仪器内部的数字图像处理,可获得望远镜中丝在条码标尺上的读数(见图2-34)。此数据一方面显示在屏幕上,另一方面可存储在仪器内的存储器中。具体而言,目前数字水准仪测量原理有:相关法(徕卡)、几何法(蔡司)、相位法(拓普康)、RAB原理、叶氏原理等。

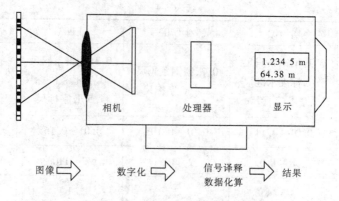

图 2-34　数字水准仪数字图像处理原理

2.5.1　相关法

徕卡的 NA 系列数字水准仪具有与传统水准仪基本相同的光学和机械结构,实际上就是采用 Wild NA24 自动安平水准仪的光学机械部分。

在数字水准仪中,标尺条码的像经光学系统成像在仪器的行阵探测器上(见图 2-35)。长约 6.5 mm 的行阵探测器由 256 个间距为 25 μm 的光敏二极管(像素)组成。光敏二极管的口径为 25 μm,由于 Wild NA24 的视场角约为 2°,因此在 1.8 m 的最短视距上,标尺截距有 70 mm;视距为 100 m 时,标尺截距有 3.5 m 成像到行阵探测器上,行阵探测器将接收到的图像转换成模拟视频信号,读出电子部件将视频信号进行放大和数字化。

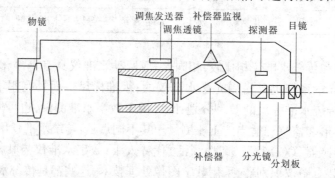

图 2-35　NA2000 电子水准仪的结构

如图 2-36 所示,标尺采用的是伪随机条形码,并将其事先存储在数字水准仪内作为参考信号。条码尺右边是与它对应的区格式分划。在条码尺上,最窄的条码宽 2.025 mm(黑的、黄的或白的),称为基本码宽。在标尺上共有 2 000 个基本码(指 4.05 m 的标尺),不同数量的同颜色的基本码相连在一起,就构成了宽窄不同的条码。

图 2-36 左边伪随机码的下面是截取的伪随机码片段。该伪随机码的片段成像在探测器上后,被探测器转换成电信号,即测量信号。该信号与事先存储的参考信号进行比较,这就是相关过程,称为相关。在图 2-36 中将望远镜截取的伪随机码的片段与条码标尺上的伪随机码自下而上地比较,例如先与标尺底部对齐,发现不相同,往上移动一个步

距(基本码宽),再比较,直到两码相同为止,或说两信号相同为止,即图 2-36 左边虚线位置时,也就是最佳相关位置时,读数就可以确定,即图中的 0.116 m,图中箭头所指为对应区格式标尺的位置。移动一个基本码宽来进行比较的精度是不够的,但是可以作为粗相关过程,得到粗读数。再在粗读数上下选取一定范围,减少步距进行精相关,就可以得到精度足够的读数。

图 2-36　两个信号最佳符合

由于标尺到仪器的距离不同,条码在探测器上成像的"宽窄"也将不同,即图 2-36 中片段条码的"宽窄"会变化,随之电信号的"宽窄"也将改变,于是引起上述相关的困难。徕卡数字水准仪采用二维相关法来解决,也就是根据精度要求以一定步距改变仪器内部参考信号的"宽窄"与探测器采集到的测量信号相比较,如果没有相同的两信号,则再改变,再进行一维相关,直到两信号相同为止,可以确定读数。参考信号的"宽窄"与视距是对应的,"宽窄"相同的两信号相比较是求视线高的过程,在此二维相关中,一维是视距,另一维是视线高,二维相关后视距就可以精确算出。

相关法需要优化两个参数,也就是"视线高"和"物像比",仪器的视线高表现为标尺条码像在线性传感器 CCD 上的上下位移;另外,标尺上的条码与其成像的物像比取决于仪器到标尺的距离,或者说物像比是视距的函数。所以,这种变化属二维离散相关函数,表示为

$$P_{PQ}(d,h) = \frac{1}{N}\sum_{i=0}^{N} Q_i(y) \cdot P_i(d, y-h) \tag{2-41}$$

式中　P_{PQ}——Q 和 P 之间的相关函数;

　　　$Q_i(y)$——测量信号;

　　　$P_i(d, y-h)$——参考信号(计算得出);

　　　d, h——视距和视线高。

图 2-37 表示测量范围内相关函数的典型函数曲线。其中 h 表示视线高,d 表示视距,p 为测量信号与参考信号的相关系数。相关的最优的地方就是函数曲线的突出峰值。由最大相关系数,也就是 p 的峰值坐标可以确定视距 d_0 和视线高 h_0。

为了找到相关函数的最大坐标,必须在整个测量范围内($d = 1.8 \sim 100$ m 及 $h = 0 \sim 4.05$ m)进行系统搜索。对整个测量范围(见图 2-38)进行计算大约需要运算 50 000 个相关系数,也就是运用式(2-41)计算 5×10^4 次。在徕卡 NA 系列数字水准仪中为了减少计算次数,采用粗优化和精优化的方法。

粗优化是在距离—高度格网中探寻相关峰值的近似坐标。因为由调焦镜位置已经算出初始概略距离值 d_f,即图 2-38 中为 d_f 两边的黑格网区,因此可以算出粗略相关的探寻范围,可使必要相关系数的计算次数减少约 80%。为解决测量速度慢的问题,早期的 Leica 仪器在望远镜的调焦旋钮上安装传感器以实现视距(物像比)的粗略测量以缩小相关算法的搜索范围,也有仪器采用面阵光电传感器通过测量标尺条码的横向长度来实现视

距(物像比)的粗略测量以缩小相关算法的搜索范围。

精优化的目的是以高精度确定标尺代码相对于行阵传感器的位置,以及标尺代码比例。相关法的精测原理仍然利用电子中丝和所截获的码片段码元的相位(位置)关系实现。

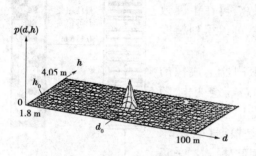

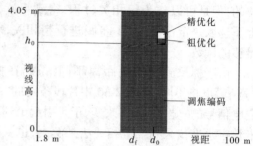

图 2-37　测量范围内相关函数的典型函数曲线　图 2-38　整个测量范围要计算 50 000 个相关系数

2.5.2　几何法

以 DINI10/20 电子水准仪运用几何法为例,条码标尺上每 2 cm 内的条码构成一个码词,仪器在设计上保持了视距从 1.5 ~ 100 m 时都能识别该码词,识别中丝处的码词后,其到标尺底面的初略高度就可以确定。精确的视线高读数,是由中丝上下各 15 cm 内的码词通过物像比精确求得的,其视距测量与传统水准仪的视距测量类似。不过标尺截距固定为 30 cm,而在成像面的 CCD 上读取该截距的像高,再由物像比求视距。图 2-39 为 DI-NI 数字水准仪条码标尺片段。

图 2-40 中 G_i 为某测量间距的下边界, G_{i+1} 为上边界, G_0 为中丝以下 15 cm 对应的边界, G_N 为中丝以上 15 cm 对应的边界,它们在 CCD 行阵上的成像为 B_i、B_{i+1} 和 B_0、B_N。B_i、B_{i+1} 到光轴(中丝)的距离分别为 b_i 和 b_{i+1}。由于 CCD 上像素的宽度是已知的,故这两距离在 CCD 上所占像素的个数可以由 CCD 输出的信号得知,因此 b_i 和 b_{i+1} 可以算出。现在, b_i 和 b_{i+1} 是计算视距和视线高的已知数。规定 b_i 和 b_{i+1} 在光轴(中丝)之上取负值,在中丝之下取正值。如果从标尺上看,则相反。

设 g 为测量间距长(2 cm),用第 i 个测量间距来测量时,设物像比为 A,即测量间距与该间距在 CCD 上成像之比。由图 2-40 的相似三角形得出:

$$A_i = g/(b_{i+1} - b_i) \qquad (2-42)$$

于是视线高读数为

$$H_i^* = g(G_{i+1}/2) - A(b_{i+1} + b_i)/2 \qquad (2-43)$$

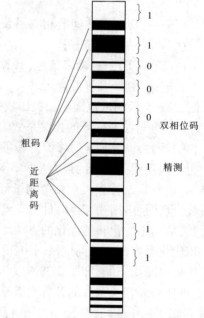

图 2-39　DINI 数字水准仪条码标尺片段

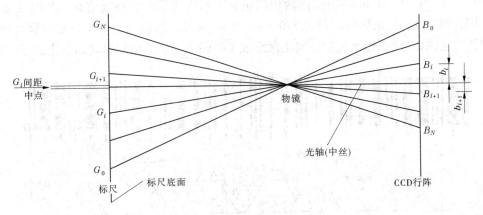

图2-40 几何法测量原理图

式中 G_i——第 i 测量间距从标尺底部数起的序号,可由所属码词判读出来;

$g(G_{i+1}/2)$——标尺上第 i 个测量间距的中点到标尺底面的距离;

$A(b_{i+1}+b_i)/2$——标尺第 i 个测量间距的中点到仪器光轴(即电视准轴)的距离。

根据以上的符号规则,b_{i+1} 是正值,b_i 是负值。图2-40中 b_{i+1} 绝对值小于 b_i 绝对值,因此式(2-43)中两项相加取负。

为了提高测量精度,DINI 数字水准仪取 n 个测量间距平均计算,即取标尺上距中丝上下各 15 cm 的范围,15 个测量间距取平均计算。详细的公式在此不再列出,上述计算过程由微处理器和相应软件完成,因此实现了测量的自动化。

根据计算出的物像比,运用视距丝进行视距测量的原理计算视距。所不同的是,此时固定基线在标尺上,而传统视距测量的基线是十字丝分划板上的上下视距丝间距。

几何法通过高质量的标尺刻划和几何光学实现了标尺的自动读数,而不是靠电信号的比较处理,与其他同类产品相比,具有精度高、感光原理先进、测量速度快等优点,但要求选择较长的望远镜焦距和分辨率较高的 CCD 传感器。

2.5.3 相位法

TOPCON DL101C/102C 数字水准仪采用了相位法读数。标尺的条码像经过望远镜、物镜、调焦镜、补偿器的光学零件和分光镜后,分成两路,一路成像在 CCD 线阵上,用于进行光电转换,另一路成像在分划板上,供目视观测。相位法原理的基本特征是利用标尺条码图像信号中的几个不同周期码的波谱的相位差来实现粗测,算法是快速傅里叶变换,精测原理利用 R 周期码的相位信息实现。其测量原理和光电测距仪的组合频率测距法是类似的。

在图2-41中表示了 DL101C 标尺上部分条码的图案,其中有三种不同的条码。R 表示参考码,其中有三条 2 mm 宽的黑色条码,每两条黑色条码之间是一条 1 mm 宽的黄色条码。以中间的黑色条码的中心线为准,每隔 30 mm 就有一组 R 条码重复出现。在每组 R 条码的左边 10 mm 处有一道黑色的 B 条码。在每组参考码 R 的右边 10 mm 处为一道黑色的 A 条码。每组 R 条码两边的 A 和 B 条码的宽窄不相同,仪器设计时安排它们的宽度按正弦规律在 0~10 mm 变化,这两种码包含了水准测量时的高度信息。其中 A 条码的周期为 600 mm,B 条码的周期为 570 mm。当然,R 条码组两边黄色条码宽度也是按正弦规律变化的,这样在标尺长度方向上就形成了亮暗强度按正弦规律周期变化的亮度波。

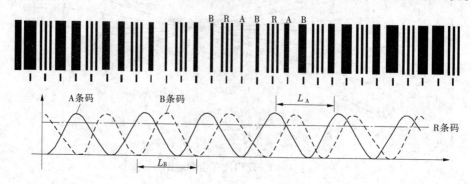

图 2-41 相位法的编码解码原理示意

在图 2-41 中条码的下面画出了波形。纵坐标表示黑条码的宽度,横坐标表示标尺的长度。实线为 A 条码的亮度波,虚线为 B 条码的亮度波。由于 A 和 B 两条码变化的周期不同,也可以说 A 和 B 亮度波的波长不同,在标尺长度方向上的每一位置上两亮度波的相位差也不同。这种相位差就好像传统水准标尺上的分划,可由它标出标尺的长度。只要能测出标尺某处的相位差,也就可以知道该处到标尺底部的高度,因为相位差可以做到和标尺长度一一对应,即具有单值性,这也是适当选择两亮度波的波长的原因。在 DL101C 标尺中,A 条码的周期为 600 mm,B 条码的周期为 570 mm,它们的最小公倍数为 11 400 mm,因此在 3 m 长的标尺上不会有相同的相位差。为了确保标尺底端面,或者说相位差分划的端点相位差具有唯一性,A 和 B 条码的相位在此错开了 $\pi/2$。

当望远镜照准标尺后,标尺上某一段的条码就成像在线阵 CCD 上,黄色条码使 CCD 产生光电流,随条码宽窄的改变,光电流强度也变化。将它进行模数转换(A/D)后,得到不同的灰度值。图 2-42 表示了视距在 40.6 m 时,标尺上某小段成像到线阵 CCD 上经 A/D 转换后,得到的不同灰度值(纵坐标),横坐标是 CCD 上像素的序号,当灰度值逐一输出时,横轴就代表时间了。从图 2-42 的横坐标标记的数字判断,仪器采用了 512 个像素的线阵 CCD。图 2-42 所示就是包含视距和视线高信息的测量信号。

在 DL 系列中采用快速傅里叶变换(FFT)计算方法将测量信号在信号分析器中分解成三个频率分量。由 A 和 B 两信号的相位求相位差,即得到视线高读数。这只是初读数,因为视距不同时,标尺上的波长与测量信号波长的比例不同。虽然在同一视距上 A 和 B 的波长比例相同,可以求出相位差,或说视线高,但是可以想象其精度并不高。

R 条码是为了提高读数精度和求视距而安排的。设两组 R 条码的间距为 $P(P = 30$ mm),它在 CCD 线阵上成像所占的像素个数为 Z,像素宽为 $b(b = 25$ μm),则 P 在 CCD 线阵上的成像长度为

$$l = Zb \tag{2-44}$$

Z 可由信号分析中得出,b 是 CCD 光敏窗口的宽度,因此 l 和 P 都为已知数据。根据

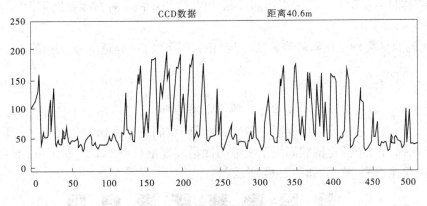

图 2-42 拓普康数字水准仪测量信号

几何光学成像原理,可以像传统仪器用视距丝测量距离的视距测量原理一样求出视距:

$$D = \frac{P}{l}f \qquad (2\text{-}45)$$

式中 f——望远镜物镜的焦距。

同时还可以求出物像比:

$$A = \frac{P}{l} \qquad (2\text{-}46)$$

于是将测量信号放大到与标尺上的一样时,再进行相位测量,就可以精确得出相位差,对应于唯一的视线高读数。

2.5.4 RAB 原理

RAB 原理编码规则是载码码宽数字调制,其解码的突破口是利用相邻码元中心等距离特征——图像信号中包含周期波谱,从而通过周期波谱的测量实现了准确的码元坐标定位,继而实现物像比解算、快速粗测的相关运算等,精测原理和其他方法仍然类似,如图 2-43 所示。

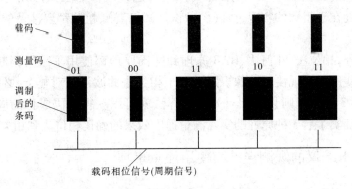

图 2-43 RAB 原理的码宽调制编码原理

RAB 原理为解决远近视距兼容使用了 6 种宽度的编码,且 6 种码分为三组,每组 2 种宽度的码元,同组中的 2 种码元的宽度差别不大,这种不大的差别在近距离是容易区别的,在远距离时由于截获了较大视场的条码片段,同组中的 2 种宽度差别不大的码元按一种码处理。

RAB 码的显著特点是相邻暗条纹(或者相邻明条纹)中心距离等于定值。

2.5.5 叶氏原理

叶氏原理是武汉大学发明并实现的数字水准原理,已经应用于某些品牌的国产数字水准仪中。其核心思维是以比例码为载码,测量码调制寄生在比例码之中。解码时首先通过条码图像信号中的比例载码周期波谱的测量实现准确的码元坐标定位,继而实现物像比解算、快速粗测、精测,如图 2-44 所示。

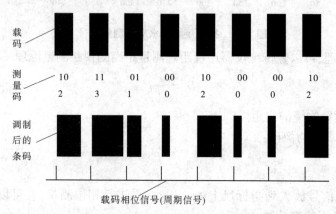

图 2-44 叶氏原理的比例调制编码原理

本原理中条码区别于其他原理的显著特点是相邻明暗条纹的边界(或者暗明条纹的边界)之间的距离等于定值。

比较这 5 种原理可以看出,除前面提到的粗测、精测、精粗衔接这些过程大体相同外,所有电子水准原理的精测原理其实也是基本相同的,都要涉及电子中丝和所截获条码图像中的某种信息的相位(位置)关系,都要涉及望远镜成像的三角形几何比例关系的应用。而不同之处在于粗测的实现过程(图像识别)及精测、粗测都要涉及的物像比的确立过程。

除相关法外,相位法、几何法、RAB 原理和叶氏原理都使用了载码调制编码解码,通过载码波谱的使用以实现快速图像识别。由于相位法的波谱相对复杂,必须以傅里叶变换来解码,而后 3 种原理则只需相对简单的算法就可以获得载码成像的周期波谱信息。而实践应用也证实了后 3 种原理的实际测量速度效果的确比相位法和相关法明显快捷。

2.5.6 数字水准仪的观测误差与使用注意事项

2.5.6.1 检校

仪器在作业前首先进行两项调试,即圆水准器的校正和电子 i 角的校正。

2.5.6.2 瞄准误差影响

望远镜瞄准的调焦成像很重要,若望远镜焦距未调好,致使成像不清楚,观测精度会降低,读数显示时间延长。因而,要求将望远镜焦距调焦清晰,并将竖丝对准条码的中间,这样才能达到最佳效果。

2.5.6.3 系统分辨率影响

系统分辨率也叫系统精度,是指仪器与标尺配套使用时,在高度方向上实际能识别的最小高度变化量。由于电子数字式水准仪没有光学测微器,因而此项相当于电子数字式水准仪的测微能力,即电子数字式水准仪图像处理的能力,高精度电子水准仪分辨率可达0.01 mm。

2.5.6.4 标尺倾斜影响

标尺倾斜的结果是使得电子数字式水准仪电子传感器 CCD 线阵上的像也歪斜,轻则造成读数误差,重则使得仪器无法识别读数。一般标尺倾角在2°以内时,对读数影响较小,超过3°读数误差会成倍增长。建议在测量时使用尺撑来支撑标尺。

2.5.6.5 遮挡影响

遮挡影响是指望远镜视场内有物体遮挡条码时,仪器能否读数及对读数有多大影响。遮挡率是指标尺全截距被遮挡的百分比。一般而言,随遮挡范围的增加电子数字式水准仪的读数精度会降低,若这种降低的速度越慢,则表明仪器的性能越好。

不同厂家的仪器由于读数原理不同,对遮挡的容许幅度也不同。

蔡司的数字水准仪是利用对称于视准轴的 30 cm 的标尺编码来读数的,即使视场中有多余的标尺编码,也不参与读数,这部分标尺被遮挡不影响测量值,若视距位于最小视距和几米之间,落在视场里的编码尺段只要有 10 cm 就能观测。同时,蔡司的数字水准仪具有标尺非对称截距测量功能。这类仪器的中丝不允许遮挡,有资料表明,当竖丝遮挡大于2/3时,将无法读数。

徕卡和拓普康的仪器是利用视场中的所有条码来进行读数的。当视距大于 5 m 时,徕卡数字水准仪对遮挡的容许幅度一般为20% ~30%,当视距小于 5 m 时,标尺稍有遮挡可能就无法读数,而对中丝是否遮挡没有特殊要求。拓普康数字水准仪在这方面同徕卡数字水准仪有相似的性能要求。

2.5.6.6 折光差的影响

当视线靠近地面时,由于受折光的影响,标尺影像将产生形变,导致光电传感器图像处理的困难,从而对电子读数产生影响,造成折光差。但由于各厂家仪器的读数原理不同,受折光差的影响大小也不同,蔡司仪器受折光差的影响要小于其他两种仪器。这主要是因为蔡司数字水准仪在读数时,仅用到中丝上下各 15 cm 的标尺截距,并没有利用全视场的条码,所以当视线靠近地面时,受折光差的影响小;其他仪器利用视场中的所有条码,靠近地面的条码也参加读数,而最后的判读结果是所有这些条码的平均值,所以受折光差的影响大。

2.5.6.7 光照影响

数字式水准仪对标尺照明的要求比光学水准仪要高。此项指标对用于隧道、森林(或者夜晚)等作业的仪器来说极为重要。数字式水准仪在不同的光线照明下的工作情况是检验仪器性能的重要指标。

徕卡 NA 系列数字水准仪具有"谱灵敏度",即数字水准仪的探测器是利用光线的红外部分接收和检测条码影像的。因此,在人工光线下进行测量时,如果红外光成分较弱,则会造成测量误差,甚至无法读数。另外,对标尺像的背景色也有一定的要求,当标尺背景为红色(如红色墙等)或接近探测器的工作色谱时,电子读数将遇到困难,作业时应加以注意。而蔡司和拓普康的数字水准仪是利用可见光来接收和检测条码影像的,所以不受此影响,它们只要求标尺要有足够的照明。

2.5.6.8 温度影响

温度性能是指电子数字式水准仪适应环境温度的能力。仪器在高低温环境下能否正常工作以及仪器能否有较强的均衡环境温度的能力(仪器均衡温度所等待的时间为 $1 \sim 1.5\ \text{h}$)是电子数字式水准仪的重要指标参数。电子数字式水准仪的标称工作温度一般为 $-20 \sim +50\ ℃$,此时仪器不仅能正常工作,而且由最低温度到最高温度的读数差也很小(几毫米之内)。

除注意以上要素外,还需注意仪器的稳定性、自动安平精度、恒磁场在水准仪中磁阻尼的影响。这些也是衡量仪器的一个重要方面。

思考题与习题

2.1 什么是电子经纬仪?电子经纬仪与光学经纬仪有哪些区别?电子经纬仪有哪些特点?

2.2 全站仪的测角原理有哪些?全站仪的测角单位有哪些?我国使用什么测角单位?

2.3 全站仪垂直角度测量模式有哪些?全站仪开机后默认的垂直角度测量模式是什么?

2.4 全站仪测距原理有哪几种?测距边长应加哪几项改正?

2.5 什么叫补偿器?补偿器有哪几种?

2.6 对于双轴补偿器,当仪器在水平方向制动后,望远镜上下转动时发现水平度盘角度发生变化,这是为什么?在实际工程中如何处理?

2.7 什么是仪器的三轴误差?在水平角度测量中采用盘左盘右取中数的方法可以消除哪些误差的影响?对于竖轴误差全站仪采用什么办法来消除或减弱其影响?

2.8 试问全站仪能测量点的三维坐标吗?如果不能,全站仪测量的原始观测数据是什么?全站仪的坐标是如何得出的?

2.9 试叙述全站仪坐标测量的原理。

2.10 全站仪坐标放样方法有哪三种?试叙述全站仪极坐标法放样三维坐标的原理。

2.11 某电磁波测距仪的标称精度为 $\pm(2\ \text{mm} + 2 \times 10^{-6}D)$,用该仪器测得 500 m 距离,如不顾及其他因素影响,则产生的测距中误差为多少?

2.12 数字水准仪的测量原理有哪些?数字水准仪在测量中的注意事项有哪些?

2.13 如图 2-45 所示,已知 $X_A = 2\ 000$ m,$Y_A = 2\ 000$ m,$X_B = 1\ 648.000$ m,$Y_B = 2\ 402.000$ m,$\beta = 38°46'17''$,$D_{BP} = 206.337$ m,试求 P 点坐标(计算至 mm 位)。

2.14 如图 2-46 所示,已知 $X_A = 2\ 000$ m,$Y_A = 2\ 000$ m,$X_B = 1\ 500$ m,$Y_B = 1\ 500$ m,P 点是 AB 直线上的一点,$D_{AP} = 500$ m,试求 P 点坐标值(计算至 mm 位)。

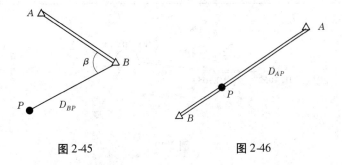

图 2-45　　　　　　　　　图 2-46

2.15 已知 $X_A = 218\ 674.627$ m,$Y_A = 196\ 317.280$ m,$X_B = 218\ 789.221$ m,$Y_B = 196\ 323.482$ m,试反算 D_{BA},α_{BA}(距离计算至 mm 位,角度计算至秒('')) 。

2.16 如图 2-47 所示,已知 $X_A = 1\ 234.561$ m,$Y_A = 868.721$ m,$X_B = 1\ 996.753$ m,$Y_B = 769.303$ m,$X_P = 969.250$ m,$Y_P = 666.969$ m,试计算极坐标法在已知点 A 放样 P 点的放样数据并简述放样方法。

2.17 如图 2-48 所示,已知点和放样点的坐标数据列于表 2-5,试计算用角度交会法放样 P 点的测设数据。

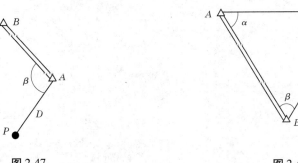

图 2-47　　　　　　　　　图 2-48

表 2-5

点号	X(m)	Y(m)
A	1 000.000	1 000.000
B	707.565	1 201.001
P	1 000.000	1 300.000

2.18 控制点已知数据见表 2-6,观测数据如图 2-49 所示,试求 $\alpha_{1,2}$。

表 2-6

点名	等级	纵坐标 X(m)	横坐标 Y(m)	高程(m)
HE1052	一级导线	218 619.901	195 733.680	2.975
HE1053	一级导线	213 616.761	195 998.001	3.616

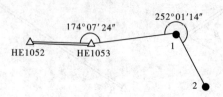

图 2-49

第 3 章　全站仪的使用方法

3.1　中纬 ZT20 Pro 系列全站仪的基本操作

3.1.1　中纬 ZT20 Pro 系列全站仪的基本概念

3.1.1.1　名词术语与缩写

全站仪的轴线与度盘的定义、测站与目标点的相对关系分别见图3-1、图3-2。

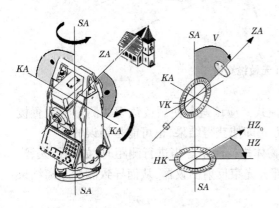

图 3-1　全站仪的轴线与度盘的定义

ZA—视准轴/照准轴,从十字丝到物镜中心的轴线;

SA—竖轴,照准站绕水平方向旋转的轴;

KA—横轴,望远镜绕垂直方向旋转的轴;

V—天顶距;

VK—竖直度盘,有编码刻度,用于读取竖直角;

HZ—水平角;

HK—水平度盘,有编码刻度,用于读取水平角;

⬛—位于照准中心和反射棱镜中心或激光点之间(R)的已经气象改正的斜距;

⬛—已经气象改正的水平距离;

⬛—测站和目标点之间的高差;

h_r—棱镜高;

h_i—仪器高;

X_0—测站 X 坐标;

Y_0—测站 Y 坐标;

Z_0—测站高程;

X—目标点 X 坐标;

Y—目标点 Y 坐标;

Z—目标点高程

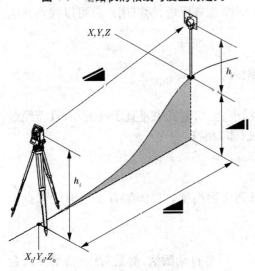

图 3-2　测站与目标点间的相对关系

3.1.1.2　测距方式

中纬 ZT20 Pro 系列全站仪内置激光测距仪（EDM, Electronic Distance Measurement）。在所有的型号中,均采用望远镜同轴发射的红色可见激光测距。EDM 模式分两种:无棱镜测量、棱镜测量。

1. 无棱镜测量

当启动距离测量时,EDM 会对光路上的物体进行测距。如果此时在光路上有临时障碍物(如通过的汽车,或大雨、雪或雾),EDM 所测量的距离是到最近障碍物的距离。EDM 无棱镜测量见图 3-3。

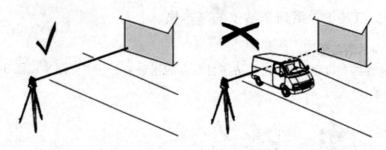

图 3-3　EDM 无棱镜测量

2. 棱镜测量

对棱镜的精确测量必须使用"P - 标准"模式。应该避免使用棱镜模式测量未放置棱镜的强反射目标,比如交通灯。这样的测量方式即使获得结果,也可能是错误的。

当启动距离测量时,EDM 会对光路上的物体进行测距。当进行测距时,如有行人、汽车、动物、摆动的树枝等通过测距光路,会有部分光束反射回仪器,从而导致测量距离结果的不正确。

在配合棱镜测距中,当测程在 300 m 以上或 0～30 m,在有物体穿过光束的情况下,测量会受到严重影响。在实际操作中,由于测量时间通常很短,所以用户总可以找到办法来避免这种不利情况的发生。

3. 无棱镜模式对棱镜测距

"NP - 带棱镜"模式可以测量超过 3 km 的距离。

4. 配合反射片测距

激光也可用于对反射片测距。为保证测量精度,要求激光束垂直于反射片,且需经过精确调整,确保棱镜常数的设置与测量目标(反射体)相符。

3.1.1.3　快速对中/整平

用激光对中器及长水准气泡快速整平、对中。

(1)顾及观测姿势的舒适性,调节三脚架腿到合适高度。将脚架置于地面标志点上方,尽可能地将脚架面中心对准该地面点。

(2)旋紧中心连接螺旋,将仪器固定到脚架上。

(3)打开仪器,如果倾斜补偿器打开,激光对中器会自动激活,然后对中/整平界面会出现;否则,按[FNC]键选择对中/整平。

(4)移动脚架腿1(见图3-4),并转动基座脚螺旋,使激光对准地面点。

（5）伸缩脚架腿使圆水准器气泡居中。

（6）根据长水准器及电子水准器的指示,转动基座脚螺旋以精确整平仪器。

（7）松开中心螺旋,移动三脚架 2 上的基座,将仪器精确对准地面点,然后旋紧中心螺旋。

（8）重复步骤（6）和（7）,直至完全整平对中。

图 3-4　仪器整平

3.1.1.4　测角精度

测角精度是指一测回水平方向测角（正倒镜观测取平均值）中误差为 $\pm 2''$。

3.1.1.5　测距精度

$2\ \text{mm}+2\times 10^{-6}D(\text{km})$ 反映的是全站仪的标称测距精度。对于一台测距精度为 $2\ \text{mm}+2\times 10^{-6}$ 的全站仪,当被测量距离为 1 km 时,仪器的测距精度为 $2\ \text{mm}+2\times 10^{-6}\times 1\ \text{km}=4\ \text{mm}$。

3.1.1.6　补偿器

全站仪的双轴补偿器所具备的计算改正功能可以有效地自动补偿和改正仪器竖轴倾斜对水平角和垂直角观测的影响。但是,由于仪器的倾斜所带来的对中误差无法得到改正,因此即使开启了双轴补偿,也应该按要求对中。

3.1.1.7　数据容量

数据容量并非可以存储 2 万点,一个测量点可能包括坐标、编码、系统参数或其他等多个数据块。若仅存储已知点,可存储 2 万个点。

3.1.2　中纬 ZT20 Pro 系列全站仪的构造与键盘设置

3.1.2.1　中纬 ZT20 Pro 系列全站仪的构造

中纬 ZT20 Pro 系列全站仪的构造见图 3-5。

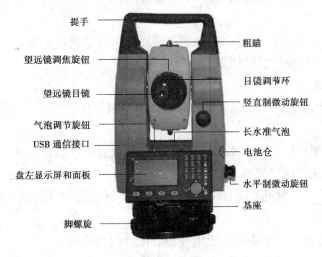

图 3-5　中纬 ZT20 Pro 系列全站仪

3.1.2.2　重要技术参数

中纬 ZT20 Pro 重要技术参数见表 3-1。

表 3-1　中纬 ZT20 Pro 系列全站仪主要技术参数

测角精度	$\pm 2''$
补偿器补偿范围及补偿精度	$\pm 3'$，精度 $\pm 5''$
测程(棱镜模式,使用单棱镜)	3 500 m
测程(无棱镜模式)	400 m(ZT20R Pro)
距离精度(P – 标准)	$2 \text{ mm} + 2 \times 10^{-6}$
距离精度(NP – 标准)	$3 \text{ mm} + 2 \times 10^{-6}$
作业容量	25 个
数据容量	20 000 数据块
防水防尘	IP54

3.1.2.3　中纬 ZT20 Pro 系列全站仪的键盘设置

1. 固定键

［MENU］键:在常规测量界面时进入主菜单(见图 3-6)。

［坐标］键:在常规测量、数据采集和放样中进入坐标测量界面。

［距离］键:在常规测量、数据采集和放样中进入距离测量界面,再次按此键将在平距高差和斜距之间切换。

［ANG］键:在常规测量、数据采集和放样中进入角度测量界面。

［FNC］键:常用测量功能键。

［ESC］键:退出对话框或者退出编辑模式,保留先前值不变,返回上一界面。

［ENT］键:回车键,确认输入,进入下一输入区。

2. 软功能键

软功能键列于显示屏的底行,可以通过相应的功能键激活。每一个软功能键所代表的实际意义依赖于当前激活的应用程序及功能。

3. 常用功能键［FNC］

常用功能可以在不同的测量界面中按［FNC］直接调用。它包含 2 页内容见图 3-7,其功能如下:

(1)对中/整平。打开电子水准器和对中激光,设置对中激光强度。

(2)照明开/关。设置屏幕照明开或关。

(3)数据确认。数据确认功能开/关。当数据确认功能为开时,保存测量结果前会有数据确认提示。

(4)删除最后记录。该功能用于删除最后记录的数据块。

(5)激光指示。用于照亮目标点的可见激光束的输出开关。大约 1 s 后,显示新设置并记录。

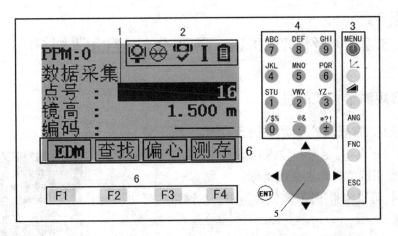

1—当前操作区;2—状态图标;3—固定键,具有相应的固定功能;4—字符数字键;

5—导航键,在编辑或输入模式中控制输入光标,或控制当前操作光标;

6—软功能键,相应功能随屏幕底行显示变化

图 3-6

（6）主要设置。可以调整屏幕对比度,显示屏照明开/关,补偿器开/关,水平角视准轴误差 *HA* 改正开/关。

（7）NP/P 变换。在 P(棱镜)和 NP(无棱镜)两种测距模式间转换。大约 1 s 后,显示新设置并记录。

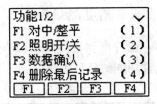

（8）倾斜补偿。设置仪器的倾斜补偿器开关,可在双轴、单轴和关之间选择。

3.1.2.4 野外测量注意事项

（1）在仪器未完全适应温度时进行对中整平(如从室内或车内刚拿出的仪器),待温度发生变化后,气泡会偏离原位置。此种情况下,应该让仪器先适应野外温度。

（2）在野外测量,仪器两侧的温度不均(如阳光直射一侧),会导致气泡的偏移。此种情况下,可以使用测伞遮挡阳光。

图 3-7

（3）脚架或地基的轻微震动会导致气泡的偏移,测量时应注意脚架安置稳定,防止人员触碰。

（4）测量时应注意棱镜常数、气象参数、乘常数、投影缩放的设置,这些设置都会影响到距离测量结果。

（5）如果仪器开启补偿器,即使照准部没有转动,仪器的微小晃动也会导致角度改变。这是因为补偿器自动改正倾斜对水平角和竖直角的影响。

（6）如果开启水平角改正,即使照准部没有水平方向的转动,仅在竖直方向上转动,水平角仍然会有改变。这是因为"水平角改正"自动改正仪器内部的轴系误差对水平角的影响。

3.2 中纬 ZT20 Pro 系列全站仪的常规测量

3.2.1 常规测量模式的进入

开机即进入常规测量界面,在键盘右侧(见图3-8),有三个按钮可以切换模式。

[坐标]:在设站、定向和输入仪器高、棱镜高完成的情况下,可以测得正确的目标点三维坐标。

[距离]:可以测量平距、高差和斜距。按键两次可切换至斜距。

[角度]:显示水平角和竖直角。

注意:在常规测量中得到的测量结果只能查看,不能保存到仪器的内存中。

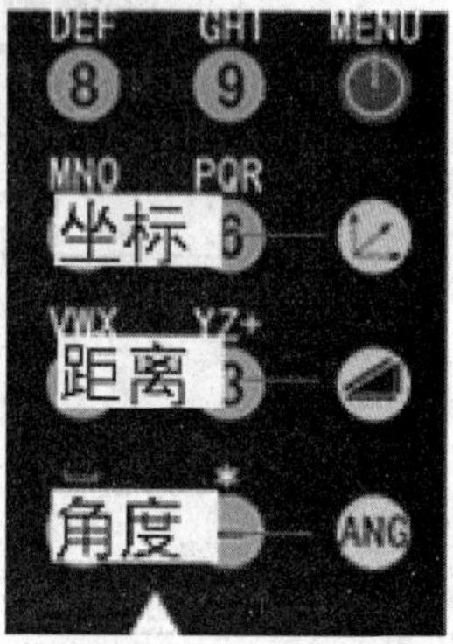

3.2.2 角度测量模式

在常规测量界面按[ANG]功能键进入角度测量模式,各软键功能解释见表3-2。

图 3-8

表 3-2 中纬 ZT20 Pro 系列全站仪角度测量模式下各软键功能解释

页数	软键	显示符号	功能
1	F1	置零	水平角设置为0°00′00″
	F2	锁定	水平角度数锁定
	F3	置盘	通过键盘输入数字设置水平角
	F4	P1	显示第二页软键
2	F1	补偿	进入补偿设置
	F2	复测	角度重复测量模式
	F3	V%	垂直角百分比坡度显示
	F4	P2	显示第三页软键
3	F2	R/L	水平角右/左计数方向的转换
	F3	水平	垂直角显示格式
	F4	P3	显示第一页软键

3.2.2.1 切换左角、右角模式

按[F4](翻页)键两次转到第三页功能,按[F2](R/L)键可以在左角模式(HL)和右角模式(HR)之间切换(见图3-9)。

注意:在数据采集、放样、坐标测量等测量模式下,水平角必须设置为右角模式

（HR），否则，测量出的数据是错误的。因为右角模式表示水平角顺时针旋转递增，与方位角的旋转方向一致。

3.2.2.2　水平角的设置

1. 通过锁定角度值进行设置

（1）用水平微动螺旋转到所需的角度值（见图3-9）。

（2）按［F2］（锁定）键，则角度不再随着仪器的转动而改变。

（3）照准目标，按［F4］（是）键完成水平角设置，屏幕回到正常的角度测量模式。

☞按［F1］（否）键，可返回上一个界面。

2. 通过键盘输入进行设置

（1）照准目标。

（2）按［F3］（置盘）键。

图3-9

通过键盘输入要设定的角度值，如45°00′00″（见图3-10），然后按［ENT］（回车）键，再按［F4］（确定）键。

3.2.2.3　切换垂直角百分度（%）模式

（1）按［F4］（翻页）键转到第二页。

（2）按［F3］（V%）键，可在天顶距与坡度模式之间切换（见图3-11）。

图3-10

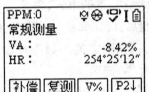

图3-11

☞每次按［F3］键，显示模式在天顶距和坡度模式间交替切换，当坡度大于300%时不再显示。

3.2.2.4　角度复测

（1）按［F4］（翻页）键转到第二页，按［F2］（复测）键，按［F4］（是）键进入角度复测模式。

（2）照准目标A，按［F2］（置零）键，并按［F4］（是）。

（3）照准目标B，按［F4］（锁定）键，完成第一次观测。

（4）再次照准目标A，按［F3］（释放）键。

（5）再次照准目标B，按［F4］（锁定）键，完成第二次观测。

（6）重复步骤（4）、（5），直到完成想要的次数。

☞Ht为累计角度值，Hm为角度平均值。Ht可以显示超过360°的角度值。

☞若要返回正常测角模式可按ESC退出复测。

3.2.3 距离测量模式

在常规测量界面按[距离]键进入距离测量模式,各软键功能解释见表3-3。

表3-3 中纬 ZT20 Pro 系列全站仪距离测量模式下各软键功能解释

页数	软键	显示符号	功能
1	F1	P/NP	棱镜/免棱镜测量模式转换
	F2	偏心	进入偏心测量
	F3	测量	启动距离测量
	F4	P1	显示第二页软键
2	F1	m/ft	距离单位米与英寸之间的转换
	F2	放样	进入距离放样模式
	F3	EDM	进入 EDM 设置模式
	F4	P2	显示第一页软键

在常规测量界面按[距离]键进入距离测量模式,再次按下,屏幕内容将在两屏之间切换。

如图 3-12 所示,界面(a)显示水平角、平距、高差;界面(b)显示天顶距、水平角、斜距。

测量距离:确保测量目标选择正确,在界面(a)按[F3](测量)键,得到距离值。如需查看斜距,按[距离]功能键切换至界面(b)即可。

☞按[F1](P/NP)键,在棱镜及无棱镜测量模式间切换,按[F4]可切换至第二页。

☞在第二页,按[F1](m/ft)键,距离单位在米与英尺间切换。按[F3](EDM)键,进入 EDM 设置。

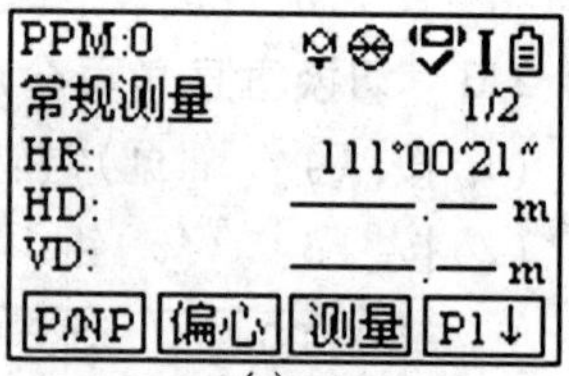

```
PPM:0          ✿⊕ ▽ I ▢
常规测量              1/2
HR:          111°00'21"
HD:              ——— m
VD:              ——— m
 P/NP 偏心 测量 P1↓
       (a)
```

```
PPM:0          ✿⊕ ▽ I ▢
常规测量              2/2
VA:           90°12'25"
HR:          111°00'21"
SD:              ——— m
 P/NP 偏心 测量 P1↓
       (b)
```

图 3-12

3.2.4 EDM 的设置

EDM 的设置详细定义了电子激光测距(EDM, Electronic Distance Measurement),用户可以根据自己的需要进行设置。

进入 EDM 设置:在测距模式界面第二页,按[F3](EDM)键进入(见图 3-13)。

通过上、下导航键选择要更改的选项,左、右键更改。

通过软键进入相应的设置(见图 3-14),软功能共有三页,通过[F4](翻页)键可以向下翻页。各页功能参见表 3-4。

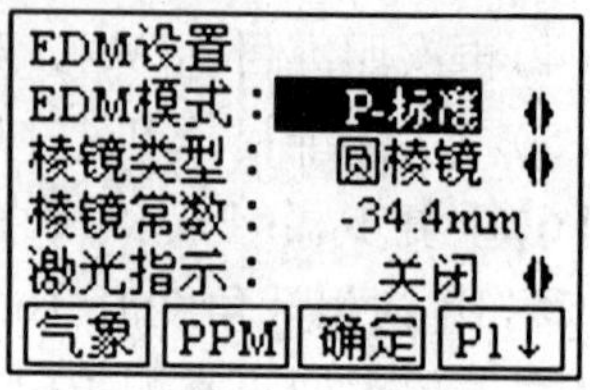

```
EDM设置
EDM模式:   P-标准 ◀▶
棱镜类型:   圆棱镜 ◀▶
棱镜常数:   -34.4mm
激光指示:   关闭 ◀▶
 气象 PPM 确定 P1↓
```

图 3-13

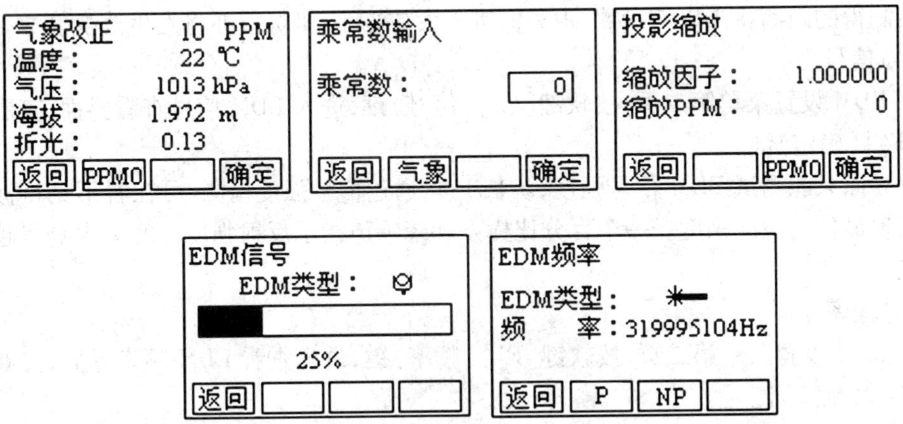

图 3-14

表 3-4　EDM 设置时各软键功能解释

页数	软键	显示符号	功 能
1	F1	气象	输入与大气有关的参数,如温度、气压、海拔、折光系数
	F2	PPM	乘常数输入
	F3	确定	确认输入的所有有关 EDM 参数
	F4	P1	显示第二页软键
2	F1	缩放	输入投影缩放参数
	F2	信号	测试 EDM 信号强度
	F3	频率	查看 EDM 频率
	F4	P2	显示第三页软键
3	F1	重置	将所有 EDM 设置还原为厂家默认值
	F4	P3	显示第一页软键

（1）气象。

在 EDM 设置菜单第一页,按软键[F1]（气象）键,进入气象参数输入界面,此界面可以输入测量现场的温度、气压、海拔和折光系数,输入完成后按[F4]（确定）键。

有关气象改正的概念和计算方法见本书 2.2.7 小节相关内容。

如果进行高精度距离测量,气象改正比例系数必须准确到 1×10^{-6}(mm/km),有关气象参数在测距时必须重新测定。空气温度精确到 1 ℃,大气压精确到 3 hPa。

（2）PPM(乘常数)。

在 EDM 设置菜单第一页,按软键[F2]（PPM）键,进入 PPM(乘常数)输入界面,此界面可以输入乘常数,输入完成后按[F4]（确定）键。

有关 PPM(乘常数)的概念和计算方法见本书 2.2.7 小节相关内容。

（3）缩放。

在 EDM 设置菜单第二页,按软键[F1]（缩放）键,进入投影缩放参数输入界面,输入完成后按[F4]（确定）键。

多数情况下缩放因子为 1,缩放因子输入范围为 0.9 ~ 1.1,若设置了投影缩放参数,则仪器测得的距离将乘以该参数,距离值将放大或缩小,坐标值亦将发生改变。

（4）信号。

在 EDM 设置菜单第二页,按软键[F2]（信号）键,进入 EDM 信号查看界面,查看完成后按[F4]（确定）键。

此界面只能测试 EDM 信号强度,步长 1%,通过信号强度检测,可在看不见目标的情况下实现最佳的照准精度。一个百分比横条和蜂鸣声指示反射强度。蜂鸣声响得越快反射越强。

（5）频率。

在 EDM 设置菜单第二页,按软键[F3]（频率）键,进入查看 EDM 频率界面,查看完成后按[F4]（确定）键。

（6）重置。

重置就是将所有 EDM 设置还原为厂家默认值。

各项功能说明参见表 3-5。

表 3-5　EDM 设置时各项功能说明

字段	选项	说明
EDM 模式	P – 标准	使用棱镜的精测模式
	P – 快速	使用棱镜快速测距模式,测量速度提高,但精度降低
	P – 跟踪	使用棱镜连续测距模式,测量速度提高,但精度降低
	NP – 标准	无棱镜测距模式
	NP – 跟踪	无棱镜连续测距模式
	NP – 带棱镜	使用棱镜进行长距离测量模式
	反射片	使用反射片测距模式
棱镜常数	显示所选棱镜类型的棱镜常数	当棱镜类型选择为自定义时,此区域可由用户编辑定义,输入值单位是 mm,范围为 – 999.9 ~ +999.9 mm
激光指示器	关闭	可见激光束关闭
	打开	打开可见激光束,使目标点可见
棱镜类型	圆棱镜 mini JPMINI 360°棱镜 360°mini 反射片 自定义	棱镜常数 – 34.4 mm 棱镜常数 – 16.9 mm 棱镜常数 0.0 mm 棱镜常数 – 11.3 mm 棱镜常数 – 4.4 mm 棱镜常数 0.0 mm 棱镜常数由用户输入	

3.2.5 坐标测量模式

在常规测量界面按[坐标]功能键进入坐标测量模式。坐标测量模式各页软键功能参见表3-6。

表3-6 坐标测量模式各页软键功能

页数	软键	显示符号	功能
1	F1	P/NP	棱镜/免棱镜测量模式转换
	F2	偏心	进入偏心测量
	F3	测量	启动距离测量
	F4	P1	显示第二页软键
2	F1	镜高	输入棱镜高
	F2	仪高	输入仪器高
	F3	测站	输入测站坐标
	F4	P2	显示第三页软键
3	F1	m/ft	距离单位米/英寸之间转换
	F3	EDM	进入 EDM 设置模式
	F4	P3	显示第一页软键

中纬 ZT20 Pro 系列全站仪的坐标测量模式不能将测量的坐标存入仪器内存,坐标测量的步骤如下:

(1)在测角模式下,通过[置盘]输入测站到定向点的方位角,照准定向点后按[确定];

(2)在坐标测量模式下进入[EDM],设置好与测距有关的参数;

(3)输入测站坐标;

(4)输入仪器高;

(5)输入棱镜高;

(6)照准待定点的棱镜,按[测距]键,即可测出待定点的三维坐标。

3.3 中纬 ZT20 Pro 系列全站仪的数据采集与放样测量

3.3.1 应用程序准备

在开始应用程序之前,首先需要做程序开始前的准备(设置作业、设置测站和定向)。在用户选择一个应用程序(数据采集、放样、对边测量、面积测量、悬高测量等)后,首先会启动程序准备界面,用户可以一项一项地进行设置。

例如,在常规测量界面按[MENU]键,按[F1](数据采集)键,首先会显示数据采集菜单界面(见图3-15)。

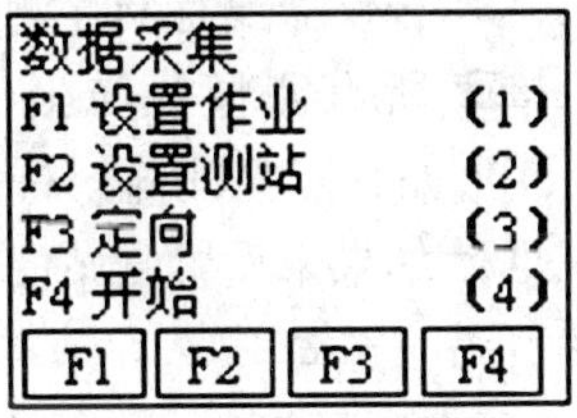

```
数据采集
F1 设置作业        (1)
F2 设置测站        (2)
F3 定向           (3)
F4 开始           (4)
 F1   F2   F3   F4
```

图 3-15

3.3.1.1 设置作业

全部数据都存储在作业里,作业包含不同类型的数据(例如测量数据、编码、已知点、测站点等)。可以单独管理,可以分别读出、编辑或删除。按[F1](设置作业)键,进入设置作业界面(见图3-16),通过左右导航键选择作业,选定之后,按[F4](确定)。如果内存中没有欲使用的作业,按[F1](新建)键,可以新建一个作业,输入作业和作业员(作业员可不输入),按[F4](确定)键,设置作业完成。

图 3-16

☞如果没有定义作业就启动应用程序,仪器会延续上一次的设定。

☞如果从未设定作业,仪器会自动创建一个名为"DEFAULT"的作业。

3.3.1.2 设置测站

在开始数据采集前,先在存储管理模式下建立一个"HAIDA"的作业,将两个已知控制点 A、B 的坐标输入到该作业的已知点数据中,$X_A = 1\ 000$ m,$Y_A = 1\ 000$ m,$H_A = 3$ m;$X_B = 2\ 000$ m,$Y_B = 1\ 000$ m,$H_B = 3$ m。

在设置测站过程中,测站坐标可以人工输入,也可以在仪器内存中读取。

(1)在程序准备界面按[F2](设置测站)键,进入设置测站界面,见图3-17。

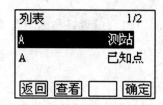

图 3-17

(2)输入测站点号,然后按[F4](确定)键。

(3)仪器列表显示测站信息,再次按[F4](确定)键。

(4)输入仪器高,按[F4](确定)键。完成测站设置,返回到上一级菜单。

☞若不记得点号,可以通过[F1](查找)或[F2](列表)来选择测站点。

☞若仪器没有储存测站坐标,可以通过按[F3](坐标)人工输入测站点号和坐标。

☞所有测量值与坐标计算都与测站坐标有关,测站坐标应至少包含平面坐标 (X,Y),如有需要,请输入高程。

☞如果未设置测站便开始测量,仪器默认为上一次的设定。

3.3.1.3 定向

所有测量值和坐标计算都与测站定向(见图3-18)有关。在定向过程中,可以通过手工方式输入,也可根据测量点或内存中的点进行设置。

人工定向:直接输入测站点至后视点连线的方位角。

坐标定向:输入后视点坐标,仪器将算出测站至后视点的坐标方位角。

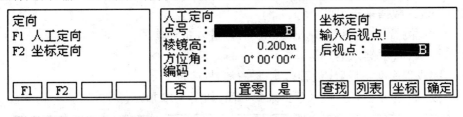

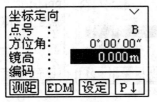

图 3-18

1. 人工定向

(1)在程序准备界面按[F3](定向)键,进入定向界面。

(2)按[F1](人工定向)键,进入人工定向界面。

(3)输入测站至后视点连线的方位角,并照准后视点,按[F4](是)键完成定向,返回到上一级菜单。

☞按[F3](置零)可将方位角设置为0°00′00″。

2. 坐标定向

通过已知坐标来定向,已知坐标可以人工输入,也可以在仪器内存中读取。

☞后视点坐标至少需要平面坐标(X,Y),如有需要,也可输入高程。

☞如果未定向就启动了一个程序,则仪器当前角度值就设为定向值。

(1)在程序准备界面按[F3](定向)键,进入定向界面。

(2)按[F2](坐标定向)键,进入坐标定向界面。

(3)输入后视点点号,然后按[F4](确定)键。

☞若不记得点号,叮以通过[F1](查找)或[F2](列表)来选择测站点。

☞若仪器没有储存测站坐标,可以通过按[F3](坐标)人工输入定向点点号和坐标。

(4)屏幕显示坐标定向界面,该坐标定向界面有两页。

第一页显示的方位角为仪器计算出的测站到后视点的方位角,按上、下方向键可以输入镜高、编码,照准后视目标点,按[F3](设定)键完成定向,返回到上一级菜单。

第二页显示的 HA 为当前水平度盘方向值,在后视点安放棱镜并瞄准,按[F1](测距)键,可以测量出仪器到棱镜的水平距离 HD,dHD = 计算的平距 - 测出的半距;dVD = 计算高差 - 测出的高差。若正确无误,按[F3](设定)键,完成定向,返回到上一级菜单。

3.3.2 数据采集测量

3.3.2.1 进入数据采集

(1)常规测量界面。按[MENU](电源)键进入主菜单。

(2)按[F1](数据采集)键。

(3)完成程序准备设置(设置作业、设置测站、定向)。

(4)按[F4](开始)键,进入数据采集界面,如图3-19所示。

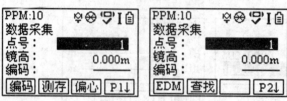

图 3-19

按上、下导航键,选择要输入的数据,包括点号、镜高和编码,其中点号必须输入。照准目标后,按[F2](测存)键,测量目标点数据并保存至当前作业。

☞[F1](编码):进入编码设置。

☞[F2](测存):测量测点的数据并直接保存到内存里。

☞[F3](偏心):进入偏心测量程序。

按[F4](翻页)键,进入第二页。

☞[F1](EDM):进入 EDM 设置。

☞[F2](查找):查找已保存的测量点的数据。

3.3.2.2 在坐标、距离、角度模式间切换

1.切换成坐标模式

在数据采集界面按[坐标]功能键进入坐标模式。点号可以手动更改,按[F3](测量)键测量目标点坐标并显示在屏幕上,按[F4](记录)键将坐标保存至当前作业,点号自动加1。

☞[F1](返回):回到数据采集开始界面。

☞[F2](镜高):输入镜高。

☞如果没有进行距离测量而按[记录]键,则只保存角度数据,没有距离和坐标数据。

2.切换成距离模式

在数据采集界面按[距离]功能键进入距离模式,点号可以手动更改,按[F3](测量)

键测量测站点至目标点的斜距、平距、高差,并显示在屏幕上。按[F4](记录)键将数据保存至当前作业,点号自动加1。

☞如果没有进行距离测量而按记录键,则只保存角度数据,没有距离和坐标数据。

3. 切换成角度模式

在数据采集界面按[角度]功能键进入角度模式,点号可以手动更改,照准目标,按[F4](记录)键将角度值保存至当前作业,点号自动加1。

☞[F1](返回):回到数据采集开始界面。

☞因为没有进行距离测量,故只保存角度数据,没有距离和坐标数据。

数据采集注意要点如下:

(1)测量开始前,需要先进行正确的建站和定向。

(2)在测量界面,有坐标、距离和角度三个模式可以切换。

(3)按下[测量]键,仪器测出数据但并不记录,需要再次按下[记录]键才可以将数据保存至仪器内存。按下[测存]键一次完成这两个功能。

(4)按下[测量]键之后,如果仪器发生转动,坐标值和斜距高差会随着角度的改变重新计算。此时按下[记录]键,记录的是重新计算的数值。

(5)在测量过程中,目标的类型可能不是一成不变的,在测量目标变换的时候,应该注意在[EDM]设置中改变棱镜类型或者棱镜常数。

(6)棱镜高的改变、棱镜高设置不正确,会导致测量高程错误。

3.3.3 放样测量

本应用程序用于在实地放样出待放样点。可以在放样前,将它们的坐标存放在仪器的作业中,或者放样时手动输入。该应用程序可以连续地显示当前点和待放样点之间的相对位置关系。

可以使用以下不同方法放样点:极坐标法、正交法以及笛卡儿坐标法。

3.3.3.1 进入放样

(1)在常规测量界面,按[MENU](电源)键进入主菜单。

(2)按[F2](放样)键,进入放样程序。

(3)完成应用程序准备设置。

(4)按[F4](开始)键,进入放样程序(见图3-20)。

(5)按左、右导航键,选择要放样的点号,同时屏幕会显示此点的 X、Y 坐标值。

[F1](镜高):输入棱镜高度。

[F2](查找):查找已保存的放样点数据。

[F3](坐标):手动键盘输入放样点的坐标。

☞只有点号或者只有点号和角度数据的点不可用于放样,放样点必须具有点号、X 坐标、Y 坐标。

(6)按[F4](开始)键,放样当前选中的点,屏幕切换为待放样点位置的计算界面。

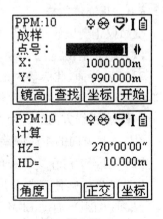

图 3-20

HZ:测站点至待放样点连线的方位角计算值。

HD:测站点至待放样点的水平距离计算值。

屏幕下方的三个软键对应不同的放样方法:

[F1](角度):使用极坐标法放样,进入角度测量部分。

[F3](正交):使用正交法放样。

[F4](坐标):使用笛卡儿坐标法放样。

3.3.3.2 极坐标法放样

全站仪极坐标法放样点的三维坐标原理参见图2-31。

(1)在待放样点位置计算界面,按[F1](角度)键,进入图3-21所示屏面,此屏幕为极坐标法放样时的角度部分。

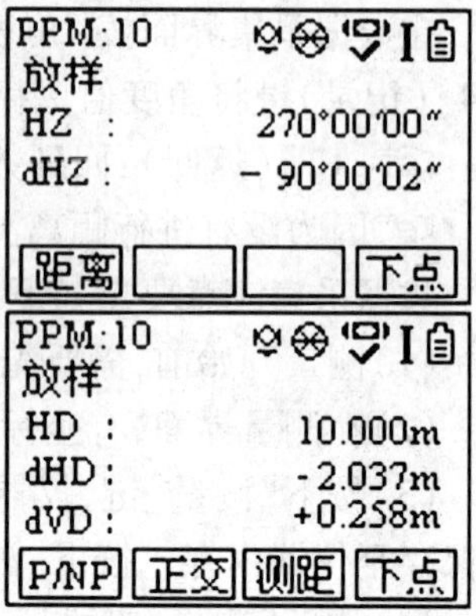

HZ:测站点至待放样点连线的方位角计算值。

dHZ:当前水平角与计算方位角的差值。

转动照准部,当dHZ为0°00′00″时,即表明放样方向正确。

☞转动照准部,当dHZ接近0°00′00″时,可锁住水平制动,使用水平微动调节水平角,使dHZ等于0°00′00″。

(2)按[F1](距离)键进入测量距离屏幕。

HD:测站点至待放样点的水平距离计算值;

dHD:测量点与待放样点的水平距离偏差;

dVD:测量点与待放样点的垂直距离偏差。

[F1](P/NP):在棱镜和免棱镜之间切换。

[F2](正交):使用正交法放样。

[F3](测距):启动EDM开始测距。

[F4](下点):放样下一点。

(3)按[F3](测距)键,仪器将显示当前dHD、dVD值,调整点位,当dHZ、dHD、dVD均为0时,即完成点的三维坐标放样工作。

3.3.3.3 正交法放样

全站仪正交法放样点的三维坐标原理参见图2-33。

(1)在待放样点位置计算界面,按[F3](正交),进入如图3-22所示界面,此屏幕为正交法放样时的显示内容。

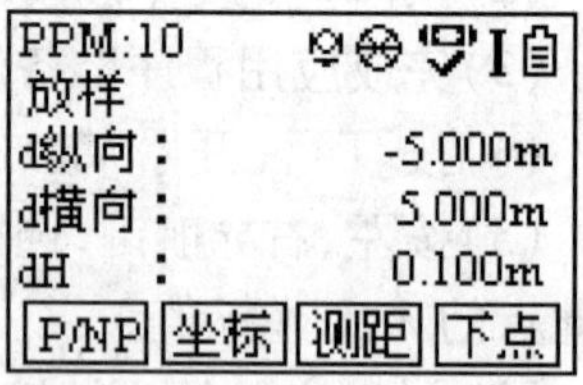

d纵向:视线方向的距离偏离值。

d横向:视线方向的正交方向距离偏差值。

dH:垂直方向的距离偏差值。

[F1](P/NP):在棱镜和免棱镜之间切换。

[F2](坐标):使用笛卡儿坐标法放样。

[F3](测距):启动EDM开始测距。

[F4](下点):放样下一点。

图3-21

图3-22

（2）按［F3］（测距）键，仪器将显示当前 d 纵向、d 横向、dH 值，调整点位，当 d 纵向、d 横向、dH 值均为 0 时，即完成点的三维放样工作。

3.3.3.4 笛卡儿坐标法放样

全站仪笛卡儿坐标法放样点的三维坐标原理参见图 2-23。

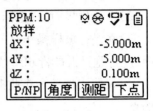

图 3-23

（1）在待放样点位置计算界面，按［F4］（坐标），进入如图 3-23 所示界面，此屏幕为笛卡儿坐标法放样时的显示内容。

dX：X（北）方向的距离偏差值。

dY：Y（东）方向的距离偏差值。

dZ：垂直方向的距离偏差值。

［F1］（P/NP）：在棱镜和免棱镜之间切换。

［F2］（角度）：使用极坐标法放样。

［F3］（测距）：启动 EDM 开始测距。

［F4］（下点）：放样下一点。

（2）按［F3］（测距）键，仪器将显示当前 dX、dY、dZ 值，调整点位，当 dX、dY、dZ 值均为 0 时，即完成点的三维放样工作。

放样程序字段说明见表 3-7。

表 3-7　放样程序字段说明

符号	意义	说明
dHZ	角度偏差	如果放样点在测量点的右侧则显示正值，反之为负值
dHD	水平距离偏差	如果放样点比测量点远则显示正值
dVD	高程偏差	如果放样点高于测量点则显示正值
d 纵向	纵向偏差	如果放样点比测量点远则显示正值
d 横向	垂直偏差	如果放样点在测量点的右侧则显示正值
dH	高程偏差	如果放样点高于测量点则显示正值
dX	北坐标偏差	如果放样点比测量点远则显示正值
dY	东坐标偏差	如果放样点在测量点的右侧则显示正值
dZ	高程偏差	如果放样点高于测量点则显示正值

放样测量注意要点：

（1）放样开始前，需要先进行正确的建站和定向。

（2）在放样界面，有坐标、距离和角度三个模式可以切换。

（3）在进行放样操作时，可先进入角度界面，转动仪器将 dHZ 调成 0，然后进入距离界面，配合跑杆人员将 dHD 及 dVD 调成 0，完成后，可使用坐标测量界面进行检查。

（4）仪器支持一个作业中存储多个同名点，在选择放样点时，一定注意是否选择了正确的点。

（5）在有高程需要的时候，应特别注意棱镜高的设置是否正确。

（6）放样程序未提供存储坐标的功能，如果有需要，可进入"数据采集"功能进行坐标采集。

3.3.4　注意事项与总结

在开始作业前，作业员应当检查仪器的设置是否正确，否则仪器将测量出错误的结果。

（1）水平角必须设置为右角模式（HR），垂直角模式最好为天顶距模式。

（2）距离的单位应当是公制单位 m。

（3）做好 EDM 的设置工作。棱镜常数必须设置正确，投影缩放因子必须是 1，否则将影响到测距边长。

（4）设置测站、仪器高必须正确，否则将影响到坐标的正确性。

（5）必须正确地完成定向工作，否则亦将影响到坐标的正确性。

（6）开始测量时，注意棱镜高的设置，否则将影响到高程的正确性。

3.4　中纬 ZT20 Pro 系列全站仪的存储管理

存储管理含有在仪器上进行输入、编辑和检查数据的所有功能。

进入存储管理：

（1）常规测量界面，按［MENU］键进入主菜单。

（2）按［F4］（存储管理）进入。

如图 3-24 所示，存储管理共六个子菜单：作业、已知点、测量点、编码、初始化内存、内存统计。

可以通过按对应的软键，或者相应的数字键进入。

3.4.1　作业

各种测量数据都存储在选定的作业里。在存储管理界面按［F1］（作业）或者数字键 1 进入（见图 3-25）。

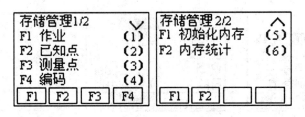

图 3-24

图 3-25

可以通过左、右导航键切换作业。

[F2](删除):删除所选作业。

[F3](新建):新建一个作业,最多可以建立 25 个作业。

[F4](确定):设定所选作业为当前作业。

新建作业需要输入作业名称和作业员,其中作业名称必须输入。系统会自动添加创建日期及时间。

3.4.2 已知点

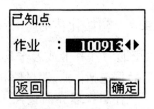

在存储管理界面按[F2](已知点)或者数字键 2 进入(见图 3-26)。通过左、右导航键切换作业,选定作业后按[F4](确定)。

有效的已知点至少包含点名、平面坐标(X, Y)和高程 Z。

[F1](查找):开始点搜索,输入点号或通配符"*"。

[F2](删除):将所选择的已知点从内存中删除。

[F3](新建):输入新的已知点名和坐标。

[F4](编辑):编辑点位坐标。

☞在开始野外测量前,应当将所有已知测量控制点和要放样点的坐标输入到某个作业文件名下,以便在测量时调用。

图 3-26

3.4.3 测量点

内存里的测量数据可以被搜索、显示或删除。在存储管理界面按[F3](测量点)或者数字键 3 进入(见图 3-27)。

[F3](查找指定点号):启动点搜索,可以输入完整的点号或带通配符"*"的点号。

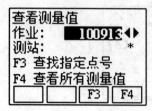  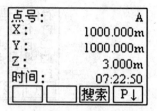

图 3-27

［F4］（查看所有测量值）：显示所有测量数据，可通过左、右导航键切换点，按［F4］（翻页）键可以查看其他页的内容。

3.4.4 编码

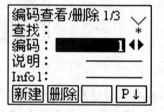

编码包含有关记录点的信息，在后处理过程中，在编码的帮助下，可方便地按特定的分组进行处理。每条编码可有一项说明和最多 8 个少于 16 个字符的属性。

在存储管理界面按［F4］（编码）或者数字键 4 进入（见图 3-28）。

图 3-28

通过左、右导航键切换编码，按［F4］（翻页）键可查看其他页的内容。

［F1］（新建）：弹出编码输入对话框，新建一个编码。

［F2］（删除）：删除选定的编码。

3.4.5 初始化内存

删除一个作业或者作业中的单个数据区或全部数据。

数据包括作业、测量值和已知点。

在存储管理界面按向下键翻至第二页，然后按［F1］（初始化内存）或者数字键 5 进入（见图 3-29）。

通过上、下导航键改变选项，通过左、右导航键选择内容。

［F1］（删除）：删除所选择的数据区域。

［F4］（返回）：返回存储管理界面。

图 3-29 初始化内存界面

3.4.6 内存统计

显示内存的信息，如作业、测站点、已知点、测量记录以及内存使用百分比。

在存储管理界面按向下导航键翻至第二页，然后按［F2］（内存统计）或者数字键 6 进入（见图 3-30）。

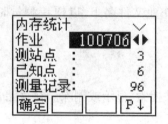 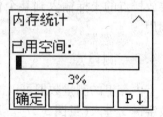

图 3-30 内存统计界面

3.5 中纬 ZT20 Pro 系列全站仪的系统设置

本项菜单分为主要设置、EDM 设置、系统信息。

进入系统设置：

（1）常规测量界面，按[MENU]键进入主菜单。

（2）按向下导航键进入第二页后，按[F1]（系统设置）或者数字键 5 进入（见图 3-31）。

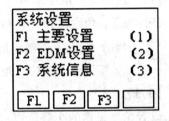

图 3-31

3.5.1 主要设置

在系统设置界面按[F1]（主要设置）或者数字键 1 进入。

主要设置共有四页（见图 3-32），按[F4]（P↓）键向下翻页。按上、下导航键选择要进入的设置选项，按左、右导航键更改设置。

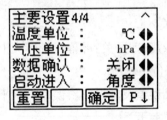

图 3-32

[F1]（重置）：将所有选项设置为默认值。

[F3]（确定）：保存当前设置。

（1）对比度。

从 0% 到 100% 每步间隔 10% 来设置显示器对比度。

（2）补偿器。

单轴：补偿仪器纵轴方向（沿视准轴方向）的倾斜；双轴：补偿仪器纵轴与横轴方向（与视准轴垂直的方向）的倾斜；关闭：关闭补偿。建议选择"双轴"。

（3）蜂鸣声。

关闭：蜂鸣器关；正常：蜂鸣器开。建议选择"正常"。

（4）象限声。

关闭:关闭象限声提示;打开:打开象限声提示,当水平角度在 0°(90°、180°、270°)±4′30″之内时,蜂鸣器持续发出短促的蜂鸣声。建议选择"关闭"。

（5）角度单位。

设置角度显示时的单位。

度:十进制度。角度值:0°~360°。

Mil:密耳。角度值:0~6 400 mil。

° ′ ″:度分秒,六十进制。角度值:0°00′00″~360°00′00″,建议选择此角度单位。

gon:百分度制角度单位。角度值:0~400 gon。

（6）最小读数。

设置角度显示的小数位数。仅用于数据的显示,对数据输出或存储不起作用。

角度单位为度时,可以选择 0.000 1/0.000 5/0.001。

角度单位为° ′ ″时,可以选择 1″/5″/10″。

角度单位为 mil 时,可以选择 0.01/0.001/0.05/0.1。

角度单位为 gon 时,可以选择 0.1 mgon/0.5 mgon/1 mgon。

（7）距离单位。

设置距离和坐标的单位,可以选择 m、US - ft、INT - ft、ft - in1/8。m:公制单位米(m);US - ft:美制英尺(ft);INT - ft:国际英尺(fi);ft - in1/8:美制英尺 - 英寸 - 1/16 英寸。建议选择"m"。

（8）照明开关。

开:屏幕背景灯打开;关:屏幕背景灯关上。

（9）HA 改正位。

打开:视准轴误差及轴系倾斜误差对水平角产生的影响会得到改正。关闭:关闭 HA 改正。建议选择"打开"。

（10）HA < = >。

右:照准部顺时针方向转动时角度增大;左:照准部逆时针方向转动时角度增大。建议选择"右"。

（11）V 设置。

天顶0°:照准部照准天顶方向时,竖直角为0°,即天顶距模式。建议选择此模式。

水平0°:照准部照准水平方向时,竖直角为0°,在水平面上为正、下为负,即垂直角模式。

坡度%:将竖直角用坡度百分比表示。水平面上为正、下为负,即坡度模式。

☞当坡度大于300%或者小于-300%时,显示"为 - -. - -%"。

（12）自动关机。

激活：仪器在 15 min 内无任何操作将自动关机（没有按任何键且竖直角度和水平角度改变在 1′43″以内）；未激活：关闭自动关机功能。

（13）温度单位。

设置温度显示的单位。℃：摄氏温度；°F：华氏温度。建议选择"℃"。

（14）气压单位。

设置气压显示的单位。hPa：百帕；mbar：毫巴；mmHg：毫米汞柱；inHg：英寸汞柱。建议选择"hPa"。

（15）数据确认。

测量数据保存前提示用户是否确定。打开：保存前弹出提示对话框；关闭：直接保存，不提示。建议选择"打开"。

（16）启动进入。

设置开机之后首先进入常规测量的哪个模式。角度：角度模式；距离：距离模式。

3.5.2 系统信息

系统信息界面显示仪器系统和固件信息，设置日期和时间信息。

进入系统信息：在系统设置界面按［F3］（系统信息）进入（见图 3-33）。

界面上显示仪器型号、序列号，以及当前时间。

［F1］（软件）：查看仪器上安装的固件包及程序。

［F2］（日期）：修改日期和日期格式。

［F3］（时间）：修改时间格式和时间。

［F4］（返回）：返回系统设置界面。

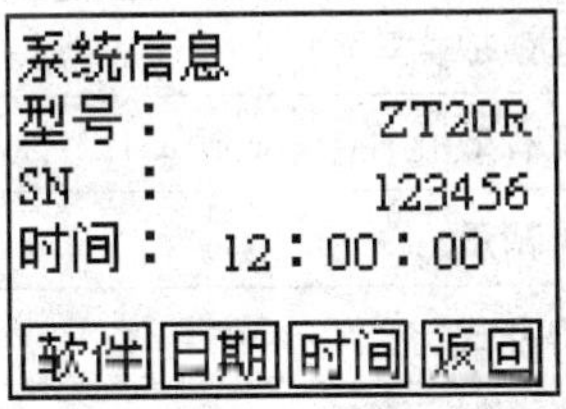

☞有关 EDM 的设置参见本章 3.2.4 小节。

```
系统信息
型号：        ZT20R
SN  ：       123456
时间：  12：00：00

软件 日期 时间 返回
```

图 3-33

3.6 苏州一光 RTS310 系列全站仪的基本操作

3.6.1 苏州一光 RTS310 系列全站仪的构造与键盘设置

3.6.1.1 苏州一光 RTS310 系列全站仪的构造

苏州一光 RTS310 系列全站仪的构造见图 3-34。

3.6.1.2 重要技术参数

重要技术参数见表 3-8。

图 3-34　苏州一光 RTS310 系列全站仪

表 3-8　苏州一光 RTS310 系列全站仪重要技术参数

成像	正像
望远镜放大率	30
物镜有效孔径	45 mm
测角精度	$\pm 2''$
测角方式	绝对编码
补偿器补偿范围	$\pm 3'$
补偿精度	$\pm 1''$
测程(棱镜模式,使用单棱镜)	2 100 m,5 000 m(R 系列)
测程(无棱镜模式)	500 m(RTS310R5)
距离精度(P - 标准)	2 mm + 2×10^{-6}
距离精度(NP - 标准)	3 mm + 2×10^{-6}
测量时间	精测单次 1.7 s、跟踪 0.7 s、速测 1.2 s
数据容量	120 000 点,SD 卡:标配 1 GB
数据传输接口	RS - 232C、USB2.0
防水防尘	IP54

3.6.1.3　苏州一光 RTS310 系列全站仪的键盘设置

苏州一光 RTS310 系列全站仪的键盘设置参见图 3-35,键盘功能参见表 3-9。

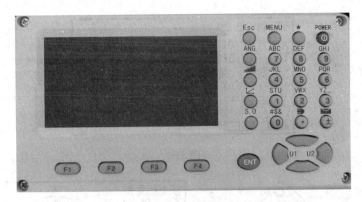

图 3-35　苏州一光 RTS310 系列全站仪的键盘设置

表 3-9　苏州一光 RTS310 系列全站仪的键盘功能

按键	名称	功能
F1 ~ F4	软键	功能参考显示屏最下面一行所显示的信息
0 ~ 9	数字键	1. 在输入数字时,输入按键相对应的数字; 2. 在输入字母或特殊字符时候,输入按键上方对应的字符
POWER	电源键	控制仪器电源的开关
★	星键	用于若干仪器常用功能的操作
MENU	菜单键	进入仪器菜单界面
ESC	退出键	退回到前一个菜单显示或前一个模式
ANG	角度测量键	在基本测量模式下,切换到角度测量模式
◢	距离测量键	在基本测量模式下,切换到距离测量模式
∟	坐标测量键	在基本测量模式下,切换到坐标测量模式
S. O	放样测量键	在基本测量模式下,直接进入放样测量功能
☰	空格键	在输入屏幕显示下,输入一个空格
▬	功能键	1. 在测量模式下,用于打开电子水泡显示和开启激光对中界面 2. 在输入字母和数字的时候,输入 +/ - 号
ENT	确认键	选择选项或确认输入的数据
U1	方向键左	1. 光标左移;2. 进入快捷功能 1
U2	方向键右	1. 光标右移;2. 进入快捷功能 2

3.6.2　苏州一光 RTS310 系列全站仪的安置

仪器的安置包括整平与对中,全站仪的快速整平对中方法见本章 3.1.1.3 小节。在此介绍用电子气泡整平仪器和激光对中器的使用方法。

(1)按[POWER]键开机。

(2)按[⊥]键使电子水准器显示在屏幕上(见图 3-36)。

(3)调整脚螺旋使圆水准气泡居中。

(4)转动仪器照准部使长水准器平行于脚螺旋 A、B 的连线,旋转脚螺旋 A、B,使 Y 方向倾斜读数为 $0°00'00''$(见图 3-37)。

(5)旋转脚螺旋 C,使 X 方向倾斜读数为 $0°00'00''$,至此完成电子气泡的整平。

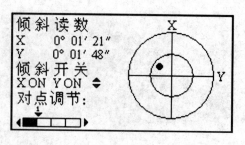

图 3-36

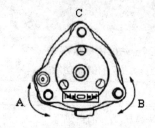

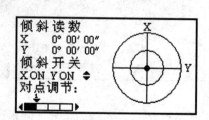

图 3-37

（6）在电子水准器显示界面,按左、右方向导航键可以开关激光,激光亮度有 4 挡,1挡亮度最低,但激光点直径较小,4 挡亮度最大,但激光点直径较大,调到 0 挡则关闭激光器。

（7）按[ESC]键退出电子水准器显示界面。

3.6.3 星键(★键)模式

星键(★键)模式设置内容和步骤(见图 3-38)如下:

（1）设置液晶屏背光。

按向上或向下方向键或按数字键[1],使箭头指示到(1. 背光)选项上,按向左或向右方向键选择是否开启或关闭背光。

[开]表示背光打开,[关]表示背光关闭。

（2）调节显示对比度。

按向上或向下方向键或按数字键[2],使箭头指示到(2. 对比度)选项上,按向左或向右方向键进行调节,在数字改变的同时,屏幕显示对比度也同时改变。

（3）调节分划板开关。

按向上或向下方向键或按数字键[3],使箭头指示到(3. 分划开关)选项上,按向左或向右方向键选择是否开启或关闭分划板照明。

[开]表示照明打开,[关]表示照明关闭。

（4）回光信号查看。

仪器照准棱镜后,按向上或向下方向键或按数字键[4],使箭头指示到(4. 回光信号)选项上,同时仪器发出蜂鸣声。该选项只能作为查看用,其数值根据气象条件以及目标的距离等测距相关条件发生改变,无法手动进行修改。

（5）选配红绿导向光的仪器,可以调节红绿导向光的开关,0 为关,1~3 为由暗变亮。

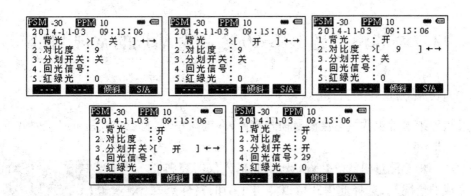

图 3-38

☞在星键模式下,按软键[F4](S/A)可以进入设置音响模式,参见3.7.3小节。

☞在星键模式下,按软键[F3](倾斜)可以进入电子水准器设置,参见3.11.3小节。

☞对于本系列带无棱镜测距功能的仪器,在星键模式下,对应于软键[F2]位置,会出现[目标]按键。按软键[F2](目标),进入选择目标类型界面,按软键[F1],选择目标为[免棱镜];按软键[F2],选择目标为[反射片];按软键[F3],选择目标为[棱镜]。

3.6.4 输入数字、字母的方法

以代码的输入为例(见图3-39),其步骤如下:

(1)进入编辑代码窗口,屏幕箭头指示为编辑代码的序号。

(2)用键盘输入字母,按键上定义三个字母,每按一次后,光标位置处显示出其中的一个字母,所需字母出现后,光标自动移至下一个待输入位置。

(3)按[F3](字母)键切换到数字输入模式,进行数字输入,在数字输入模式下,每一个键即对应一个数字,按一次键即可输入一个数字,光标自动移动到下一个待输入位置。

(4)输入完毕后,按[ENT]键确认,仪器保存所输入的代码。

☞在输入出错的情况下,可以通过方向键将光标移动到输入错误的字符之后,按[F1](回退)键删除光标所在位置的前一个数字或字符,或直接修改光标所在位置的字符。

图 3-39 数字、字母的输入

3.7 苏州一光 RTS310 系列全站仪的常规测量

3.7.1 常规测量模式的进入

开机即进入常规测量角度测量模式界面,在键盘左侧,有三个按钮可以切换常规测量模式(见图3-40)。

[↰]:坐标测量模式。在设站、定向、输入仪器高和棱镜高完成的情况下,选择此模式可以测得正确的目标点三维坐标。

[◢]:距离测量模式。该界面可以显示竖直角、水平角、斜距、平距、高差。

[ANG]:角度测量模式。显示水平角和竖直角。

☞常规测量中得到的测量结果只能查看,不能保存到仪器内存中,如果要保存较多的测量数据,请使用数据采集测量模式。

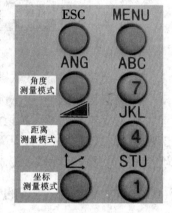

图 3-40

3.7.2 角度测量模式

在常规测量界面按[ANG](角度测量)功能键进入角度测量模式,各软键功能解释见表3-10。

表3-10　苏州一光 RTS310 系列全站仪角度测量模式下各软键功能解释

页数	软键	显示符号	功　能
1	F1	置 0	水平角设置为 0°00′00″
	F2	锁定	水平角度数锁定
	F3	置盘	通过键盘输入数字设置水平角
	F4	P1	显示第二页软键
2	F1	补偿	进入补偿设置
	F2	复测	角度重复测量模式
	F3	坡度	垂直角百分比坡度显示
	F4	P2	显示第三页软键
3	F1	蜂鸣	设置水平角直角蜂鸣开关
	F2	左右	水平角右/左计数方向的转换
	F3	竖角	垂直角显示格式
	F4	P3	显示第一页软键

☞如果直角蜂鸣设置为开,则当水平角度在接近 0°±1°、90°±1°、180°±1°、270°±1°

时,仪器会发出蜂鸣声,当仪器水平角度等于0°±1″、90°±1″、180°±1″、270°±1″时,蜂鸣声停止。苏州一光 RTS310 系列全站仪的角度测量模式的使用方法与中纬 ZT20 Pro 系列全站仪的原理一样,在此不再赘述。

3.7.3 距离测量模式

在常规测量界面按[◢](距离测量)功能键进入距离测量模式,各软键功能解释见表 3-11。

表 3-11　苏州一光 RTS310 系列全站仪距离测量模式下各软键功能解释

页数	软键	显示符号	功　　能
1	F1	测距	启动距离测量
	F2	模式	设置测距模式
	F3	S/A	进入设置音响模式
	F4	P1	显示第二页软键
2	F1	偏心	进入偏心测量
	F2	放样	进入距离放样模式
	F3	m/f	距离单位米与英寸之间的转换
	F4	P2	显示第一页软键

进行距离测量前应首先完成以下设置:测距模式、反射器类型、棱镜常数改正值、大气改正值、EDM 接收信号检测。

需要注意事项有:

(1)确认仪器设置的目标类型与实际测量目标类型相符,310R/R5 系列仪器会自动调节输出的激光强度并使显示的距离观测值范围与所用的目标类型相匹配,否则将影响测量结果的精度。

(2)物镜上的污渍会影响测量精度,保养时先用镜头刷刷去物镜上的灰尘,再用绒布擦拭。

(3)对于 310R/R5 系列仪器,在无协作目标测量时,如果在仪器与所测目标间有高反射率的物体(如金属或白色面)阻碍,测量结果的精度将受影响。

3.7.3.1　测距信号检测

测距信号检测功能用于确认经目标反射回来的测距信号强度是否足以进行距离测量,对远距离测量尤为适用。

(1)仪器精确照准目标。

(2)在星键(★键)模式下可以查看测距回光信号。

参照"3.6.3 星键(★键)模式"第(4)步。

该信号值越大表示返回的信号越强,当回光信号较强时,信号会自动调整到 20～40 内(见图 3-41)。

(3)按[ESC]键结束测距信号检测返回距离测量模式下。

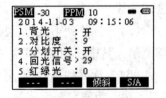

图 3-41

3.7.3.2 测距模式设置

（1）在常规测量界面按［◢］键进入距离测量模式。

（2）按［F2］（模式）键，仪器最下面一行软键出现变化，由 F1 ~ F4 对应为单次、重复、均值、跟踪四种测距模式（见图3-42）。

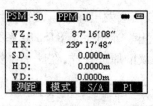

（3）选择需要的测距模式后，仪器返回到上一屏。

提示：

若将测距模式设置为单次，即单次精测，则每次测距完成后测量自动停止。

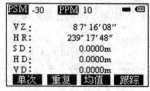

若将测距模式设置为重复，即重复精测，则仪器不停地进行距离精测，直到按下［ESC］（退出）键。

图3-42

若将测距模式设置为均值，即平均精测，则显示的距离值为距离测量的平均值。平均测量的次数为［S/A］设置音响模式里设置的测距次数。

若将测距模式设置为跟踪，即跟踪测量，则显示的距离值只精确到小数点后两位。

3.7.3.3 设置音响模式

在设置音响模式下，可以输入或设置棱镜常数改正值、温度、气压、大气改正乘常数、测距模式和测距次数。

（1）在常规测量界面按［◢］键进入距离测量模式。

（2）按［F3］（S/A）键，进入设置音响模式（见图3-43）。

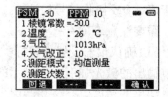

（3）光标移到第一行，可以设置棱镜常数。

（4）气象改正的设置：

图3-43

若仪器已经设置"温度气压自动补偿"为［开］，即仪器自动测量温度和气压，则温度和气压会自动显示在第二行和第三行，由温度和气压算出的大气改正比例系数值亦会显示到第四行，这三行数据不能输入。

若仪器设置"温度气压自动补偿"为［关］，即仪器不自动测量温度和气压，则第二行和第三行温度和气压可以手工输入，由手工输入的温度和气压会自动算出大气改正比例系数值，该值亦会显示到第四行。大气改正比例系数值的计算请按厂家提供的气象改正公式计算。

（5）光标移到第五行，可以设置测距模式。测距模式有单次精测、快测、均值精测、跟踪测量。其中快测和跟踪测量距离值只准确到小数点后两位。

（6）光标移到第六行，可以设置测距次数。该设置在选择均值精测时才起作用。

3.7.3.4 距离和角度测量

如图3-44所示，仪器可以同时对距离和角度进行测量。

(1)仪器照准目标棱镜中心。

(2)按[F1](测距)键开始距离测量。

(3)测距开始后,仪器闪动显示测距模式。一声短响后屏幕上显示出斜距、垂直角和水平角的测量值,同时会计算出平距和高差值并显示在屏幕上。

(4)按[ESC]键停止距离测量。

3.7.3.5 偏心测量和测距单位的改变

(1)有关偏心测量的内容请参见第4章的有关内容。

(2)在测距模式下,翻到第二页,按[F3](m/f)键,可以改变距离的计量单位(见图3-45)。

3.7.3.6 距离放样测量

(1)在距离测量模式下,按[F4]键进入第二页。

(2)按[F2](放样)键进入放样测量模式显示。

(3)输入放样的半距值(见图3-46)。

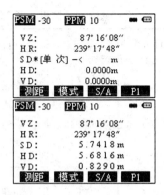

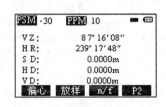

图 3-44

(4)按[ENT]键回到距离显示模式,第4行显示改变为dHD,按[F4]键返回到第一页,照准目标按[F1](测距)键开始测距。

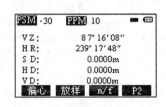

图 3-45

(5)dHD = 观测的距离值 − 标准(预置)的距离。差值为正时向仪器方向移动,差值为负时向远离仪器方向移动。当 dHD = 0 m 时,即完成平距的放样。

可以进行各种距离模式放样,如平距(HD)、高差(VD)、斜距(SD)的放样。

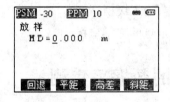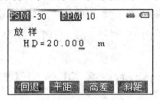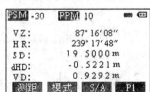

图 3-46

(6)如果需要恢复到正常测量模式,则可以将放样距离设为 0 m 或关机。

3.7.4 坐标测量模式

在常规测量界面按[ ](坐标测量)功能键进入坐标测量模式。坐标测量模式下各软键功能解释参见表3-12。

☞苏州一光 RTS310 系列全站仪的坐标测量模式不能将测量的坐标存入仪器内存。

坐标测量的步骤如下:

(1)在开始坐标测量前,首先做好与测距有关的设置工作,如测距模式的选择,在[S/A]设置音响模式下,查看棱镜常数的输入是否正确,大气改正是否得到正确的实施,设置测距次数等。

表 3-12　苏州一光 RTS310 系列全站仪坐标测量模式下各软键功能解释

页数	软键	显示符号	功能
1	F1	测距	启动距离测量
	F2	模式	设置测距模式
	F3	镜高	输入棱镜高
	F4	P1	显示第二页软键
2	F1	测站	输入测站坐标和仪器高
	F2	后视	输入后视坐标
	F3	偏心	进入偏心测量
	F4	P2	显示第三页软键
3	F1	S/A	设置音响模式
	F3	m/f	距离单位米/英尺之间转换
	F4	P3	显示第一页软键

(2)按[F4](P1)键,翻到第二页,按[F1](测站)键,输入测站坐标和仪器高。

(3)按[F2](后视)键,输入后视点坐标,确认后仪器算出测站到后视点的方位角,然后转动仪器照准部瞄准后视点,按[ENT](确认)键,仪器即完成了定向工作。

(4)按[F4](P3)键两次,翻到第一页;按[F3](镜高)键,输入棱镜高。

(5)照准待定点的棱镜,按[F1](测距)键,即可测出待定点的三维坐标。

3.8　苏州一光 RTS310 系列全站仪的数据采集测量

RTS310 系列全站仪数据采集操作步骤如下:

(1)选择数据采集文件。仪器所采集的测量数据存储在该文件中。

(2)进入数据采集设置菜单,做好与数据采集有关的设置。

(3)选择坐标数据文件。可进行测站坐标数据及后视坐标数据的调用(当无须调用已知点坐标数据时,可省略此步骤),当在数据采集的设置菜单里设置坐标自动计算时,仪器计算的测点坐标亦存储在该坐标文件里。

(4)设置测站点。包括仪器高和测站点号及坐标。

(5)设置后视点。通过测量后视点进行定向,确定方位角。

(6)设置待测点的棱镜高,开始采集,存储数据。

3.8.1 选择数据采集文件

在此选择或输入的文件为测量文件,数据采集得到的数据将存储在该测量文件中。

(1)如图3-47所示,在基本测量模式下,按[MENU]键进入主菜单显示。

(2)按数字键[1]进入数据采集,输入需要存储的测量文件名,按[F4](确认)键确认。

(3)按[F2](调用)键,可以调用已存储在仪器内的测量文件。

(4)进入[数据采集]菜单显示。

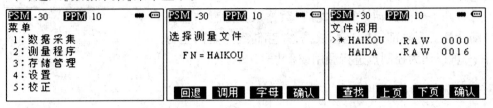

图 3-47

3.8.2 数据采集设置菜单

(1)使仪器处于数据采集菜单界面(见图3-48)。

(2)按数字键[6]进入设置菜单界面。

(3)按数字键[1]进入距离设置界面,[ ]选项内表示当前屏幕显示的距离模式,按[F1]键选定显示为[平距],按[F2]键选定显示为[斜距],设置完成后,仪器自动退出。建议选择[F1][平距]。

图 3-48

(4)按数字键[2]进入测距模式设置界面,[ ]选项内表示当前设置的测距模式,按[F1]键选定测距模式为[单次精测],按[F2]键选定为[重复精测],按[F3]键选定为[均值精测],按[F4]键选定为[跟踪测量],设置完成后,仪器自动退出。建议选择[F1][单次精测]。

(5)按数字键[3]进入数据确认设置界面,按[F1]键表示数据采集完成后需要确认记录,按[F2]键表示无须确认直接记录,设置完成后,仪器自动退出。建议选择[F1][是]。

(6)按数字键[4]进入采集顺序设置界面,按[F1]键表示先编辑后测量,按[F2]键表示先测量后编辑,设置完成后,仪器自动退出。建议选择[F1][编辑 - >测量]。

(7)按数字键[5]进入坐标自动计算设置界面(见图3-49),按[F1]键表示打开坐标自动计算功能,按[F2]键表示关闭坐标自动计算功能,设置完成后,仪器自动退出。建议选择[F1][开]。

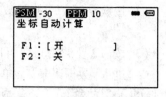

图3-49

当打开了坐标自动计算功能后,数据采集过程中仪器会自动计算所测碎部点的坐标数据,并存储到选定的坐标文件中,可以作为控制点进行调用或下载。

3.8.3 选择坐标文件

若需要调用坐标数据文件中的坐标作为测站点或后视点坐标用,则应预先选择一个坐标文件,否则仪器不知道去哪里调用坐标。

(1)确认仪器处于数据采集菜单下。按数字键[4]进入选择文件(见图3-50),按数字键[2]选择坐标文件。

(2)按[F2](调用)键进入文件列表。

(3)按上、下方向键或[F3]、[F4]翻页键,移动光标,选择一个坐标文件后,按[F4](确认)键。仪器返回数据采集菜单。

图3-50

3.8.4 测站设置

在设置测站过程中,测站坐标和点号可以人工通过键盘输入,也可以在仪器内存中读取,另外还要输入仪器高。

3.8.4.1 利用内存中的坐标设置测站信息

(1)使仪器处于数据采集菜单界面(见图3-51)。

(2)点击数字键[1]进入测站设置,显示输入测站点界面。

(3)按[F4](测站)键进入测站点点号输入界面。

(4)按[F2](调用)键可以调用已经存储在仪器内的坐标,按[F3]、[F4]键可以上、下翻页,按上、下方向键可以移动光标,按[ENT]键确定调用(见图3-52)。

☞按[F1](阅读)键可以查看当前选定点的坐标。

(5)仪器显示坐标文件名称和测站点坐标值,如果正确则按[F3](是)键,确认测站

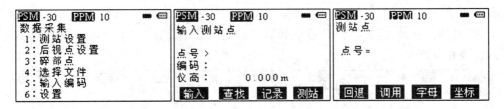

图 3-51

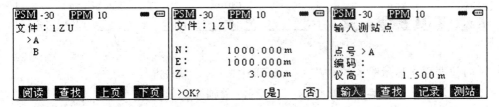

图 3-52

坐标和点名,仪器进入输入测站点界面。

(6)在输入测站点界面,将光标下移输入编码和仪高(编码可不输),按[F3](记录)键。

(7)仪器再次显示输入的测站坐标(见图 3-53),正确则按[F3](是)键,仪器进入输入测站点界面。

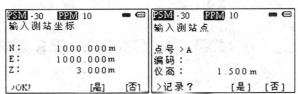

图 3-53

(8)没有问题则按[F3](是)键,仪器记录测站信息,退出测站设置界面,返回到数据采集界面。

3.8.4.2 利用键盘手动直接输入测站坐标

(1)~(3)步与利用内存中的坐标设置测站信息完全相同,在此不再赘述。

(4)按[F4](坐标)键进入手动键盘输入测站点坐标界面(见图 3-54)。

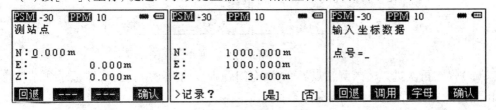

图 3-54

(5)通过键盘输入 N 坐标按[ENT]键,输入 E 坐标按[ENT]键,输入 Z 坐标按[ENT]键。仪器显示测站坐标,按[F3](是)键记录测站坐标。

(6)仪器进入测站点号输入界面,输入点号 A,按[F4](确认)键,仪器进入测站点输入界面。

(7)在输入测站点界面,将光标下移输入编码和仪高(编码可以不输),按[F3](记录)键(见图3-55)。

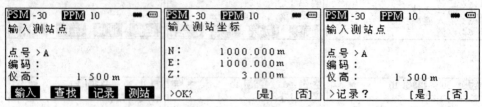

图 3-55

(8)仪器再次显示输入的测站坐标,正确则按[F3](是)键。

(9)仪器再次进入输入测站点界面,没有问题则按[F3](是)键,仪器记录测站信息退出测站设置界面,返回到数据采集界面。

3.8.4.3 利用内存中的坐标快速设置测站(坐标文件已选定)

如果观测者能够记住已知控制点的点号,可以快速设置测站信息,其步骤如下:

(1)使仪器处于数据采集菜单界面(见图3-56)。

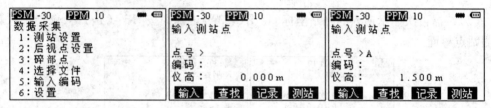

图 3-56

(2)按数字键[1]进入测站设置,显示测站点输入界面。

(3)将光标上、下移动输入测站点号、编码(编码可以不输)和仪高,按[F3](记录)键。

(4)仪器显示内存里的测站坐标,正确则按[F3](是)键(见图3-57)。

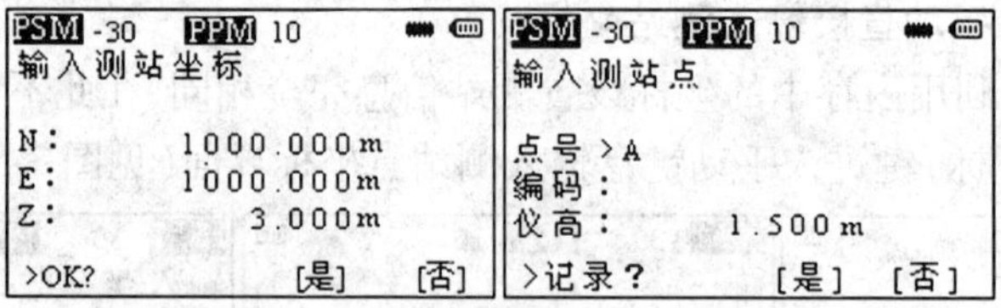

图 3-57

(5)仪器再次进入输入测站点界面,没有问题则按[F3](是)键,仪器记录测站信息,退出测站设置界面,返回到数据采集界面。

3.8.5 后视点设置

后视点设置亦即测站定向,所有测量值和坐标计算都与测站定向有关。在定向过程中,可以通过手工方式输入后视点信息,也可调用内存中的点输入后视点信息。

3.8.5.1 利用内存中的坐标设置后视点(坐标文件已选定)

(1)使仪器处于数据采集界面(见图3-58)。

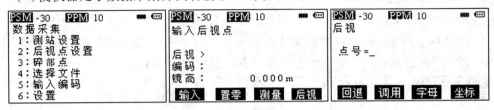

图 3-58

(2)点击数字键[2]进入后视点设置,显示输入后视点界面。

(3)按[F4](后视)键进入后视点点号输入界面。

(4)按[F2](调用)键可调用已经存储在仪器内的坐标,按上、下键可以选择需要调用的点号,按[F3]、[F4]键上、下翻页,按[ENT]键确定调用(见图3-59)。

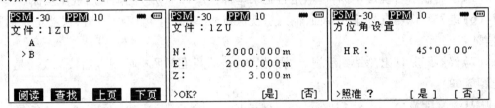

图 3-59

☞按[F1](阅读)键可以查看当前选定点的坐标。

(5)仪器显示内存里的后视点坐标,正确则按[F3](是)键。

(6)仪器即刻算出测站到后视点的方位角,转动照准部照准后视点后按[F3](是)键。

(7)仪器进入输入后视点界面,光标下移可以输入后视点编码和棱镜高(见图3-60)。

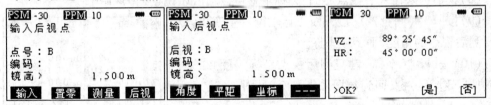

图 3-60

(8)按[F3](测量)键,最下面一行软键发生变化,提示复测后视点的角度、平距或坐标。

按[F1](角度)键,仅对后视点的角度进行复测。仪器复测出的水平角应与测站到后视点的方位角一致。

按[F2](平距)键,对后视点的角度和平距进行复测。仪器复测出的水平角应与测站到后视点的方位角一致,水平距离应与测站到后视点的平距一致。

按[F3](坐标)键,对后视点的坐标进行复测。仪器复测出的后视点坐标应与已知的后视点坐标一致。

(9)按[F1](角度)键复测后视点角度,复测结束,正确按[F3](是)键,回到数据采集

101

界面。

3.8.5.2　利用键盘手动直接输入后视点信息

（1）～（3）步与利用内存中的坐标设置后视点信息完全相同，在此不再赘述。

（4）按［F4］（坐标）键可以直接输入后视点的坐标。通过键盘输入 N 坐标按［ENT］键，输入 E 坐标按［ENT］键，输入 Z 坐标按［ENT］键（见图 3-61）。

图 3-61

（5）仪器显示后视点坐标，提示是否记录坐标，按［F3］（是）键记录后视点坐标。

（6）进入后视点点号输入界面，输入后视点点号 B，按［F4］（确认）键，仪器记录后视点信息。

（7）仪器即刻算出测站到后视点的方位角，转动照准部照准后视点后按［F3］（是）键（见图 3-62）。

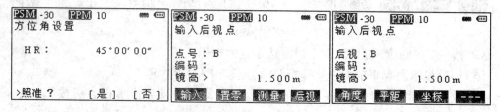

图 3-62

（8）仪器进入输入后视点界面，光标下移可以输入后视点编码和镜高。

（9）按［F3］（测量）键，最下面一行软键发生变化，提示复测后视点的角度、平距或坐标。

（10）按［F3］（坐标）键复测后视点坐标，复测结束，正确按［F3］（是）键，回到数据采集界面（见图 3-63）。

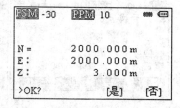

图 3-63

3.8.6　碎部点的数据测量

（1）使仪器处于数据采集菜单界面，并已完成测站和后视点的设置（见图 3-64）。

（2）点击数字键［3］进入碎部点输入界面。

（3）按［F1］（输入）键，依次输入点号、编码、棱镜高，按［F3］（测量）键，仪器最下面一行软键发生变化。

（4）按［F1］～［F4］选择采集数据的格式，仪器照准目标点进行测量（见图 3-65）。

角度：采集碎部点的角度数据，即 VZ、HR。

平距：采集碎部点的角度距离数据，即 VZ、HR、HD、VD。

坐标：采集碎部点的坐标数据，即 N、E、Z。

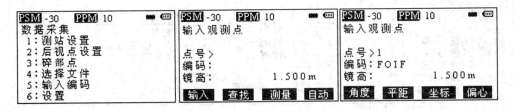

图 3-64

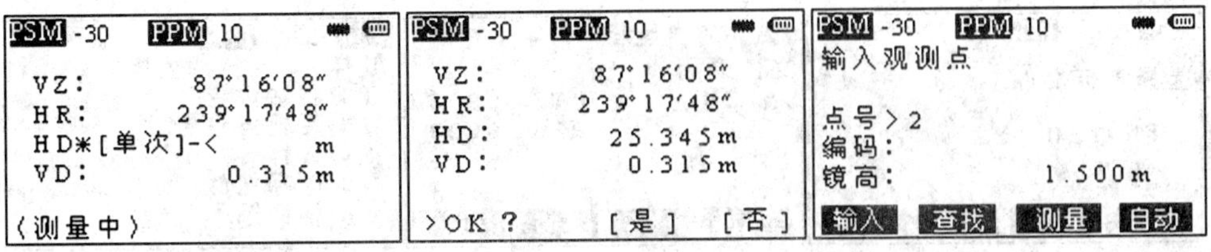

图 3-65

偏心:进入偏心测量。

此处选择的是"平距"。

(5)测量完成后,显示测量结果,提示是否记录,按[F3](是)键,仪器完成对待测点的测量并自动记录数据。

(6)仪器返回到下一点测量界面,点号自动加1,上下移动光标可以输入编码和棱镜高,按[F4](自动)键测量,仪器采集的数据格式默认为上次选定的格式。

☞按[F4](自动)键后,仪器在采集数据时,点号自动加1,属性清空,棱镜高保持不变,请根据需要输入。

注意事项:

当设置了坐标自动计算后,数据采集过程中所测碎部点数据则存储到测量数据文件中,同时仪器会自动计算每一个碎部点的坐标数据并存储到指定的坐标数据文件中,可以作为控制点进行调用或数据下载。推荐设置为坐标自动计算,在数据采集时采集碎部点的角度距离数据,这样一来我们就有两套碎部点的数据,一套是存储在测量数据中的 VZ、HR、HD、VD 等,另一套是存储在坐标数据文件中碎部点的三维坐标数据。这样的好处是当测量出错时便于查找错误,或利用数据下载软件重算坐标数据,以免返工。

3.9 苏州一光 RTS310 系列全站仪的放样测量

3.9.1 进入放样测量

(1)在基本测量模式下,按[MENU]键进入菜单显示(见图3-66)。

(2)按数字键[2],进入[测量程序]菜单。

(3)按方向键向下翻页或[F4]键翻至"测量程序"第二页。

(4)按数字键[2]进入放样测量,输入坐标文件名,按[ENT]键确认(见图3-67)。

☞在基本测量界面下按[S.O]键可以直接进入此界面。

☞按[F4](跳过)键可以跳过输入或调用坐标文件,存储的数据无法被调用。

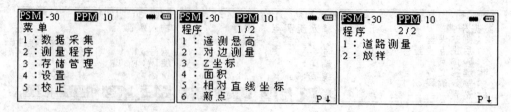

图 3-66

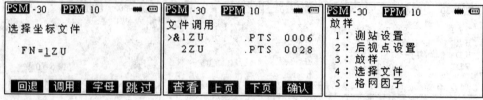

图 3-67

（5）按［F2］（调用）键可以调用已经存储在仪器内的坐标文件。按向上、向下方向键可以向上、向下移动光标，按［F2］、［F3］键可以向上、向下翻页。选中文件后，按［F4］（确认）键。

（6）进入放样菜单界面。

3.9.2　测站设置

3.9.2.1　利用内存中的坐标设置测站（坐标文件已选定）

（1）使仪器处于放样菜单（见图 3-68）。

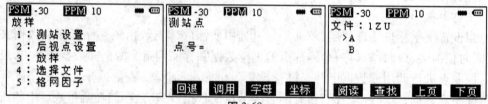

图 3-68

（2）点击数字键［1］进入测站设置，显示点号选择界面。

（3）按［F2］（调用）键，可以调用已经存储在仪器内的坐标，按向上、向下方向键可以选择需要调用的点号，按［F3］、［F4］键上、下翻页，按［ENT］键确定调用。

☞按［F1］（阅读）键可以查看当前选定点的坐标。阅读完后按［ESC］（退出）键即可。

（4）仪器显示调用的测站坐标，按［F3］（是）键仪器保存测站坐标和点名（见图 3-69）。

图 3-69

（5）仪器进入仪器高输入界面。输入仪器高后，按［F4］（确认）键。

（6）仪器返回放样菜单界面。

3.9.2.2　利用键盘手动直接输入测站坐标

（1）使仪器处于放样菜单（见图3-70）。

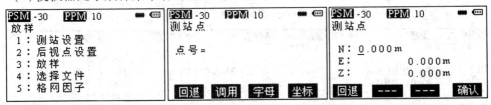

图 3-70

（2）点击数字键［1］进入测站设置，显示点号选择界面。

（3）按［F4］（坐标）键，可以不调取而直接输入测站点的坐标。

（4）通过键盘输入 N 坐标按［ENT］键，输入 E 坐标按［ENT］键，输入 Z 坐标按［ENT］键。输入完成后，仪器提示是否记录。按［F3］（是）键确认输入的坐标（见图3-71）。

☞"输入坐标记录"设置为"开"时提示是否记录，设置为"关"时无此提示。

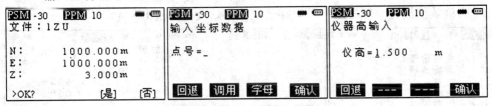

图 3-71

（5）仪器进入点号输入界面，输入点名 A 后按［F4］（确认）键，将当前坐标和点名记录至仪器内。

（6）仪器进入仪器高输入界面，输入仪器高后，按［F4］（确认）键，仪器返回放样菜单界面。

3.9.3　后视点设置

在放样菜单下的后视点设置与数据采集的后视点设置基本一样，只是少了复测后视点这一步。

3.9.3.1　利用内存中的坐标设置后视点（坐标文件已选定）

（1）确认仪器处于放样菜单界面并已完成测站设置（见图3-72）。

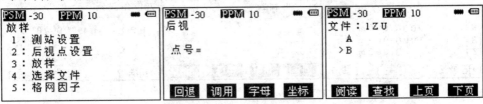

图 3-72

（2）点击数字键［2］进入后视点设置，显示点号选择界面。

（3）按［F2］（调用）键可调用已经存储在仪器内的坐标，按向上、向下方向键可以选择需要调用的点号，按［F3］、［F4］键上、下翻页，按［ENT］键确定调用。

☞按［F1］（阅读）键可以查看当前选定点的坐标。

（4）仪器显示内存里的后视点坐标，正确则按［F3］（是）键（见图3-73）。

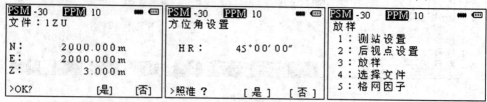

图 3-73

（5）仪器进入定向界面，即方位角设置。仪器即刻显示测站到后视点的方位角，转动仪器照准后视点，按［F3］（是）键。

（6）仪器退出后视点设置界面，返回到放样菜单界面。

3.9.3.2 利用键盘手动直接输入后视点信息

（1）确认仪器处于放样菜单界面并已完成测站设置（见图3-74）。

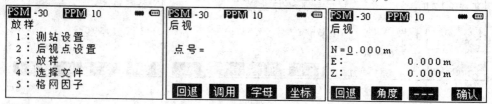

图 3-74

（2）点击数字键［2］进入后视点设置，显示点号选择界面。按［F4］（坐标）键可以直接输入后视点的坐标。

（3）通过键盘输入 N 坐标按［ENT］键，输入 E 坐标按［ENT］键，输入 Z 坐标按［ENT］键。

☞按［F2］（角度）键，使用者可以自己算出测站到后视点的方位角，直接输入方位角。

（4）输入完成，仪器显示后视点坐标，提示是否记录坐标，按［F3］（是）键记录后视点坐标（见图3-75）。

图 3-75

（5）进入点号输入界面，输入后视点点号 B，按［F4］（确认）键，仪器记录后视点信息。

(6)仪器进入定向界面,即方位角设置。仪器即刻显示测站到后视点的方位角,转动仪器照准后视点,按[F3](是)键,仪器返回到放样菜单界面。

3.9.4 实施放样

(1)确认仪器处于放样菜单界面并已完成测站设置和后视点设置(见图3-76)。

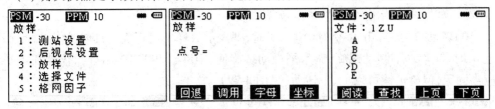

图 3-76

(2)按数字键[3]进入放样,显示点号输入界面。

(3)按[F2](调用)键可以调用已经存储在仪器内的坐标,按向上、向下方向键可以选择需要调用的点,按[F3]、[F4]键上、下翻页,按[ENT]键确定调用。

☞按[F1](阅读)键可以查看当前选定点的坐标。阅读完后按[ESC](退出)键即可。

(4)仪器显示内存里放样点的坐标,正确则按[F3](是)键。仪器进入步骤(8),即棱镜高输入界面(见图3-77)。

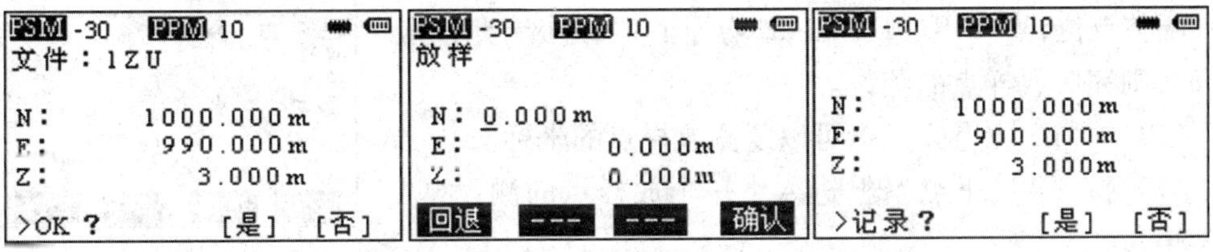

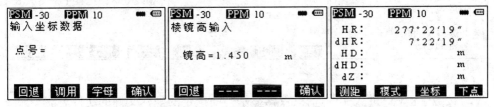

图 3-77

(5)在步骤(2)界面下,按[F4](坐标)键可以不调取而直接输入放样点的坐标。通过键盘输入 N 坐标按[ENT]键,输入 E 坐标按[ENT]键,输入 Z 坐标按[ENT]键。

(6)输入完成后,仪器显示放样点坐标,提示是否记录坐标,按[F3](是)键记录放样点坐标,进入点号输入界面。

(7)在点号输入界面,输入点名后,按[F4](确认)键(见图3-78)。

图 3-78

(8)仪器进入棱镜高输入界面,输入棱镜高后,按[F4](确认)键。

☞如果只放样点的平面位置,可以不输入棱镜高。

(9)仪器进入极坐标法放样界面。

HR:当前水平方向值,即测站到棱镜点的水平方向值。

dHR:对准放样点仪器应转动的水平角,dHR = 当前水平方向值 – 计算水平方向值。

HD:仪器到棱镜点的水平距离实测值。

dHD:对准放样点尚差的水平距离,dHD = 实测平距 – 计算平距。

dZ:对准放样点尚差的高差,dZ = 实测高差 – 计算高差。

(10)转动仪器,当 dHR 变为 0°00′00″时,即表示放样角度正确。具体操作时,当 dHR 接近 0°时,锁紧水平制动螺旋,调水平微动螺旋使 dHR = 0°00′00″。这时,仪器在水平方向应当固定,但望远镜可以上、下转动(见图 3-79)。

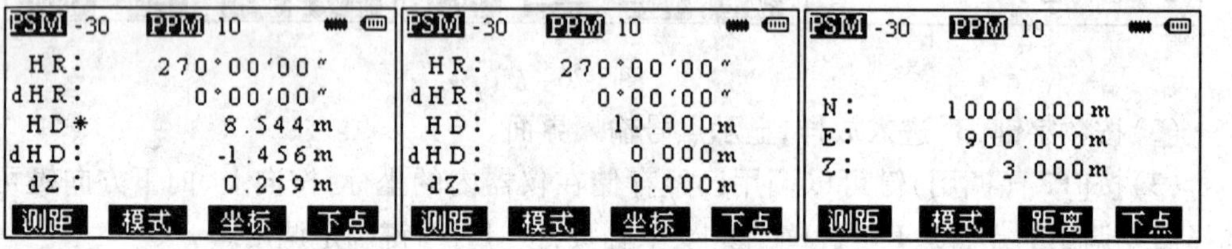

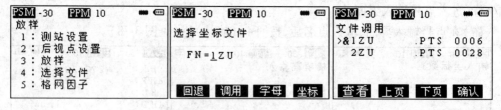

图 3-79

(11)指挥棱镜移至仪器分划中心。按[F1](测距)键,前、后移动棱镜,当 dHD = 0 时,即放出了点的平面位置。按[F1](测距)键,上、下移动棱镜,当 dZ = 0 时,即放出了点的高程位置。

调整点位,当 dHR、dHD 和 dZ 均等于 0(或小于允许误差)时,则完成放样点的测设。

(12)按[F3](坐标)键,可以复测放样点的坐标。

(13)按[F4](下点)键,进入下一个放样点的测设(见图 3-80)。

图 3-80

3.9.5 选择坐标文件

该功能用于重新选择存储在仪器内的坐标文件。

(1)使仪器处于放样菜单界面(见图 3-81)。

图 3-81

(2)按数字键[4]进入文件选择,仪器显示当前选定的坐标文件的文件名。

(3)按[F2](调用)键,进入文件选择列表,按向上、向下方向键可以选择需要调用的坐标文件,按[F3]、[F4]键上、下翻页,按[F4](确认)键确认。仪器返回放样菜单界面。

3.9.6 坐标格网因子的设定

3.9.6.1 计算公式

1. 高程因子

$$高程因子 = \frac{R}{R + ELEV}$$

式中 R——地球平均半径,km;

$ELEV$——平均海平面上的高程,km。

2. 比例因子

在测站上的比例因子。输入范围为 0. 990 000 ~ 1. 010 000。

3. 格网因子

$$格网因子 = 高程因子 \times 比例因子$$

4. 距离计算

格网距离 $$HDg = HD \times 格网因子$$

式中 HDg——格网距离;

HD——地面距离。

地面距离 $$HD = \frac{HDg}{格网因子}$$

3.9.6.2 坐标格网因子的设定步骤

(1)使仪器处于放样菜单界面。按数字键[5]进入格网因子设置,仪器显示当前的格网因子(见图3-82)。

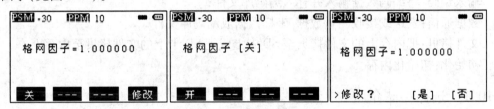

图 3-82

(2)按[F1](关)键,可以关闭格网因子,再次按[F1]键可以打开。

(3)按在步骤(1)界面中的[F4](修改)键,仪器出现提示,按[F3](是)键修改格网因子,按[F4](否)键取消修改。

(4)在确认修改的情况下,仪器进入格网因子输入界面(见图3-83)。

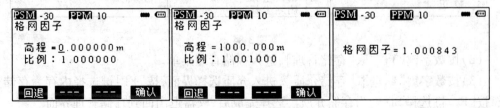

图 3-83

(5)输入新的高程和比例因子后,按[F4](确认)键确认。

(6)仪器显示修改后的格网因子,自动返回放样菜单。

全站仪放样注意事项:

(1)为了在野外作业时方便快捷地调用坐标数据,最好将控制点和放样点的坐标数据录入到全站仪的内存里,数据的录入可以手工用仪器的键盘录入,也可以通过数据通信软件上载到仪器的内存里。

(2)做好与测距有关的设置,如测距模式、棱镜常数、大气改正、测距次数等。

(3)如果只放样点的平面位置,对仪器高和棱镜高可以忽略。

(4)当坐标格网因子被设定后,将用于包括放样在内所有的涉及坐标的测量程序,在绝大多数情况下,格网因子=1,最好关闭格网因子。

3.10 苏州一光 RTS310 系列全站仪的存储管理

在存储管理模式下,可以对仪器内存或 SD 卡中的数据进行各种操作,其内容如下:

存储介质:选择文件存储介质;

文件状态:检查文件和存储数据的数量;

查找:查找并浏览点号和数据;

文件维护:修改文件名或删除文件;

输入坐标:将坐标数据输入并存入坐标数据文件;

删除坐标:删除坐标数据文件中的坐标数据;

输入编码:将编码数据输入并存入编码库文件;

数据通信:发送或接收测量数据、坐标数据或编码库文件;

文件拷贝:把内存上的文件拷贝至 SD 卡上或把 SD 卡上的文件拷贝至内存上;

初始化:初始化内存。

3.10.1 选择存储介质

(1)在测量模式下,按[MENU]键进入菜单显示(见图3-84)。

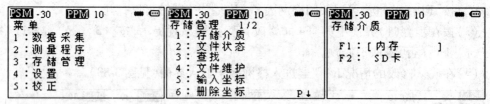

图 3-84

(2)按数字键[3]选取[存储管理],进入存储管理菜单。

(3)按数字键[1]选取[存储介质],进入介质选择界面,按[F1]键选择内存为存储介质,按[F2]键选择 SD 卡为存储介质。选择完成后,仪器退出回到存储管理界面。

3.10.2 查看文件状态

(1)确认仪器处于存储管理界面,按数字键[2]选取[文件状态](见图3-85)。

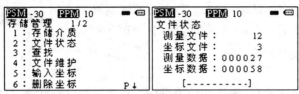

图 3-85

(2)仪器显示存储在仪器内的测量文件和坐标文件数量,以及全部的测量和坐标数据的数量。

☞如果存储介质为 SD 卡,则还要显示 DAT 文件和 TXT 文件。

(3)查看完后,按[ESC]键退出,返回到存储管理界面。

3.10.3 查找数据

该界面可以查看已经存储在仪器内的数据,数据分为:

测量数据:数据采集模式下存储的各种数据。存储测量数据的文件称为测量文件。

坐标数据:手动键盘输入或电脑上传的坐标数据。存储坐标数据的文件称为坐标文件。

编码库:点编码库中的登记号数据。

(1)确认仪器处于存储管理界面,按数字键[3]选取[查找](见图3-86)。

(2)按相应的数字键查找数据,按[1]查找测量数据,按[2]查找坐标数据,按[3]查找编码库。

(3)输入或调取要查找文件的文件名,按[F4](确认)键确认。

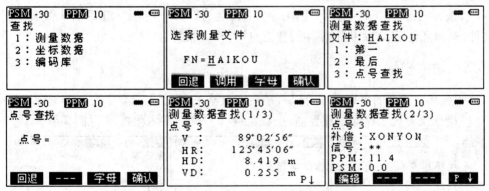

图 3-86

(4)按数字键[3](点号查找),进入点号查找界面。

☞按数字键[1](第一)键,显示第一点的数据,按数字键[2](最后),显示最后一点的数据。

（5）输入要查找的点号，按[F4]（确认）键确认。仪器
显示该点号第一页的测量数据。

（6）按[F4]键翻页，显示当前点第二页的测量数据。

（7）按[F4]键翻页，显示当前点第三页的测量数据。
按上、下方向键，显示上一点或下一点的数据（见图3-87）。

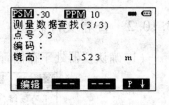

图3-87

3.10.4 文件维护

该模式用于更改文件名、删除文件等操作。位于文件之前的文件识别符（＊和&）表明该文件的使用状态。

对于测量数据文件，"＊"表示当前测量工作文件；

对于坐标数据文件，"&"表示当前坐标工作文件。

数据类型识别符号，位于四位数之前的数据类型识别符号表明该数据的类型。"RAW"：测量数据；"PTS"：坐标数据；四位数字表示文件中的数据总数。

（1）确认仪器处于存储管理界面，按数字键[4]选取[文件维护]（见图3-88）。仪器列表显示存储在仪器内的文件，按方向键上、下移动光标，按[F3]（上页）键翻至上一页，按[F4]（下页）键翻至下一页。

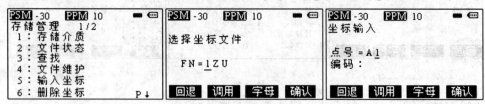

图3-88

（2）按方向键上、下移动光标指向一个文件后，按[F1]（改名）键可以更改该文件的文件名。

（3）按方向键上、下移动光标指向一个文件后，按[F2]（删除）键可以从仪器中删除该文件，删除文件后，该文件下保存的数据也被全部删除。

3.10.5 输入坐标

控制点和放样点的坐标数据可以直接由键盘输入，并存入内存中的一个坐标文件中。

（1）确认仪器处于存储管理界面，按数字键[5]选取[输入坐标]（见图3-89）。

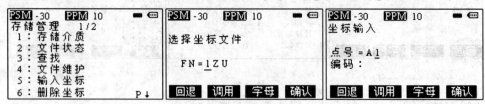

图3-89

（2）输入或调取要存储坐标的文件名，按[F4]（确认）键确认。

（3）输入坐标点的点号和编码，按[F4]（确认）键确认。

（4）通过键盘输入 N 坐标按［ENT］键，输入 E 坐标按［ENT］键，输入 Z 坐标按［ENT］键或按［F4］（确认）键确认（见图 3-90）。

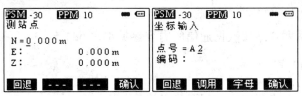

图 3-90

（5）坐标存入选择的坐标文件内，进入下一点的点号输入界面，点号自动加 1。所有点输入完成后，按［ESC］键返回存储管理菜单。

3.10.6　删除文件中的坐标

（1）确认仪器处于存储管理界面，按数字键［6］选取［删除坐标］。输入或调取要删除坐标的文件名，按［F4］（确认）键确认（见图 3-91）。

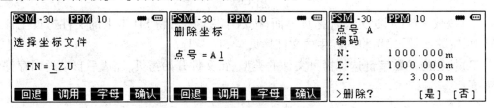

图 3-91

（2）输入或调用要删除坐标点的点号，按［F4］（确认）键确认。

（3）仪器显示该点的坐标，按［F3］（是）键确认删除，按［F4］（否）键取消删除。仪器自动返回点号选择界面，按［ESC］键返回存储管理菜单。

3.10.7　输入编码

在此模式下可将编码数据输入到编码库中，一个编码号通常赋予 0 到 100 之间的数值，编码也可在存储管理菜单下按同样的方法进行编辑。

（1）确认仪器处于存储管理界面，按［F1］（下页）键翻至存储管理第二页（见图 3-92）。

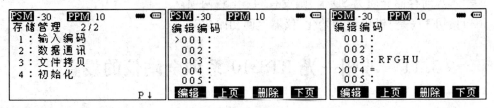

图 3-92

（注：图中通讯应为通信，下同）

（2）按数字键［1］进入输入编码界面。

（3）按方向键上、下移动光标指向不同的登记号，按［F1］（编辑）键，输入编码，按

[ENT]键确认。输入完成后,按[ESC]键退出。

3.10.8 数据通信

有关 RTS310 系列全站仪数据通信的内容参见本书 6.4 节。

3.10.9 文件拷贝

仪器内存与 SD 卡之间文件的相互拷贝操作如下:

(1)确认仪器处于存储管理第二页(见图 3-93)。

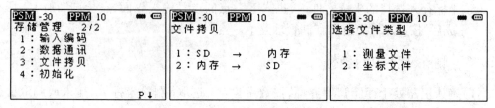

图 3-93

(2)按数字键[3]进入文件拷贝界面,按数字键[1]可将 SD 卡上的文件拷贝至仪器内存中,按数字键[2]可将内存中的文件拷贝至 SD 卡上。

(3)按相应的数字键选择拷贝文件的类型后,文件开始拷贝,完成后自动返回存储管理菜单。

3.10.10 初始化

(1)确认仪器处于存储管理第二页(见图 3-94)。

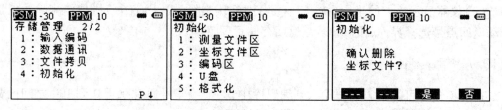

图 3-94

(2)按数字键[4]进入初始化菜单,按相应的数字键可清空相应的区域。

☞若当前存储介质为 SD 卡,则没有[4]、[5]两项。

(3)按[F3](是)键确认初始化,仪器返回初始化菜单。

3.11 苏州一光 RTS310 系列全站仪的设置

3.11.1 进入设置过程

(1)在测量模式下,按[MENU]键进入菜单显示(见图 3-95)。

(2)按数字键[4]进入设置菜单。

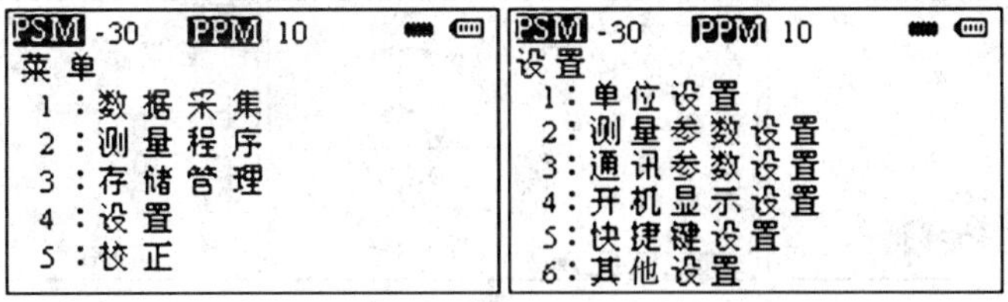

图 3-95

3.11.2 单位设置

RTS310 系列全站仪的单位设置较为简单,我国一般采用的是公制单位,单位设置的内容和应当选择的单位见表 3-13,其中 [ ] 中的单位是推荐选择的公制单位。

表 3-13 单位设置的内容和应当选择的单位

菜单显示	可选项目	内　容
角度单位	［度分秒(dms)］	角度单位为度分秒(360°)
	哥恩(gon)	角度单位为哥恩(400 gon)
	密(mil)	角度单位为密位(6 400 M)
	度(deg)	角度单位为度(360°十进制)
距离单位	［米(m)］	长度单位为米
	美国英尺(ft)	长度单位为美国英尺
	国际英尺(ft)	长度单位为国际英尺
温度单位	［℃］	温度单位为摄氏度
	°F	温度单位为华氏度
气压单位	⌊hPa」	气压单位为百帕
	mmHg	气压单位为毫米汞柱
	inHg	气压单位为英寸汞柱
	psi	气压单位为磅/平方英寸
	mbar	气压单位为毫巴

3.11.3 测量参数设置

(1)确认仪器处于设置菜单,按数字键[2]进入测量参数设置(见图 3-96)。

(2)按数字键[1]进入倾斜补偿设置。仪器显示当前的补偿状态,按上、下方向键,仪器按照"XONYON – XONYOFF – XOFFYOFF"的顺序循环开启和关闭补偿器,设置完成后,按[ESC]键退出。若用户仪器为激光对中器,按左、右方向键将开启和关闭激光器。激光器亮度有 4 挡,第一挡亮度小,但激光点亦小,第四挡亮度最大,但激光点亦大。0 挡则关闭激光器。

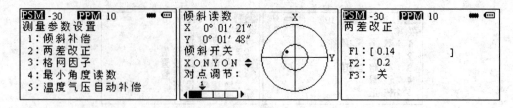

图 3-96

（3）按数字键［2］进入两差改正系数设置，［　］选项内表示当前设置的两差改正系数，按［F1］设置两差改正系数为0.14，按［F2］设置两差改正系数为0.2，按［F3］选择关闭两差改正。设置完成后，仪器自动返回上一级菜单。

（4）按数字键［3］进入格网因子，仪器显示当前的格网因子，按［F1］（关）键关闭格网因子，按［F4］（修改）键修改格网因子（见图3-97）。

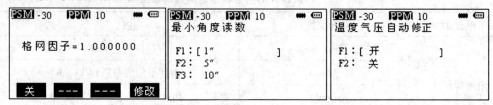

图 3-97

☞具体请参见"3.9.6 坐标格网因子的设定"。

（5）按数字键［4］进入最小角度读数设置，［　］选项内表示当前设置的最小角度读数，按［F1］设置最小角度读数1″，按［F2］设置为5″，按［F3］设置为10″。设置完成后，仪器自动返回上一级菜单。

（6）按数字键［5］进入温度气压自动补偿设置，按［F1］打开温度气压自动修正，按［F2］关闭，设置完成后，仪器自动返回上一级菜单。

当温度气压自动修正设置为开时，仪器会自动测量温度和气压对测距的边长加上气象改正。

3.11.4　通信参数设置

（1）确认仪器处于设置菜单，按数字键［3］进入通信参数设置（见图3-98）。

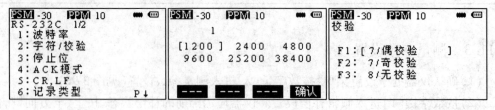

图 3-98

（2）按数字键［1］进入波特率设置。［　］选项内表示当前设置的波特率，按方向键移动［　］选框，按［F4］（确认）键确认，仪器自动返回上一级菜单。

（3）按数字键［2］进入字符/校验设置，［　］选项内表示当前设置的字符/校验，按

［F1］设置为7/偶校验,按［F2］设置为7/奇校验,按［F3］设置为8/无校验,设置完成后,仪器自动返回上一级菜单。

（4）按数字键［3］进入停止位设置,［　］选项内表示当前设置的停止位,按［F1］设置为1位停止位,按［F2］设置为2位停止位,设置完成后,仪器自动返回上一级菜单(见图3-99)。

```
┌─────────────────┐ ┌─────────────────┐ ┌─────────────────┐
│PSM -30  PPM 10   │ │PSM -30  PPM 10   │ │PSM -30  PPM 10   │
│停止位            │ │ACK模式           │ │CR,LF             │
│                  │ │                  │ │                  │
│F1:[1          ]  │ │F1:[标准方式   ]  │ │F1:[开         ]  │
│F2: 2             │ │F2: 省略方式      │ │F2: 关            │
│                  │ │                  │ │                  │
└─────────────────┘ └─────────────────┘ └─────────────────┘
```

图 3-99

（5）按数字键［4］进入 ACK 模式设置,［　］选项内表示当前设置的模式,按［F1］设置为标准模式,按［F2］设置为省略模式,设置完成后,仪器自动返回上一级菜单。

（6）按数字键［5］进入 CR,LF 设置,［　］选项内表示当前设置的模式,按［F1］设置为开,按［F2］设置为关,设置完成后,仪器自动返回上一级菜单。

（7）按数字键［6］进入记录类型设置,［　］选项内表示当前设置的模式,按［F1］设置为 REC - A 模式,按［F2］设置为 REC - B 模式,设置完成后,仪器自动返回上一级菜单(见图3-100)。

```
┌─────────────────┐ ┌─────────────────┐ ┌─────────────────┐
│PSM -30  PPM 10   │ │PSM -30  PPM 10   │ │PSM -30  PPM 10   │
│记录类型          │ │RS-232C  2/2      │ │工厂设置          │
│                  │ │ 1:工厂设置       │ │  ACK: 标准方式   │
│F1:[REC A      ]  │ │                  │ │  COM:1200-8-NONE-1│
│F2: REC-B         │ │                  │ │ CRLF: ON         │
│                  │ │                  │ │  REC: REC-A      │
│                  │ │              P↓  │ │>OK?      [是] [否]│
└─────────────────┘ └─────────────────┘ └─────────────────┘
```

图 3-100

（8）在通信设置第一页,按［F4］键进入通信设置第二页,按数字键［1］进入工厂设置。

（9）按［F3］(是)键恢复仪器出厂时默认的通信设置,按［F4］(否)键取消恢复出厂设置。设置完成后,按［ESC］键退出通信参数设置。

3.11.5 开机显示设置

（1）确认仪器处于设置菜单,按数字键［4］进入开机显示设置(见图3-101)。

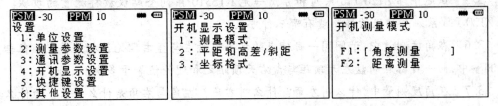

```
┌─────────────────┐ ┌─────────────────┐ ┌─────────────────┐
│PSM -30  PPM 10   │ │PSM -30  PPM 10   │ │PSM -30  PPM 10   │
│设置              │ │开机显示设置      │ │开机测量模式      │
│ 1:单位设置       │ │ 1:测量模式       │ │                  │
│ 2:测量参数设置   │ │ 2:平距和高差/斜距│ │F1:[角度测量   ]  │
│ 3:通讯参数设置   │ │ 3:坐标格式       │ │F2: 距离测量      │
│ 4:开机显示设置   │ │                  │ │                  │
│ 5:快捷键设置     │ │                  │ │                  │
│ 6:其他设置       │ │                  │ │                  │
└─────────────────┘ └─────────────────┘ └─────────────────┘
```

图 3-101

（2）按数字键［1］设置开机测量模式。

（3）［ ］选项内表示当前设置的开机测量模式，按［F1］设置开机显示为角度测量，按［F2］设置为距离测量，设置完成后，仪器自动返回上一级菜单。

（4）按数字键［2］设置距离显示模式，［ ］选项内表示当前设置的距离显示模式，按［F1］设置距离显示为平距和高差，按［F2］设置为斜距，设置完成后，仪器自动返回上一级菜单（见图3-102）。

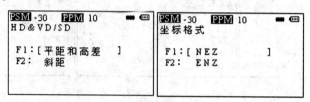

图 3-102

（5）按数字键［3］设置坐标显示模式，［ ］选项内表示当前设置的坐标显示模式，按［F1］设置坐标显示为 NEZ 格式，按［F2］设置为 ENZ 格式，设置完成后，仪器自动返回上一级菜单。全部设置完成后，按［ESC］键退出开机显示设置。

注意事项：

当坐标显示格式为 NEZ 时，对应输入坐标的顺序为 XYH；当坐标显示格式为 ENZ 时，对应输入坐标的顺序为 YXH，如果还按 XYH 来输入，则会产生测量错误。推荐选择坐标显示格式为 NEZ，对应输入坐标的顺序为 XYH。

有关苏州一光 RTS310 系列全站仪的其他设置请参考仪器说明书，在此不再赘述。

思考题与习题

3.1　试述全站仪快速对中整平的操作步骤。

3.2　分别叙述中纬 ZT20 Pro 系列和苏州一光 RTS310 系列全站仪坐标测量模式的测量步骤，并阐述它们坐标测量模式的区别。

3.3　在全站仪测量中什么叫定向？实现定向的方法有哪三种？如果定向发生错误，在数据采集测量中，测出的点或者说图形会发生什么错误？

3.4　试述中纬 ZT20 Pro 系列和苏州一光 RTS310 系列全站仪数据采集的步骤。

3.5　试述中纬 ZT20 Pro 系列和苏州一光 RTS310 系列全站仪放样测量的步骤。中纬 ZT20 Pro 系列全站仪放样测量有哪三种方式？

3.6　在角度测量中，试问同一目标点的水平角盘左与盘右理论值相差多少？在垂直角测量中，同一目标点的盘左天顶距与盘右天顶距之和理论值等于多少？

3.7　在角度测量中，什么叫左角？什么叫右角？左角与右角是什么关系？为什么在数据采集、放样、坐标测量和其他应用程序测量中必须使用右角模式？

3.8　试述中纬 ZT20 Pro 系列和苏州一光 RTS310 系列全站仪数据采集的注意事项。

3.9　试述中纬 ZT20 Pro 系列和苏州一光 RTS310 系列全站仪放样测量的注意事项。

3.10　全站仪使用中总的注意事项有哪些?

3.11　在全站仪放样测量中,当完成应用程序准备后,输入放样点的坐标,仪器即刻显示 HR =_____;HD =_____,试问此处 HR 和 HD 代表什么意义?

第4章　中纬 ZT20 Pro 系列全站仪的程序测量

4.1　对边测量

4.1.1　对边测量的原理

对边测量是指通过对两目标点的坐标测量实时计算并显示两点间的相对量,如斜距、平距和高差。

对边测量可以连续进行,有两种模式可选:显示连续观测点均相对于第一点的相对量,即射线式;显示连续观测点均相对于前一点的相对量,即折线式。对边测量在不搬动仪器的情况下直接测量多个目标点相对于某一起始点间的斜距、平距和高差,为线路工程横断面测量提供了方便。

下面以折线式推求对边测量的计算公式,如图 4-1 所示,在 A、B 两测点安置反射棱镜,为了测定两点间的水平距离 D 和高差 h,可在与 A、B 两点均通视的任意点 O 上安置全站仪,观测至 A、B 两点的斜距 S_1、S_2 和竖直角 α_1、α_2 以及水平角 β,然后由三角高程测量原理和余弦定理得出此两点的水平距离和高差,计算公式如下:

$$D = \sqrt{D_1^2 + D_2^2 - 2D_1D_2\cos\beta}$$
$$= \sqrt{(S_1\cos\alpha_1)^2 + (S_2\cos\alpha_2)^2 - 2S_1S_2\cos\alpha_1\cos\alpha_2\cos\beta} \tag{4-1}$$
$$h = S_2\sin\alpha_2 - S_1\sin\alpha_1 \tag{4-2}$$

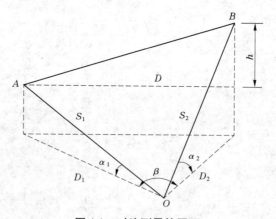

图 4-1　对边测量的原理

全站仪屏幕显示的水平距离和高差,就是利用全站仪自身具有的内存及计算功能按式(4-1)、式(4-2)计算出来的。

4.1.2　对边测量操作步骤

4.1.2.1　对边测量的方法

（1）折线方法：$P_1 - P_2$，$P_2 - P_3$，$P_3 - P_4$，参见图 4-2。

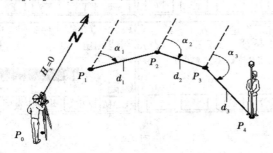

P_0—仪器测站；$P_1 \sim P_4$—目标点；d_1—$P_1 - P_2$ 的距离；α_1—$P_1 - P_2$ 的方位角；

d_2—$P_2 - P_3$ 的距离；α_2—$P_2 - P_3$ 的方位角；d_3—$P_3 - P_4$ 的距离；α_3—$P_3 - P_4$ 的方位角

图 4-2　对边测量原理——折线方法

（2）射线方法：$P_1 - P_2$，$P_1 - P_3$，$P_1 - P_4$，参见图 4-3。

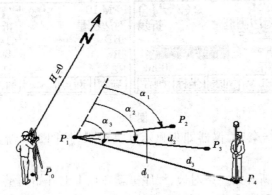

P_0—仪器测站；$P_1 \sim P_4$—目标站；d_1—$P_1 - P_2$ 的距离；

α_1—$P_1 - P_2$ 的方位角；d_2—$P_1 - P_3$ 的距离；α_2—$P_1 - P_3$ 的方位角；

d_3—$P_1 - P_4$ 的距离；α_3—$P_1 - P_4$ 的方位角

图 4-3　对边测量原理——射线方法

4.1.2.2　对边测量（以折线为例）

1. 步骤

（1）常规测量界面，按［MENU］键进入主菜单，按［F3］（程序）键，进入程序测量界面（见图 4-4）。

（2）按［F1］（对边测量）键，进入对边测量菜单界面，完成应用程序准备设置，按［F4］（开始）键进入对边测量。

（3）按［F1］（折线）或者按数字键［1］，进入对边测量折线界面。

（4）对边测量第一步，确定第一个点。通过上、下导航键确定要输入的内容，然后瞄准第一点，按［F4］（测存）键测量并保存第一点。

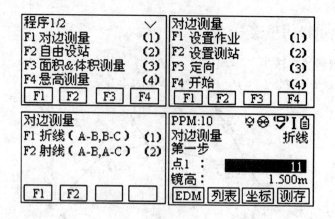

图 4-4

☞若第一点的坐标已经保存至内存,可通过[F2](列表)来选择第一点。还可以通过[F3](坐标)直接输入第一点的坐标来确定第一点。

(5)确定第一点之后,进入第二步界面(见图 4-5),此屏幕为对边测量第二步,通过上、下导航键确定要输入的内容,然后瞄准第二点,按[F4](测存)键测量并保存第二点。

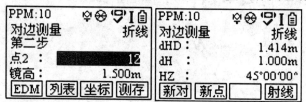

图 4-5

(6)第二步测量结束后,仪器即刻显示计算结果,按[F2](新点)继续对边测量(折线),直到结束。

[F1](新对):重新开始一条对边,程序重新在点 1 上开始测量。

[F2](新点):设置点 2 作为新对边线的起点,定义一个新的点 2。

[F4](射线):切换到射线方法。

2. 计算结果

确定两个点后,界面显示提示信息,随后显示计算结果。

dHD:两点的水平距离;dH:两点的高差;HZ:第一点到第二点连线的方位角。

3. 注意要点

(1)程序开始前,需要先进行正确的建站和定向。对边测量有两种方式:折线和射线。折线是测量相邻点的相关数据,射线是测量多点相对于第一点的相关数据。

(2)对边测量的结果提供两点的平距、高差,以及两点连线的方位角。对边测量的结果保存在[存储管理]-[测量值]中。退出对边测量程序之后,可以进入测量值中进行查看。

(3)得出测量结果之后,按[新点],即按照选择的方法(折线或者射线)计算下一对点,请确保所选择的方法符合需求。

(4)对边所用到的点可以实测(瞄准目标后按[测存]键),可以从内存中选取(按[列表]键),也可以手工输入(按[坐标]键)。

4.2 自由设站测量

本程序用于在未知点上建站,通过对若干个已知点进行观测,用获得的观测值来计算出未知点 P 的坐标。

4.2.1 后方交会计算原理

4.2.1.1 测角后方交会原理

使用三个已知点(或更多的已知点)即可进行角度后方交会。计算公式如下:

$$\left.\begin{aligned}
a &= (x_A - x_B) + (y_A - y_B)\cot\beta_1 \\
b &= -(y_A - y_B) + (x_A - x_B)\cot\beta_1 \\
c &= (x_B - x_C) - (y_B - y_C)\cot\beta_2 \\
d &= -(y_B - y_C) - (x_B - x_C)\cot\beta_2 \\
K &= \frac{a+c}{b+d}, \Delta x_{BP} = \frac{a - Kb}{1 + K^2} \\
\Delta y_{BP} &= \Delta x_{BP}K \\
x_P &= x_B + \Delta x_{BP}, y_P = y_B + \Delta y_{BP}
\end{aligned}\right\} \tag{4-3}$$

如图4-6所示,仪器安置于 P 点,观测 P 至 A、B、C 三个已知点间的夹角 β_1、β_2,按公式(4-3)即可求解 P 点坐标。

4.2.1.2 测边后方交会原理

如图4-7所示,已知 A、B 两点坐标,P 点为待定点,在 P 点安置全站仪,测平距 D_{AP}、D_{BP} 就可求得 P 点坐标。由点 A、B 处均可推算 P 点坐标公式,由 A 处推算 P 点计算公式如下:

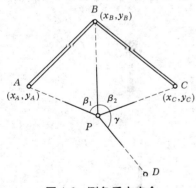

图4-6 测角后方交会

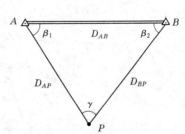

图4-7 测边后方交会

$$\left.\begin{aligned}
x_P &= x_A + D_{AP}\cos\alpha_{AP} \\
y_P &= y_A + D_{AP}\sin\alpha_{AP}
\end{aligned}\right\} \tag{4-4}$$

其中: $$\alpha_{AP} = \alpha_{AB} + \beta_1 \tag{4-5}$$

$$\cos\beta_1 = \frac{D_{AB}^2 + D_{AP}^2 - D_{BP}^2}{2D_{AB}D_{AP}} \qquad (4-6)$$

4.2.1.3 危险圆问题及自由设站注意事项

（1）如图 4-8 所示，角度后方交会测量中，当测站点与所观测的已知点共圆时，测站点的坐标无解。此时，由已知点构成的圆称为危险圆。实际工作中，测站点恰好选在危险圆上的概率很小。但是测站点选在危险圆附近的情况易发生。测站点位于危险圆附近时，解算出的测站坐标包含较大的误差。因此，在角度后方交会测量的测站选择时，应注意避开危险圆附近。

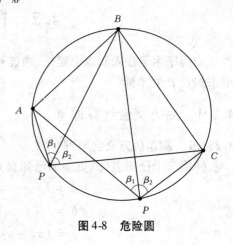

图 4-8 危险圆

在角度后方交会和测边后方交会测量中，β 或 γ 应控制在 30° ~ 120°。

（2）全站仪后方交会测量中，可以选择测距模式或测角模式，在可以测距的情况下，应选择测距模式，测距模式下，既测距又测角，增加了观测值的个数，对提高测站点精度有利，还可以减少观测已知点的个数。

（3）后方交会测量中观测已知点的顺序应顺时针方向排列。当测站与各待观测的已知点构成的角度中存在大于 180° 的角度时，应以此大角的右侧已知点为第一个观测点，将大角留到最后一个观测点之后。顺序观测点中间存在大于 180° 的角度时，后方交会测量易出现计算错误。

4.2.2 自由设站操作步骤

可以观测的最多已知点数目为 5 个。自由设站支持任何测距和（或）测角方式的组合。可事先设置一个标准偏差，如果计算超限，会发出警告，以此决定是继续还是重测。

如图 4-9 所示，距离交会是按顺时针方向进行观测，否则将出现错误，实际使用中要注意检查。

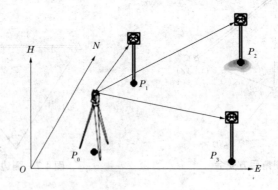

P_0—仪器测站；P_1、P_2、P_3—已知点

图 4-9 自由设站

4.2.2.1 自由设站步骤

(1)在常规测量界面,按[MENU]进入主菜单。按[F3](程序)键,进入程序测量界面(见图4-10)。

(2)按[F2](自由设站)键,进入自由设站程序界面。

(3)按[F1](设置作业)键,完成选择作业或新建一个作业,按[F4](确定)键退出。

(4)按[F2](设置限差)键,完成限差设置。

设置精度限差:

状态:使用[F1](打开)和[F2](关闭)设置。若打开,在标准偏差超限时会显示警告信息。

设置东坐标、北坐标、高程以及角度标准差限差。

按[F4](确定)键保存限差并返回到上一页界面。

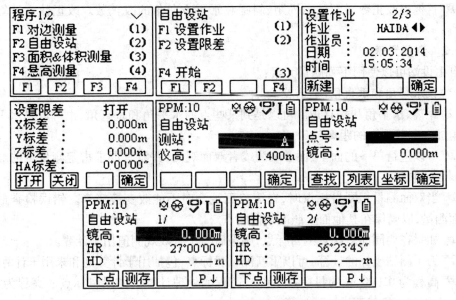

图4-10　自由设站操作界面

(5)按[F4](开始)键。输入测站信息,包括测站点号和仪器高,完成后按[F4](确定)键。

(6)输入第一个已知点点号和镜高数据。按[F4](确定)键。

☞输入第一个已知点信息,若内存中存有此已知点坐标,可直接输入此已知点点号,或者通过[F1](查找)、[F2](列表)功能来确定第一个已知点。

☞若内存中没有此点坐标,可通过按[F3](坐标)键直接输入坐标。按[F4](确定)键进入下一步。

(7)瞄准第一点,按[测存]键,测量并保存数据。

[F1](下点):输入第二点数据。

[F4](P↓):显示第二屏。

(8)第一点测存完后,按[F1](下点)键,用相同的方法测量第二个已知点、第三个已知点等。

☞ 2/Ⅰ:说明在面Ⅰ中测量第二个点。

☞ 2/ⅠⅡ:说明在面Ⅰ和Ⅱ中测量第二个点。

(9)在至少测量完成测量元素的最少需求后,显示屏软键对应于[F3]位置会出现[F3](结果)键,在照准目标点界面中按[F3](结果)键。

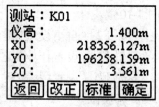

图 4-11　自由设站最终结果的界面

最终的结果包括当前测站的东坐标、北坐标、高程以及仪器高(见图4-11)。同时提供用于精度评定的标准偏差和改正数。

[F2](改正):显示改正数。

[F3](标准):显示坐标和角度的标准偏差。

☞若仪器高在设置界面中设成0.000,那么测站高将参照倾斜轴高。

☞目标点改正数界面显示平距、斜距和水平方向角的改正数。改正数 = 计算值 - 测量值。

4.2.2.2　测量元素

自由设站可以使用下列测量元素:

(1)仅水平角和垂直角(后方交会)。

(2)距离、水平角和垂直角。可以是到某些点的水平角和垂直角,也可以是水平角和垂直角加上到其他点的距离。

☞可以进行单一的面Ⅰ、面Ⅱ观测或者双面观测,并没有要求指定测量点的顺序或者观测面的顺序。

☞当双面测量相同目标点时,在第二面观测时不能改变棱镜高。错误检查最适宜于双面测量,以确保在其他面上照准相同的点。

☞如果在相同面多次观测目标点,则最后一次有效观测值用于计算。

☞为了测站坐标的计算,可以重新测量目标点,包括用于计算的和未用于计算的。

☞高程为 0.000 m 的目标点不参与高程的处理计算。如果目标点的高程为零,可以输入 0.001 m 参与高程处理计算。

4.2.2.3　计算方法

由程序确定计算方法,例如后方交会或者三点交会。如果超过测量元素的最少需求,则程序使用最小二乘法计算三维坐标、平均方位角以及高程观测值。

(1)原始的面Ⅰ和面Ⅱ观测平均值用于计算处理。

(2)不管是单面测量还是双面测量,所有的观测值按照相同的精度进行处理。

(3)用最小二乘法计算东坐标和北坐标,同时还包括水平角和水平距离的标准差和改正值。

(4)最终的高程是基于原始观测值的平均高差进行计算的。

(5)水平方位角是通过面Ⅰ和面Ⅱ的原始观测平均值和最终计算的平面坐标进行计算的。

有关在自由设站操作过程中可能出现的重要信息和警告提示请参见仪器说明书。

4.3 面积测量

土地面积测量方法有两种,一种是解析法,即依据实地测量所得界桩坐标数据直接计算图形面积;另一种是图解法,即图上量算图形面积。由于图纸存在变形以及测量仪器、作业方法等限制,图解法面积量算有一定误差,因此在条件允许的情况下,应尽量使用解析法。

利用全站仪的面积测量功能可以进行土地面积测量工作,并自动计算显示所测地块的面积,特别适合于土地面积测量。

4.3.1 面积测量原理

如图4-12所示,$P_1 P_2 P_3 P_4 P_5$为任意五边形,欲测定其面积,在适当位置安置全站仪,选定面积测量模式后,按顺时针方向分别在五边形各顶点P_1、P_2、P_3、P_4、P_5竖立反射棱镜并进行观测。观测完毕,仪器会瞬时显示出五边形的面积值。同法可测定出任意N边形的面积。

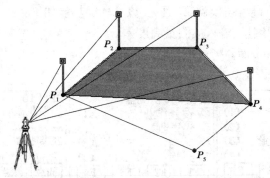

图4-12 面积测量原理

进入面积测量程序后,首先要完成应用程序准备设置,即测站设置和定向工作,然后开始测量界桩的坐标数据,当测完最后一个界桩后,仪器即可显示面积值。仪器是按下式完成面积计算工作的:

$$P = \frac{1}{2} \sum_{i=1}^{n} (x_{i+1} + x_i)(y_{i+1} - y_i) \quad (i = 1, 2, \cdots, n) \tag{4-7}$$

4.3.2 面积测量操作步骤

如图4-13所示,面积测量程序用于即时地计算面积,该面最多可以由50个点用直线连接而成。目标点可以通过测量获得,也可以从内存中选择或者通过键盘输入。

(1)在常规测量界面,按[MENU]进入主菜单。按[F3](程序)键,进入程序测量界面(见图4-14)。

(2)按[F3](面积&体积测量)键,进入面积&体积测量界面。

(3)完成应用程序准备设置,按[F4](开始),进入面积测量界面,该界面为面积测量

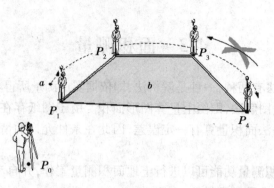

P_0—仪器测站;P_1—起点;P_2、P_3、P_4—目标点;

a—周长,起点到当前测量点的折线边长;b—总是闭合于起点 P_1,投影在水平面上计算的面积

图 4-13　面积测量

第一页。该页软键功能如下:

[F1](加点):输入内存中存储的点号。

[F2](减点):取消先前测量或所选的点。

[F3](测存):测量并保存数据。

(4)按[F4](翻页)键可切换到第二页。该页软键功能如下:

[F1](体积):体积测量、输入或测量高度差。

[F2](3D):定义参考面。

[F3](hr):输入棱镜高。

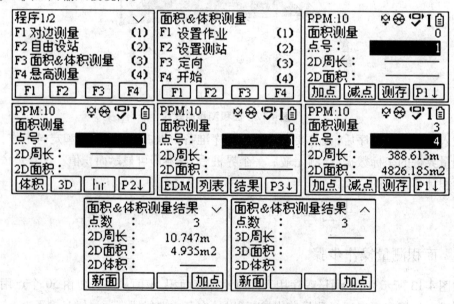

图 4-14　面积测量操作界面

(5)按[F4](翻页)键可切换到第三页。该页软键功能如下:

[F1](EDM):进入 EDM 设置。

[F2](列表):通过列表来选择参与计算的点。

[F3]（结果）：当参与计算的点数多于 3 个时，按此键会显示。

（6）在面积 & 体积测量界面第一页，输入点号，瞄准测点，然后按[F3]（测存）键来测量并保存参与计算的测点数据。当测量的点数达到或超过 3 个时，即可在测量页面显示 2D 周长、2D 面积值。

（7）在测量界面翻到第三页，按[F3]（结果）键，将显示计算结果，计算结果共有 2 页。

[F1]（新面）：开始测量一个新平面的面积。

[F2]（加点）：增加一个新的目标点到已有的面上。

（8）该界面为计算结果第二页。

注意：点号均应按顺时针方向编号。

4.4　悬高测量

所谓悬高测量，就是测定空中某点距地面的高度。

为了得到不能放置棱镜的目标高度，只需将棱镜架设于目标点所在铅垂线上的任一点，即可测量出目标点高度。悬高测量可以采用"输入棱镜高"和"不输入棱镜高"两种方法。

4.4.1　悬高测量原理

4.4.1.1　输入棱镜高悬高测量原理

如图 4-15 所示，首先把全站仪安置于适当的位置，并选定悬高测量模式，再把反射棱镜设立在欲测高度的目标点 C 的天底 B（即过目标点 C 的铅垂线与地面的交点）处，输入反射棱镜高 v；然后照准反射棱镜进行测量；最后转动望远镜照准目标点 C，便能实时显示出目标点 C 至地面的高度 H。

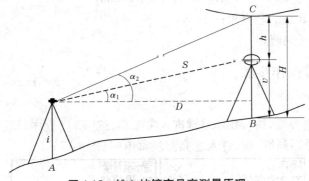

图 4-15　输入棱镜高悬高测量原理

显示的目标点高度 H，由全站仪自身内存的计算程序按下式计算而得：

$$H = h + v = S\cos\alpha_1\tan\alpha_2 - S\sin\alpha_1 + v$$

$$H = D\tan\alpha_2 - D\tan\alpha_1 + v \tag{4-8}$$

C 点高程为

$$H_C = H_A + i + D\tan\alpha_2 \qquad (4\text{-}9)$$

式中　S——全站仪至反射棱镜的斜距；

　　　i——仪器高；

　　　v——反射棱镜高；

　　　α_1、α_2——反射棱镜和目标点的竖直角。

4.4.1.2　不输入棱镜高悬高测量原理

　　如图 4-16 所示,把反射棱镜设立在欲测高度的目标点 C 的天底 B 处,照准反射棱镜进行距离测量,再转动望远镜照准天底点 B 进行设置,仪器即可计算出棱镜高,然后转动望远镜照准目标点 C,便能实时显示出目标点 C 至地面的高度 H。显示的目标点高度 H,由全站仪自身内存的计算程序按下式计算而得:

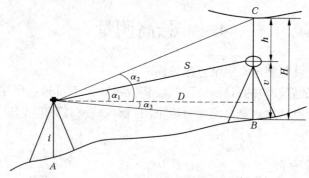

图 4-16　不输入棱镜高悬高测量原理

$$\left.\begin{array}{l} H = S\cos\alpha_1\tan\alpha_3 + S\cos\alpha_1\tan\alpha_2 \\ H = D\tan\alpha_2 + D\tan\alpha_3 \end{array}\right\} \qquad (4\text{-}10)$$

C 点高程为

$$H_C = H_A + i + D\tan\alpha_2 \qquad (4\text{-}11)$$

式中　α_3——天底 B 点的竖直角；

　　　其余符号意义同前。

4.4.2　悬高测量操作步骤

　　进入悬高测量:

　　(1)在常规测量界面,按[MENU]键进入主菜单,按[F3](程序)键。

　　(2)按[F4](悬高测量)键,进入悬高测量菜单(见图 4-17)。

图 4-17

(3)完成应用程序准备设置,按[F4](开始)。

悬高测量可以在已知棱镜高和未知棱镜高两种情况下进行。

棱镜高已知时:

(1)输入基点的点号和棱镜高(见图4-18)。

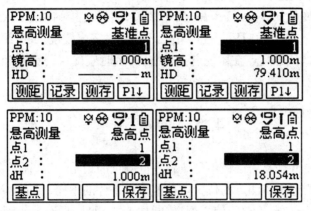

图4-18

(2)照准棱镜,按[F1](测距)后按[F2](记录)或者直接按[F3](测存)均可以记录基点的数据。

(3)仪器进入求解悬高界面,转动仪器,瞄准悬高点。

(4)仪器显示悬高测量结果,按[F4](保存)键保存测量结果。

棱镜高未知时:

(1)按[F4](P↓)键翻页后,按[F1](镜?),输入基点的点号(见图4-19)。

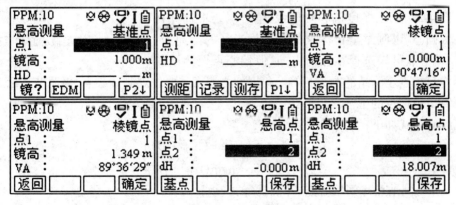

图4-19

(2)照准棱镜,按[F1](测距)后按[F2](记录)或者直接按[F3](测存)。

(3)仪器进入求解镜高界面。

(4)转动望远镜,瞄准棱镜杆底端,然后按[F4](确定),将计算出的棱镜高保存。

(5)仪器进入求解悬高界面。

(6)转动望远镜,瞄准待测的悬高点,dH为此点至棱镜杆底端的高差。按[F4](保存），记录结果到内存。按［F1］（基点），测量新的悬高基点。

注意事项：

（1）本程序用于有些棱镜不能到达的被测点，可先瞄准其下方的基准点上的棱镜，测量平距，然后瞄准悬高点，测出高差，计算出坐标。

（2）若棱镜长度已知，输入棱镜高，测量棱镜，然后直接瞄准悬高点。若棱镜长度未知，选择［F1］（镜?），测量棱镜后，瞄准基准点底部，确定出棱镜长度，然后瞄准悬高点。

（3）悬高测量默认悬高点在棱镜点正上方，测量时应确保棱镜置于悬高点的正下方，以保证结果正确。

4.5　偏心测量

所谓偏心测量，就是反射棱镜不是放置在待测点的铅垂线上，而是安置在与待测点相关的某处，间接地测定出待测点的位置。根据给定条件的不同，目前全站仪偏心测量有角度偏心测量、单距偏心测量、双距偏心测量、圆柱偏心测量、平面偏心测量五种常用方式。中纬 ZT20 Pro 系列全站仪在距离测量模式、坐标测量模式、数据采集程序中均可以进入偏心测量模式。进入偏心测量模式后，有角度偏心、距离偏心和平面偏心三种方式选择。

4.5.1　角度偏心测量

4.5.1.1　角度偏心测量原理

角度偏心测量用于可通视，但不可安置棱镜的目标点的测量。

如图 4-20 所示，角度偏心测量中，偏心点要求选择在以测站为圆心，以测站至目标点的距离为半径的圆周上。或者说，偏心点可以选择在任何方向，但偏心点至测站的距离要与目标点至测站的距离相等。角度偏心测量需要先观测偏心点，再照准目标点，仪器即可算出目标点的坐标。

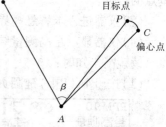

图 4-20　角度偏心测量原理

其计算公式如下：

$$\left.\begin{array}{l} x_P = x_A + S\cos\alpha\cos(\alpha_{AB} + \beta) \\ y_P = y_A + S\cos\alpha\sin(\alpha_{AB} + \beta) \end{array}\right\} \tag{4-12}$$

式中　S——测站点 A 到偏心点 C（棱镜）的斜距；

　　　α——测站点 A 到偏心点 C 的竖直角；

　　　x_A、y_A——已知点 A 的坐标；

　　　α_{AB}——已知边的坐标方位角；

　　　β——未知边 AP 与已知边 AB 的水平夹角，当 AP 边在 AB 边的左侧时，式（4-12）取"$-\beta$"。

4.5.1.2　角度偏心测量步骤

角度偏心要求偏心测量点与待测点到全站仪的距离相等，对于偏心测量点需要测量距离,对于待测点仅需要测量角度。因为测量点与待测点的距离相等,全站仪会根据测量距离值及待测点的角度值计算出待测点的坐标。此方法可用于测量圆柱形桥墩、路灯、电线杆或者大树的中心位置。

(1)在坐标测量界面按[F2](偏心),进入偏心测量(见图4-21)。

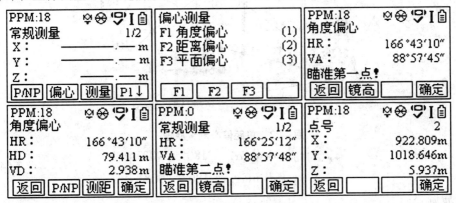

图 4-21

(2)按[F1](角度偏心)或者数字键[1],进入角度偏心。

(3)根据提示照准第一点,然后按[F4](确定)进入测距界面。

(4)按[F3](测距)键得到距离值,然后按[F4](确定)进入下一界面。

(5)根据提示照准第二点也就是待测点,按[F4](确定)键。

(6)屏幕显示计算出的坐标,按[F4](确定)存储至当前作业。

☞可以通过[F2](镜高)设置棱镜的高度。

☞可以通过[F2](P/NP)切换目标类型。

4.5.2　距离偏心测量

以单距偏心测量为例进行介绍。

4.5.2.1　单距偏心测量原理

单距偏心测量用于可通视但不可安置棱镜的目标点的测量,也可用于不通视的目标点的测量。如图4-22所示,单距偏心测量中,偏心点可以选择在目标点的左侧或者右侧,也可以选择在目标点的前侧或者后侧。当偏心点设在目标点的左侧或者右侧时,应使偏心点和目标点的连线与偏心点和测站点的连线大致成90°角;当偏心点设在目标点前侧或者后侧时,应使偏心点位于测站点与目标点的连线上。

单距偏心测量只照准偏心点测量,不需要照准目标点,但需要输入偏心方向和偏心距离。

其计算公式如下:

$$\left.\begin{array}{l} x_C = x_A + S\cos\alpha\cos(\alpha_{AB} + \beta) \\ y_C = y_A + S\cos\alpha\sin(\alpha_{AB} + \beta) \end{array}\right\} \tag{4-13}$$

左右偏心:

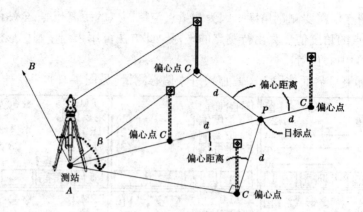

图 4-22　单距偏心测量原理

$$x_P = x_C + d\cos(\alpha_{AC} \pm 180° \pm 90°)$$
$$y_P = y_C + d\sin(\alpha_{AC} \pm 180° \pm 90°)$$

$$(4-14)$$

前后偏心：

$$x_P = x_C + d\cos(\alpha_{AB} + \beta)$$
$$y_P = y_C + d\sin(\alpha_{AB} + \beta)$$

$$(4-15)$$

式中　x_C, y_C——偏心点 C 的坐标；

β——未知边 AC 与已知边 AB 的水平夹角，当 AC 边在 AB 边的右侧时，式(4-15)取
　　"$+\beta$"，当 AC 边在 AB 边的左侧时，式(4-15)取"$-\beta$"；

d——偏心距离，指水平距离，当 C 点在 A、P 的延长线上时，取"$-d$"，当 C 点在 A、
　　P 之间上时，取"$+d$"，无论左、右偏心均取"$+d$"。

α_{AC}——测站点到偏心点的方位角，实际上在测量偏心点 C 时，仪器的水平度盘读
　　数 HR 就是 α_{AC}。

左右偏心公式中180°前的"±"这样取值：当 α_{AC} 小于180°时取"+"号；大于180°时
取"－"号。90°前的"±"这样取值：左偏取"－"号；右偏取"+"号。

4.5.2.2　距离偏心测量步骤

单距偏心测量要求目标点与测量点的相对位置已知。

(1)在坐标测量界面按[F2](偏心)，进入偏心测量(见图4-23)。

(2)按[F2](距离偏心)或者数字键[2]，进入距离偏心。

(3)输入"横偏""纵偏""高差"。

以测站点至目标点连线为参考线，左右偏移为横偏，左正右负；前后偏移为纵偏，在目
标点前方为负，后方(即测站与目标点之间)为正；高差比测量点高为正，低为负。输入完
毕按[F4](确定)键。

(4)照准偏心点，按[F3](测距)键，测距完毕，按[F4](确定)键。

(5)屏幕显示计算后的坐标，按[F4](确定)存储至当前作业。

☞在输入距离偏移的界面可以通过[F2](镜高)更改棱镜高。

☞在距离测量的界面，可以通过[F2](P/NP)在棱镜/无棱镜测量模式间切换。

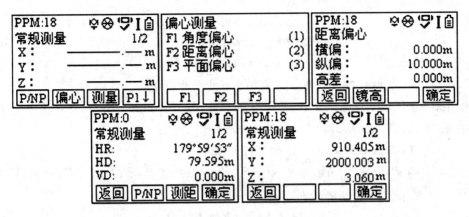

图 4-23

4.5.3 平面偏心测量

平面偏心测量主要是针对在测量过程中,待测点不能放置棱镜,无法直接测量其点位坐标或不需放置棱镜而又需测量其坐标时的情况。该测量步骤是首先在平面偏心模式下,在待测点所在的同一平面内选择不在同一直线上的三个可以放置棱镜的点,仪器照准棱镜后,分别进行观测、记录,此时仪器会自动记录、处理所需的数据。然后将望远镜照准该平面上棱镜不能到达的待测点位上,仪器即可自动计算和显示出该点的三维坐标等数据。

4.5.3.1 平面偏心测量原理

如图 4-24 所示,O、E 为地面已知点,仪器在平面 M 内任意选择 3 个不在同一直线上的点 P_1、P_2、P_3,分别放置棱镜进行观测,将分别测出水平角、竖直角及斜距,或直接测出点的三维坐标,并存储在内存中,然后视线直接照准该平面内的待测点 P_4,仪器便会自动计算并显示其坐标值。

1. 假定空间三维直角坐标系统的建立

如图 4-25 所示,X 轴方向为全站仪水平度盘零方向(真北方向),O 为零方向与全站仪横轴中心交点,OZ 方向为铅垂线方向,XOY 平面为过 O 点的水平面,P 为空间一点,P' 为 P 点在 XOY 平面内的垂足。则 OP 与 OX 轴的夹角 α 即为全站仪瞄准 P 时的水平度盘读数,OP 与 OP' 的夹角 β 即为全站仪瞄准 P 时的竖直角,OP 长 L 即为全站仪瞄准 P 时的测距值(斜距)。则有:$OP' = L\cos\beta$,所以 P 点在假定空间三维直角坐标系统中的三维坐标为

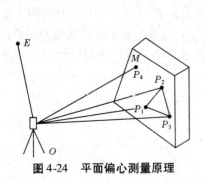

图 4-24　平面偏心测量原理

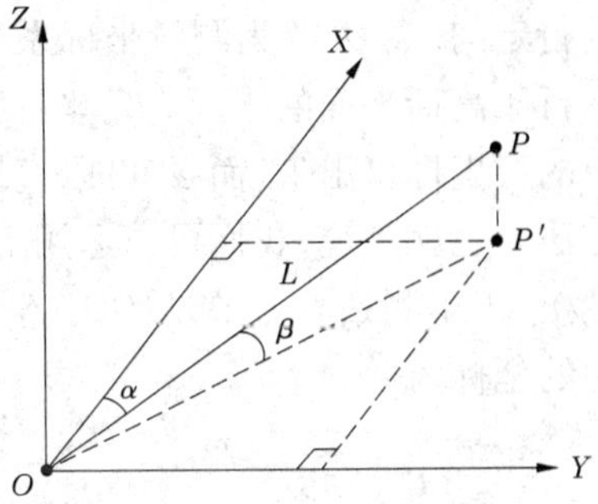

图 4-25　假定空间三维直角坐标系

· 135 ·

$$\left. \begin{array}{l} X = L\cos\beta\cos\alpha \\ Y = L\cos\beta\sin\alpha \\ Z = L\sin\beta \end{array} \right\} \qquad (4\text{-}16)$$

2. P_1、P_2、P_3 在假定空间三维直角坐标系统中的坐标

根据观测值(水平度盘读数 α、竖直角 β、斜距 L),利用式(4-16)可求出 P_1、P_2、P_3 的三维坐标 (X_1, Y_1, Z_1)、(X_2, Y_2, Z_2)、(X_3, Y_3, Z_3)。

3. P_1、P_2、P_3 三点共面的平面 M 的解析方程式

由于 P_1、P_2、P_3 三点在平面 M 内,根据 P_1、P_2、P_3 的三维坐标 (X_1, Y_1, Z_1)、(X_2, Y_2, Z_2)、(X_3, Y_3, Z_3) 可求出平面 M 的平面方程。写成一般式:

$$AX + BY + CZ + D = 0 \qquad (4\text{-}17)$$

其中

$$\left. \begin{array}{l} A = (Y_2 - Y_1)(Z_3 - Z_1) - (Z_2 - Z_1)(Y_3 - Y_1) \\ B = (Z_2 - Z_1)(X_3 - X_1) - (X_2 - X_1)(Z_3 - Z_1) \\ C = (X_2 - X_1)(Y_3 - Y_1) - (Y_2 - Y_1)(X_3 - X_1) \end{array} \right\} \qquad (4\text{-}18)$$

$$D = -(AX_1 + BY_1 + CZ_1) \qquad (4\text{-}19)$$

4. P_4 在假定空间三维直角坐标系统中的坐标

当全站仪瞄准 P_4 时,其水平度盘读数为 α_4、竖直角为 β_4,因 P_4 无法放置棱镜,故无法测出其斜距,那么就假设其斜距为 L_4,将 α_4、β_4、L_4 代入式(4-16)中,解得 P_4 在假定空间三维直角坐标系统中的坐标:

$$\left. \begin{array}{l} X_4 = L_4\cos\beta_4\cos\alpha_4 \\ Y_4 = L_4\cos\beta_4\sin\alpha_4 \\ Z_4 = L_4\sin\beta_4 \end{array} \right\} \qquad (4\text{-}20)$$

由于 P_4 也是平面 M 内的点,所以将式(4-20)代入式(4-17)中,解得斜距 L_4 的值,再将 L_4 代入式(4-20)中,即得到 P_4 在假定空间三维直角坐标系统中的坐标 (X_4, Y_4, Z_4)。

5. P_1、P_2、P_3、P_4 在测量真空间三维直角坐标系统中的坐标

在实测水平角时,普通全站仪是不可能做到以真北方向定向的,所以在以上所说的假定空间三维直角坐标系统中,水平角 α 是不能直接测量出来的,可以用一个已知点作为测站,另一个已知点作为后视点进行定向,如图4-26所示,以 O 点作为测站,以 E 点作为后视点进行定向。$X'O'Y'$ 为测量坐标系中的高斯平面直角坐标系,XOY 为上述假定坐标系中的平行于高斯平面的平面直角坐标系。$\alpha = \alpha_{OE} + \alpha'$,其中 α_{OE} 可以通过 O、E 在高斯平面中的反坐标算出来,而 α' 可以直接通过仪器测量出来。这样我们就解决了水平角的确定方法。也就是说,我们可以运用上面所讲的数学模型计算 P 在 XOY 坐标系中的坐标 (X_P, Y_P),由于测站 O 点在 $X'O'Y'$ 坐标系中的坐标为 (X'_O, Y'_O),所以 P 点在 $X'O'Y'$ 坐标系中的坐标为

$$\begin{array}{l} X'_P = X_P + X'_O \\ Y'_P = Y_P + Y'_O \end{array} \qquad (4\text{-}21)$$

确定 P 点在测量坐标系中高程就很简单了,由于假定坐标系中的 OZ 轴是铅垂方向,

所以 P 点的高程为

$$H'_P = Z_P + H'_O \qquad (4\text{-}22)$$

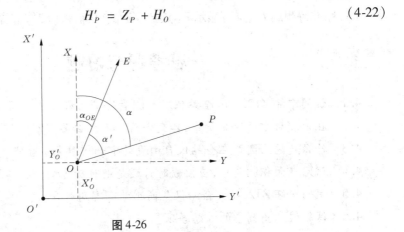

图 4-26

4.5.3.2　平面偏心测量步骤

（1）在坐标测量模式进行正确的建站、定向、输入仪器高和棱镜高等工作，参见第 3 章坐标测量模式。在坐标测量界面第一页按［F2］（偏心），进入偏心测量（见图 4-27）。

（2）按［F3］（平面偏心）或者数字键［3］，进入平面偏心。照准测量点 P_1 按［F1］（测距）键，测距完毕按［F2］（记录）键。

（3）或按［F4］翻到下一页，按［F1］（测存）键，仪器测出坐标并保存数据。

（4）照准测量点 P_2 按［F1］（测距）键，测距完毕按［F2］（记录）键。

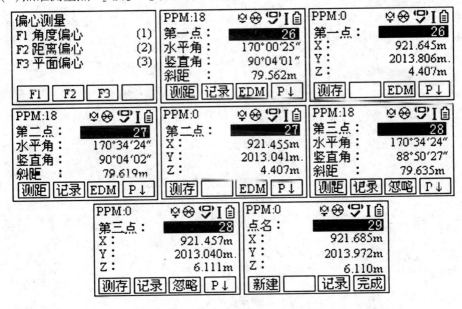

图 4-27　平面偏心测量操作界面

（5）或按 F4 翻到下一页，按［F1］（测存）键，仪器测出坐标并保存数据。

（6）照准测量点 P_3 按［F1］（测距）键，测距完毕按［F2］（记录）键。

(7)或按 F4 翻到下一页,按[F1](测存)键,仪器测出坐标并保存数据。

(8)照准待测点 P_4,屏幕显示 P_4 点计算后的坐标,按[F3](记录)键存储至当前作业。

思考题与习题

4.1　试问中纬 ZT20 Pro 全站仪对边测量有哪两种方法? 简述其操作步骤。

4.2　在角度后方交会测量中,其交会角 γ 有什么要求?

4.3　什么是危险圆? 在全站仪自由设站中如何避免交会点 P 位于危险圆上?

4.4　试问在面积测量中,应按顺时针还是逆时针方向进行各界桩的测量?

4.5　试问中纬 ZT20 Pro 全站仪悬高测量有哪两种方法?

4.6　试叙述悬高测量的注意事项。

4.7　试叙述中纬 ZT20 Pro 全站仪角度偏心测量的原理和操作步骤。

4.8　试叙述中纬 ZT20 Pro 全站仪距离偏心测量的原理和操作步骤。

4.9　中纬 ZT20 Pro 全站仪距离偏心测量中偏心距离的取值是如何规定的?

4.10　什么是平面偏心测量? 试叙述中纬 ZT20 Pro 全站仪平面偏心测量操作步骤。

第5章 数字水准仪的使用方法

5.1 水准测量的方法与技术要求

国家一、二等水准测量为精密水准测量,国家三、四等水准测量为普通水准测量。在各项工程的不同建设阶段的高程测量中,极少进行一等水准测量,故在工程测量规范中,将水准测量分为二、三、四等三个等级,其精度指标与国家水准测量的相应等级一致。

5.1.1 水准测量作业的一般规定

(1)高程控制测量精度等级的划分,依次为二、三、四、五等。各等级高程控制宜采用水准测量的方法,四等及以下等级可采用电磁波测距三角高程测量,五等也可采用 GPS 拟合高程测量。

(2)首级高程控制网的等级,应根据工程规模、控制网的用途和精度要求合理选择。首级网应布设成环形网,加密网宜布设成附合路线或结点网。

(3)测区的高程系统,宜采用 1985 国家高程基准。在已有高程控制网的地区测量时,可沿用原有的高程系统;当小测区联测有困难时,也可采用假定高程系统。

(4)高程控制点间的距离,一般地区应为 1 ~ 3 km,工业厂区、城镇建筑区宜小于 1 km。但一个测区及周围至少应有 3 个高程控制点。

5.1.2 水准测量的技术要求

(1)水准测量的主要技术要求,应符合表 5-1 的规定。

表 5-1 水准测量的主要技术要求

等级	每千米高差全中误差(mm)	路线长度(km)	水准仪型号	水准尺	观测次数		往返较差、附合或环线闭合差	
					与已知点联测	附合或环线	平地(mm)	山地(mm)
二等	2	—	DS1	因瓦	往返各一次	往返各一次	$4\sqrt{L}$	—
三等	6	≤50	DS1	因瓦	往返各一次	往一次	$12\sqrt{L}$	$4\sqrt{n}$
			DS3	双面		往返各一次		
四等	10	≤16	DS3	双面	往返各一次	往一次	$20\sqrt{L}$	$6\sqrt{n}$
五等	15	—	DS3	单面	往返各一次	往一次	$30\sqrt{L}$	—

注:1. L 为往返测段、附合或环线的水准路线长度,km;n 为测站数。

2. 数字水准仪测量的技术要求和同等级的光学水准仪相同。

（2）各等级水准观测的主要技术要求见表 5-2。

表 5-2　水准观测的主要技术要求

等级	水准仪型号	视线长度（m）	前后视的距离较差（m）	前后视的距离较差累积（m）	视线离地面最低高度（m）	基辅分划或黑红面读数较差（mm）	基辅分划或黑红面所测高差较差（mm）
二等	DS1	50	1	3	0.5	0.5	0.7
三等	DS1	100	3	6	0.3	1.0	1.5
	DS3	75				2	3
四等	DS3	100	5	10	0.2	3	5
五等	DS3	100	近似相等	—	—	—	—

注：1. 二等水准视线长度小于 20 m 时，其视线高度不应低于 0.3 m。

2. 三、四等水准采用变动仪器高度观测单面水准尺时，所测两次高差较差，应与黑面、红面所测高差之差的要求相同。

3. 数字水准仪观测，不受基辅分划或黑红面读数较差指标的限制，但测站两次观测的高差较差，应满足表中相应等级基辅分划或黑红面所测高差较差的限值。

5.1.3　二等水准测量

5.1.3.1　二等水准测量的技术要点

根据水准测量的各项误差来源及其影响、各种误差的性质及其影响规律，规范中对精密水准测量的实施作出了各种相应的规定，以尽可能消除或减弱各种误差对观测结果的影响，现将几个主要的规定及其作用归纳如下：

（1）仪器距前、后视水准标尺的距离应尽量相等，其差应小于规定的限值。二等水准测量中规定，一测站前、后视距差应小于 1.0 m，前、后视距累积差应小于 3 m。这样，可以消除或减弱与距离有关的各种误差对观测高差的影响，如 i 角误差和垂直折光等影响。

（2）在两相邻测站上，应按奇、偶数测站的观测程序进行观测，即分别按"后—前—前—后"和"前—后—后—前"的观测程序在相邻测站上交替进行。这样可以消除或减弱与时间成比例均匀变化的误差对观测高差的影响，如 i 角的变化和仪器的垂直位移等影响。

（3）在一测段的水准路线上，测站的数目应安排成偶数，这样，可以消除或减弱两水准标尺零点差和交叉误差在仪器垂直轴倾斜时对观测高差的影响。

（4）每一测段的水准路线上，应进行往、返测。这样，可以消除或减弱性质相同，正负号也相同的误差影响。如水准标尺垂直位移的误差影响，在往、返测高差平均值中可以得到减弱。

（5）一个测段的水准路线的往、返测应在不同的气象条件下进行（如上午或下午）。

对于观测期间、视距长度和视线离地面的高度也都有相应的规定。观测应在成像稳定清晰的条件下进行。这些规定的主要作用，是为了消除或减弱复杂的大气折光对观测高差的影响。

此外,还有一些更详细而具体的作业规定,在国家水准测量规范中都有说明。

5.1.3.2 二等水准测量的观测方法

1. 观测程序

在相邻测站上,按奇、偶数测站的观测程序进行观测。对于往测:

奇数测站:①后视基本分划;
　　　　　②前视基本分划;
　　　　　③前视辅助分划;
　　　　　④后视辅助分划。

偶数测站:①前视基本分划;
　　　　　②后视基本分划;
　　　　　③后视辅助分划;
　　　　　④前视辅助分划。

返测时,奇数测站与偶数测站的观测程序与往测时相反,奇数测站由前视开始,偶数测站由后视开始。

2. 操作步骤

以往测奇数站为例来说明在一个测站上的具体观测步骤。

(1)整平仪器。

(2)将望远镜对准后视水准标尺,分别用上、下丝照准水准标尺基本分划进行视距读数,并记入记录手簿的(1)和(2)栏,如表5-3所示。然后,转动测微螺旋,用楔形丝照准水准标尺基本分划,并读取水准标尺基本分划和测微器读数。记入手簿的第(3)栏。测微器读数取至整格,即在测微器中不需要进行估读。

(3)旋转望远镜照准前视水准标尺,用楔形丝照准水准标尺基本分划,读取基本分划和测微器读数,记入手簿第(4)栏。然后用上、下丝照准基本分划进行视距读数,记入手簿第(5)栏和第(6)栏。

(4)用水平微动螺旋转动望远镜,照准前视水准标尺的辅助分划,进行辅助分划和测微器读数,记入手簿第(7)栏。

(5)旋转望远镜照准后视水准标尺辅助分划,进行辅助分划和测微器读数,记入手簿第(8)栏。

以上就是一个测站上全部操作与观测过程。

5.1.3.3 记录与计算

以往测奇数测站的观测程序为例,来说明计算内容与计算步骤,记录如表5-3所示。表中第(1)栏至第(8)栏是读数的记录部分,第(9)栏至第(18)栏是计算部分。

视距部分的计算:

$$(9) = (1) - (2)$$
$$(10) = (5) - (6)$$
$$(11) = (9) - (10)$$
$$(12) = (11) + 前站(12)$$

高差部分的计算与检核:　　$(14) = (3) + K - (8)$

式中　K——基辅分划差。

对于苏州一光 DS05、DS03 使用的精密水准尺而言，$K = 3.0155\ \text{m}$。

$$(13) = (4) + K - (7)$$
$$(15) = (3) - (4)$$
$$(16) = (8) - (7)$$
$$(17) = (14) - (13) = (15) - (16) \quad (检核)$$
$$(18) = \frac{1}{2}\left[(15) + (16)\right]$$

表 5-3　二等水准测量观测手簿

测自_____至_____　　　　　　　　　　_____年___月___日

时刻:始___时___分　末___时___分　　　　　　成像_____

温度_____云量_____　　　　　　　　风向风速_____

天气_____土质_____　　　　　　　太阳方向_____

仪器型号:_____仪器号:_____观测者:_____记录者:_____

测站编号	后尺 上丝 / 下丝	前尺 上丝 / 下丝	方向及尺号	标尺读数		基+K -辅	备注
	后距	前距		基本分划	辅助分划		
	视距差 d	∑d					
奇	(1)	(5)	后	(3)	(8)	(14)	
	(2)	(6)	前	(4)	(7)	(13)	
	(9)	(10)	后－前	(15)	(16)	(17)	
	(11)	(12)	h		(18)		
1	2 406	1 809	后	219.83	521.38	0	
	1 986	1 391	前	160.06	461.63	－2	
	420	418	后－前	+059.77	+059.75	+2	
	+2	+2	h		+059.760		
2	1 800	1 639	后	157.40	458.95	0	
	1 351	1 189	前	141.40	442.92	+3	
	449	450	后－前	+016.00	+016.03	－3	
	－1	+1	h		+016.015		
3	1 825	1 962	后	160.32	461.88	－1	
	1 383	1 523	前	174.27	475.82	0	
	442	439	后－前	－013.95	－013.94	－1	
	+3	+4	h		－013.945		
4	1 728	1 884	后	150.81	452.36	0	
	1 285	1 439	前	166.19	467.74	0	
	443	445	后－前	－015.38	－015.38	0	
	－2	+2	h		－015.38		
检核计算				688.36	1 894.57		
				641.92	1 848.11		
	1 754	1 752		+046.44	+046.46		
					+046.45		

水准测量的观测工作间歇时，最好能结束在固定的水准点上；否则，应选择两个坚稳可靠、光滑突出、便于放置水准标尺的固定点，作为间歇点加以标记。间歇后，应对间歇点的高差进行检测，检测结果如符合限差要求（对于二等水准测量，规范规定检测间歇点高差之差应≤1.0 mm），就可以从间歇点起测。若仅能选定一个固定点作为间歇点，则在间歇后应仔细检视，确认没有发生任何位移，方可由该间歇点起测。

如无稳固的固定点可选择，则在观测间歇前最后两个测站的三个立尺点应作妥善安置，一般可打入带有帽钉的木桩，也称间歇桩。间歇后先检测最后一个测站，检测合格后，即可继续往前观测。若检测超限，则再检测前一测站，进行综合比较，确定其中两个立尺点是稳妥可靠时，才可继续往前观测；否则应从水准点开始重测。检测的合格成果用红笔画方框表示，测段计算时不采用。检测不合格成果应划掉。

5.1.4 三、四等水准测量

三、四等水准测量除用于国家高程控制网的加密外，还用于建立小地区首级高程控制网，以及建筑施工区内工程测量及变形观测的基本控制。三、四等水准点的高程应从附近的一、二等水准点引测，独立测区可采用闭合水准路线。三、四等水准点应选在土质坚硬、便于长期保存和使用的地方，并应埋设水准标石，亦可利用埋石的平面控制点作为水准点。为了便于寻找，水准点应绘制点之记。

三、四等水准测量的主要技术要求参见表5-1，水准观测的主要技术要求参见表5-2。

三、四等水准测量的观测应在通视良好、成像清晰稳定的情况下进行。下面介绍双面尺法的观测程序。

5.1.4.1 每一站的观测顺序

后视水准尺黑面，使圆水准器气泡居中，读取上、下丝读数（1）和（2），读取中丝读数（3）。

前视水准尺黑面，读取上、下丝读数（4）和（5），读取中丝读数（6）。

前视水准尺红面，读取中丝读数（7）。

后视水准尺红面，读取中丝读数（8）。以上（1）、（2）、…、（8）表示观测与记录的顺序，见表5-4。

这样的观测顺序简称为"后—前—前—后"。其优点是可以大大减弱仪器下沉误差的影响。四等水准测量每站观测顺序可为"后—后—前—前"。

5.1.4.2 测站计算与检核

1. 视距计算

后视距离 　　　　　　　　　　（9）＝（1）－（2）

前视距离 　　　　　　　　　　（10）＝（4）－（5）

前、后视距差（11）＝（9）－（10），三等水准测量，不得超过3 m；四等水准测量，不得超过5 m。

前、后视距累积差（12）＝前站（12）＋本站（11），三等水准测量，不得超过6 m；四等水准测量，不得超过10 m。

2. 同一水准尺红、黑面中丝读数的检核

同一水准尺红、黑面中丝读数之差,应等于该尺红、黑面的常数差 K(4.687 或 4.787),红、黑面中丝读数差按下式计算:

$$(13) = (6) + K - (7)$$
$$(14) = (3) + K - (8)$$

(13)、(14)的大小,三等水准测量,不得超过 2 mm;四等水准测量,不得超过 3 mm。

3. 计算黑面、红面的高差(15)、(16)

$$(15) = (3) - (6)$$
$$(16) = (8) - (7)$$
$$(17) = (15) - (16) \pm 0.100 = (14) - (13)(检核用)$$

三等水准测量,(17)不得超过 3 mm;四等水准测量,(17)不得超过 5 mm。式中 0.100 为单、双号两根水准尺红面零点注记之差,以米(m)为单位。

4. 计算平均高差(18)

$$(18) = \frac{1}{2}\{(15) + [(16) \pm 0.100]\}$$

5.1.4.3　每页计算的校核

1. 高差部分

红、黑面后视总和减红、黑面前视总和应等于红、黑面高差总和,还应等于平均高差总和的两倍。测站数为偶数时:

$$\sum[(3) + (8)] - \sum[(6) + (7)] = \sum[(15) + (16)] = 2\sum(18)$$

测站数为奇数时:

$$\sum[(3) + (8)] - \sum[(6) + (7)] = \sum[(15) + (16)] = 2\sum(18) \pm 0.100$$

2. 视距部分

后视距离总和减前视距离总和应等于末站视距累积差,即

$$\sum(9) - \sum(10) = 末站(12)$$

校核无误后,算出总视距:

$$总视距 = \sum(9) + \sum(10)$$

用双面尺法进行四等水准测量的记录、计算与校核,见表5-4。

5.1.5　水准测量的数据处理

水准测量按规定要进行往、返测,取往、返测的高差平均值作为高差观测值。当水准测量作业结束后,就要对高差观测值的精度作出鉴定。

高差观测值的精度是根据往、返测的高差不符值来鉴定,因为往、返测的高差不符值集中反映了水准测量各种误差的共同影响。这些误差对水准测量精度的影响,不论其性质还是变化规律都是极为复杂的,其中有偶然误差的影响,也有系统误差的影响。

表 5-4 四等水准测量记录手簿

自 __BM08__ 测至 __BM08__ 观测者：_____ 记录者：_____ 仪器型号：__NAL132__

__2013__ 年 __9__ 月 __20__ 日 天气：__晴__ 开始 __8__ 时 结束 __9__ 时 成像 __清晰稳定__

测站编号	点号	后尺 上丝 下丝 后距 视距差 d	前尺 上丝 下丝 前距 ∑d	方向及尺号	标尺读数 黑面	标尺读数 红面	K+黑 -红	高差中数（m）	备考
		(1)	(4)	后	(3)	(8)	(14)		
		(2)	(5)	前	(6)	(7)	(13)		
		(9)	(10)	后-前	(15)	(16)	(17)	(18)	
		(11)	(12)						
1	BM08 — TP1	1 690	1 458	后	1 310	6 098	-1		
		0 930	0 680	前	1 070	5 756	+1		
		76.0	77.8	后-前	+0.240	+0.342	-2	+0.241 0	
		-1.8	-1.8						
2	TP1 — TP2	1 530	1 830	后	1 165	5 852	0		
		0 802	1 130	前	1 471	6 257	+1		
		72.8	70.0	后-前	-0.306	-0.405	-1	-0.305 5	
		+2.8	+1.0						
3	TP2 — TP3	1 710	1 638	后	1 306	6 094	-1		
		0 900	0 870	前	1 255	5 941	+1		
		81.0	76.8	后-前	+0.051	+0.153	-2	+0.052 0	
		+4.2	+5.2						
4	TP3 — BM08	1 649	1 622	后	1 267	5 954	0		
		0 886	0 882	前	1 252	6 040	-1		
		76.3	74.0	后-前	+0.015	-0.086	+1	+0.014 5	
		+2.3	+7.5						

每页校核：

$$\sum(9) = 306.1$$
$$-)\sum(10) = 298.6$$
$$= +7.5$$
$$= 4 站(12)$$
总视距 $\sum(9) + \sum(10) = 604.7$

$$\sum[(3)+(8)] = 29\ 046$$
$$-)\sum[(6)+(7)] = 29\ 042$$
$$= +0.004$$

$$\sum[(15)+(16)] = +0.004$$
$$\sum(18) = +0.002$$
$$2\sum(18) = +0.004$$

　　根据研究和分析我们知道,在短距离(例如一个测段)的往返高差不符值里,偶然误差是得到反映的,虽然也不排除有系统误差的影响,但是由于距离短,所以毕竟很微弱,因而从测段的往返测高差不符值 Δ 来估计偶然中误差还是可行的。在长线路中,例如一个闭合环,则影响观测的除偶然误差外,还有系统误差,而且这种系统误差在很长的路线上也表现有偶然性质。环形闭合差表现有真误差的性质,因而可以利用环形闭合差来估算含有偶然误差和系统误差在内的所谓全中误差。我们的估算公式,就是以这种基本思想为基础而导出的。

一个长度等于 L 的测段的往返测,也可以看作一个长度等于 $2L$ 的测段的单程观测。往返测的高差不符值 Δ,也可以看作单程观测的真误差。在水准测量中,各测段的长度不可能相等,测段越长,测站数就越多,误差发生的机会也就越多,因而各测段观测结果的精度是不相等的,也就是不等权的。由于误差的传播是随距离的平方根而增长的,而权又与误差的平方成反比,所以权与距离成反比。我们取 $2L = 1$ km 的观测作为单位权观测,它的 Δ 的权是 1,于是由权与误差的平方呈反比的关系,可以看出:

$$P_1\Delta_1^2 = P_2\Delta_2^2 = \cdots = P_n\Delta_n^2 = 1\Delta^2 \tag{5-1}$$

式中　Δ——单程观测的每千米真误差;

　　　P_i——第 i 测段观测结果的权;

　　　n——测段的数目。

由式(5-1)得:

$$\frac{\Delta_1^2}{2L_1} = \frac{\Delta_2^2}{2L_2} = \cdots = \frac{\Delta_n^2}{2L_n} = \Delta^2 \tag{5-2}$$

可见,每一测段的 Δ_i^2 除以该测段的 $2L_i$,都等于单程观测的每千米真误差的平方值。

根据中误差的定义——中误差是真误差平方的中数之平方根,于是可得由 n 个测段往返测的高差不符值计算每千米单程高差的偶然中误差(相应于单位权的观测中误差)的公式:

$$u = \pm \sqrt{\frac{\frac{1}{2}\left[\frac{\Delta\Delta}{L}\right]}{n}} \tag{5-3}$$

而往、返测高差平均值的每千米偶然中误差为

$$M_\Delta = \frac{u}{\sqrt{2}} = \pm \sqrt{\frac{1}{4n}\left[\frac{\Delta\Delta}{L}\right]} \tag{5-4}$$

式中　Δ——各测段往返测的高差不符值,mm;

　　　L——各测段的距离,km;

　　　n——测段的数目。

式(5-4)就是国家水准测量规范中规定使用的、用以计算往返测高差平均值的每千米偶然中误差的计算公式。这个公式是不严密的,因为在计算偶然误差时,完全没有顾及系统误差的影响。顾及系统误差的严密公式,形式比较复杂,计算也比较麻烦,而所得结果与式(5-4)所得的计算结果相差甚微。所以,式(5-4)可以认为是具有足够可靠性的。

当水准路线由若干个水准环构成网形时,可根据各环的高差闭合差 W 来鉴定水准测量的全中误差。高差闭合差 W 可以看作测线长度为 $L(L$ 是环的周长)千米的往返测高差中数的真误差。根据推导式(5-4)的同样原理,可得出计算往返测高差中数的每千米全中误差的公式:

$$M_W = \pm \sqrt{\frac{1}{N}\left[\frac{WW}{L}\right]} \tag{5-5}$$

式中　W——水准环的高差闭合差,mm;

　　　L——环的周长,km;

　　　N——水准环的数目。

这就是国家水准测量规范中规定使用的、用以计算往返测高差平均值的每千米全中误差的公式。这个公式也是不严密的,因为各环的闭合差 W 彼此是相关的,严格来说,不能看作独立观测值。一般来说,按式(5-5)算得的全中误差,可能较实际稍微偏大,但对于水准测量的精度鉴定还是具有一定程度的可靠性。

规范规定,对于二等水准测量,M_Δ 不超过 ±1.0 mm,M_W 不超过 ±2.0 mm。

5.2　中纬 ZDL700 数字水准仪的基本操作

5.2.1　中纬 ZDL700 数字水准仪的外观

中纬 ZDL700 数字水准仪的外观参见图 5-1。

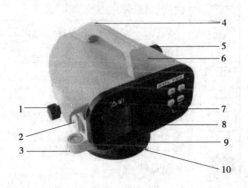

1—水平微动螺旋;2—电池仓;3—圆水准器;4—瞄准器;5—调焦螺旋;
6—提把;7—目镜;8—显示屏;9—基座;10—基座脚螺旋

图 5-1　中纬 ZDL700 数字水准仪外观

5.2.2　中纬 ZDL700 数字水准仪的显示屏及按键功能

中纬 ZDL700 数字水准仪的显示屏见图 5-2。

中纬 ZDL700 数字水准仪的按键及各按键功能见图 5-3。

5.2.3　中纬 ZDL700 数字水准仪的图标与测量模式

中纬 ZDL700 数字水准仪显示屏窗口中的图标见图 5-4,窗口中的图标表示仪器当前的状态。

1—模式;2—图标;3—测量单位

图 5-2　中纬 ZDL700 数字
水准仪的显示屏

147

编号	按键	符号	第一功能	第二功能
1	视线高/视距		在显示视距和视线高之间切换	光标向上移(菜单模式时有效)
2	dH(高差)		高差测量和相对高程计算	光标向下移(菜单模式时有效)
3	菜单		激活并选择设置	回车键(菜单模式时有效)
4	背景灯照明		LED 背景灯照明	中断退出键(菜单模式及线路测量模式时有效)
5	测量		测量键	持续按 2 s 进入第二功能(跟踪测量功能)
6	开机/关机		开机与关机	无第二功能

图 5-3 中纬 ZDL700 数字水准仪的按键及各按键的功能

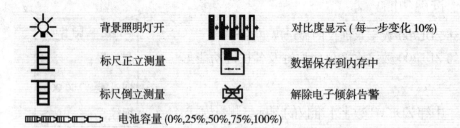

图 5-4 中纬 ZDL700 数字水准仪显示屏窗口中的图标

中纬 ZDL700 数字水准仪的测量模式见表 5-5。

表 5-5　中纬 ZDL700 数字水准仪的测量模式

符号	模式
测量	测量模式
菜单	菜单选择模式
校正	i 角检校模式
通信	通信模式
跟踪	跟踪模式
BF　BF	后前 (BF) 线路水准测量
BFFB　BFFB　BFFB　BFFB BFFB　往 BFFB　往 BFFB	后前前后 (BFFB) 线路水准测量
BIF　BIF　BIF	后支前（BIF）线路水准测量
设置	设置模式

5.2.4　中纬 ZDL700 数字水准仪的菜单设置

中纬 ZDL700 数字水准仪的菜单结构见图 5-5，菜单设置说明见表 5-6。

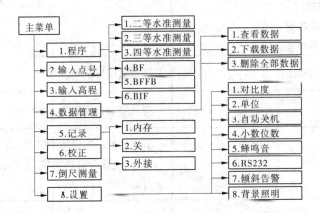

图 5-5　中纬 ZDL700 数字水准仪的菜单结构

表 5-6　中纬 ZDL700 数字水准仪的菜单设置

菜单/子菜单	选项	说明
程序	二等水准测量,三等水准测量,四等水准测量,BF,BFFB,BIF	选择水准测量模式
支点	开/关	选择开/关,在 BIF 模式中允许或不允许进行支点测量(仅在 BIF 模式中可用)
输入点号	无	输入点号
输入高程	无	输入参考面高程或后视点高程

菜单/子菜单	选项	说明
数据管理	查看数据、下载数据、删除全部数据	查看存储的单个数据/删除某个测量数据(线路测量模式的数据不可删除)。用软件把数据传输到 PC 机上。删除所有数据
下载数据	GSI、ASCII	通过 PC 软件,把 GSI − 8 或 ASCII 格式数据从仪器传输到外部存储设备中(如 PC 机)
记录	内存,关,外部	把测量数据保存到仪器的内存或外部设备上。如设为关闭,则数据不能保存
校正	无	水准仪电子 i 角检校程序
倒尺测量	开 = 倒置标尺,关 = 正置标尺	设置为倒置标尺模式,缺省设置为关
设置	对比度 单位 自动关机 小数位数 蜂鸣声 RS232 倾斜告警 背景照明	设置菜单,对各项功能进行详细设置
对比度	10 个级别	设置显示屏的对比度
单位	m	将显示单位设置为 m(米)
自动关机	开/关	节电功能。当设置为开时,若 15 min 不操作任何键,则仪器会自动关机;若设置为关,则仪器不会自动关机
最小显示单位	精密/标准	设置最小显示: 精密:高程 0.000 1 m,距离 0.001 m 标准:高程 0.001 m,距离 0.01 m
蜂鸣音	开/关	将蜂鸣声设置为开或关
RS232	波特率	1 200、2 400、4 800、9 600、19 200、38 400
	校验位	无、奇、偶
	停止位	1 位、2 位
	数据位	7、8

续表 5-6

菜单/子菜单	选项	说明
倾斜告警	开/关	设置倾斜报警为"开/关"。缺省设置,或打开电源开机时,此模式总是设为"开"。当电子倾斜报警设置为"关"时,即使仪器倾斜超出范围,仍可进行电子测量
背景照明	开/关	在线路水准测量中,用于背景灯的开/关

5.3 中纬 ZDL700 数字水准仪的水准线路测量

程序中有多种测量模式,包括二等水准测量、三等水准测量、四等水准测量、BF(后前)、BFFB(后前前后)和 BIF(后支前)测量模式。二等水准测量、三等水准测量和四等水准测量模式是内置国标中相应等级线路测量限差的线路测量模式,提供测量顺序提示及超出限差值提示;BF(后前)模式是标准的水准线路测量;BFFB(后前前后)模式用于两次前后视水准线路测量;BIF(后支前)模式可广泛地应用于面水准测量、纵断面水准测量和横断面水准测量。

在开始水准线路测量前,在菜单设置中,把"记录"设为"内存",则仪器会自动保存测量结果到内存里。

5.3.1 二等水准测量

(1)在默认界面下,按[菜单]键进入菜单选项。在菜单中通过移动光标选中"程序"选项,然后按[回车]键,进入线路水准测量模式选择(见图5-6)。

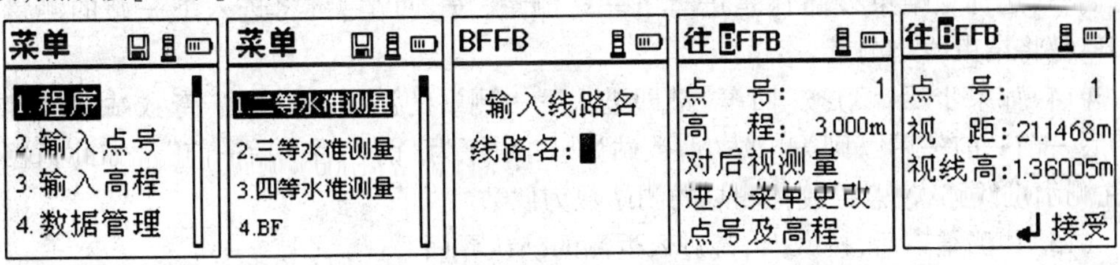

图 5-6

(2)在"程序"菜单中通过移动光标选中"二等水准测量"模式,然后按[回车]键启动"二等水准测量"模式。

(3)通过上下键来输入线路名称,可以为字母,也可以为数字。确定线路名后按[回车]键进入测量程序。

(4)当前界面可以进行点号和后视高程的设置,如输入点号为1,后视高程为3.000 m。按[测量]键将进行测量,对后视方向进行第一次测量。

(5)显示后视测量结果。按[测量]键重测,或按[回车]键接受测量结果,将数据保存到仪器内存里。按[ESC]键将返回前一界面,放弃所测结果。

(6)照准前视,按[测量]键,进行前视第一次测量(见图5-7)。

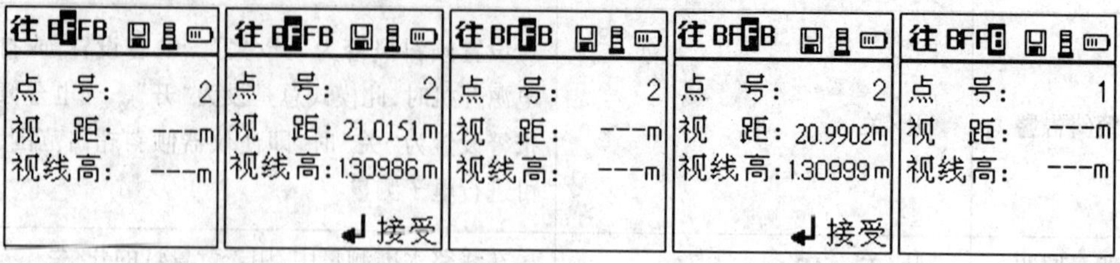

往 **B**F FB	往 B**F** FB	往 BF FB	往 BF FB	往 BFF **B**
点 号: 2	点 号: 2	点 号: 2	点 号: 2	点 号: 1
视 距: ---m	视 距: 21.0151m	视 距: ---m	视 距: 20.9902m	视 距: ---m
视线高: ---m	视线高: 1.30986m	视线高: ---m	视线高: 1.30999m	视线高: ---m
			↵接受	

图 5-7

(7)显示前视第一次测量结果。按[测量]键重测,或按[回车]键接受测量结果。

(8)照准前视,按[测量]键,进行前视第二次测量。

(9)显示前视第二次测量结果。按[测量]键重测,或按[回车]键接受测量结果。

(10)照准后视,按[测量]键,进行后视第二次测量。

(11)显示后视第二次测量结果。按[测量]键重测,或按[回车]键接受测量结果(见图5-8)。

往 BFF **B**	往 BFFB	往 BFFB	往 **F**BBF	往 BFFB
点 号: 1	点 号: 2	本站测量结束	点 号: 3	本站测量结束
视 距: 21.1537m	高 程: 3.05007m	如结束线路按 ΔH:	视 距: ---m	如结束线路按 ΔH:
视线高: 1.35994m	平均高差: 0.05007m	进入下一站?	视线高: ---m	进入下一站?
↵接受	↵接受	↵接受		↵接受

图 5-8

(12)BFFB的观测结束时将显示前视点高程及本站所测量的平均高差。按[回车]键记录数据,进入下一选择界面,按[ESC]键返回本站第一个后视点的测量,放弃已测数据。

(13)选择是结束线路还是进行下一站测量,按[回车]键将进入下一站的测量,按[ΔH]键将结束线路测量。

(14)如果步骤(13)按[回车]键即进入下一测站的测量,第一站(奇数站)观测顺序为"后—前—前—后",则第二站(偶数站)观测顺序为"前—后—后—前"。如此,直到测完往测水准线路,注意控制往测总的测站数为偶数。

(15)往测结束后,按[ΔH]键进入返测的确认界面。

(16)确认结束往测,按[回车]键(见图5-9)。

往 FBBF	返 FBBF	返 BFFB	返 FBBF
本站为偶数站	往测结束	本站测量结束	二等返测结束
结束测量?	进入返测?	如结束线路按 ΔH:	测量闭合差: 1.5mm
		进入下一站?	闭合差限差: 6.3mm
↵接受	↵接受	↵接受	

图 5-9

(17)若要进入返测,按[回车]键,返测流程与往测一样。

☞如果是支水准路线,必须进行返测,若是闭合水准测量,可以按[ESC]键,退出返测界面。

(18)返测结束后,按[ΔH]键进入返测结束界面。

(19)返测线路结束时,会显示本线路测量闭合差以及闭合差限差。

☞程序内置了国家测量规范的相应限差,相关说明见本节"限差提示说明"。程序所提供的闭合差的计算方法是依据国家测量规范中的公式进行计算得到的,但未作任何平差配赋计算。

☞此处数据为演示数据,实际测量时视线高显示至 0.01 mm,视距显示至 0.1 mm。

限差提示说明:

二等水准测量、三等水准测量、四等水准测量模式都内置了国家测量规范中所规定的视距、视线高、视距差、累积视距差、二次读数差、高差较差、转点差(仅限三等水准测量单程双转点模式)等限差,如图 5-10 和图 5-11 所示。

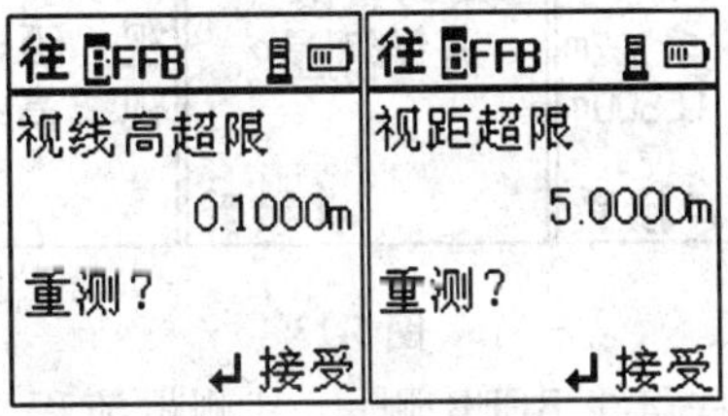

图 5-10

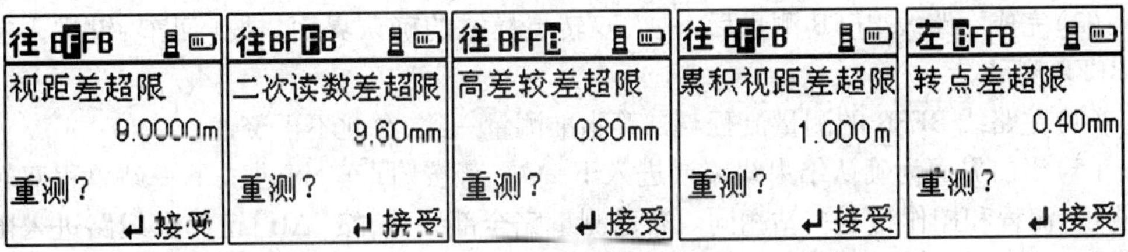

图 5-11

在限差提示界面上所显示的为测量值超出国家测量规范的数值,可根据该数值进行标尺或仪器位置的调整,然后点击[回车]键选择"接受"返回该次测量进行前的界面,进行重新测量。也可以按[ESC]键忽略该限差,继续进行下一步测量。此处数据为演示数据。

5.3.2　三等水准测量

(1)在默认界面下,按菜单键进入菜单选项。在菜单中通过移动光标选中"程序"选项,然后按[回车]键进入线路水准测量模式选择。在"程序"菜单中通过移动光标选中"三等水准测量"模式,然后按[回车]键启动"三等水准测量"模式(见图 5-12)。

(2)利用上下方向键进行线路名输入。

(3)通过上下方向键来选择是否为单程双转点模式,当选择否时进入往返测模式。流程、操作和二等水准测量一致,在此不再赘述。

(4)闭合差界面显示的闭合差限差分为平原和山地,计算方法为国家测量规范中给

图 5-12

出的公式。

选择单程双转点测量模式的流程如下：

（1）该界面可以进行点号和后视高程设置（见图 5-13）。

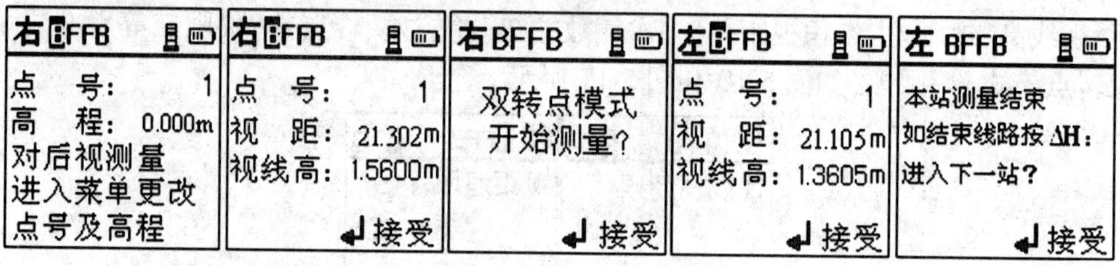

图 5-13

（2）按［测量］键将进行右路线 BFFB 测量，其测量流程与二等水准测量一致，在此不再赘述。

（3）完成右路线 BFFB 测量后，进入双转点模式的确认界面。按［回车］键进入左路线 BFFB 测量。

（4）左路线 BFFB 的测量流程与二等水准测量一致，在此不再赘述。

（5）当前界面为确认结束线路或进入下一站，若按［回车］键进入下一站单程双转点的测量，流程和操作与上一站相同。若已测量完全部线路，按［ΔH］键结束线路进入限差显示界面。

（6）上一步按［ΔH］键后，仪器显示本站为偶数还是奇数测站，按［回车］键结束测量（见图 5-14）。

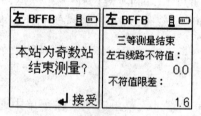

图 5-14

（7）本界面显示的为单程双转点的左右路线不符值，以及不符值限差。该值根据国家测量规范给出的计算公式得到。

5.3.3 四等水准测量

（1）在默认界面下，按菜单键进入菜单选项。在菜单中通过移动光标选中"程序"选项,然后按[回车]键进入线路水准测量模式选择。在"程序"菜单中通过移动光标选中"四等水准测量"模式,然后按[回车]键启动"四等水准测量"模式(见图5-15)。

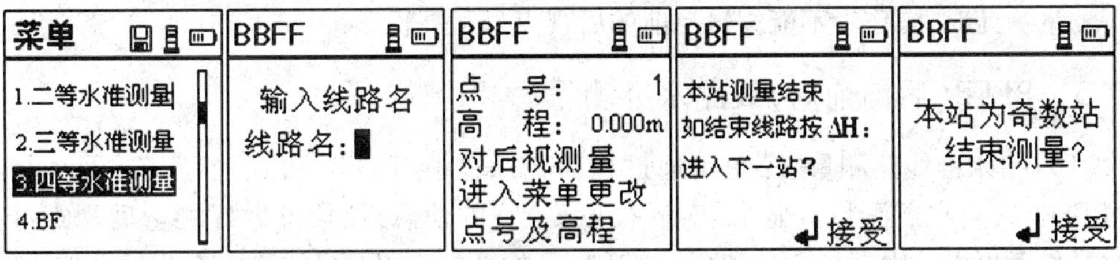

图 5-15

(2)通过上下方向键来输入线路名。

(3)当前界面可以进行点号和后视高程的设置。按[测量]键将进行测量,以及对后视方向进行第一次测量,以后将按"后—后—前—前"的观测顺序进行四等水准线路测量,启动线路测量程序后,流程和操作和二等水准测量一致。

(4)选择是结束线路还是进行下一站测量,按[回车]键将进入下一站的测量,按[ΔH]键将结束线路测量。

(5)上一步按[ΔH]键后,仪器显示木站为偶数还是奇数测站,按[回车]键结束测量。

(6)完成 BBFF 测量后,选择结束线路进入限差显示和闭合差显示界面。闭合差限差分为平原和山地,计算方法为国家测量规范中给出的公式(见图5-16)。

图 5-16

5.3.4 BF(后前)线路水准测量

(1)在"水准线路测量"菜单中通过移动光标选中"BF"模式,然后按[回车]键启动"BF"线路水准测量。显示"对后视点测量"的信息,仪器做好测量后视点的准备。此时操作者可以编辑后视点号和高程(RL),开始新的"BF"线路水准测量。如不编辑后视点号和高程(RL),则继续前面的"BF"线路水准测量(见图5-17)。

图 5-17

(2)按[测量]键,启动对基准点标尺(刚开始新的线路水准测量时)或后视标尺(在 BF 线路水准测量中前一次设站的前视点)的测量。显示后视测量结果。按[测量]键重测,或按[回车]键接受测量结果,将数据保存到仪器内存里。

(3)仪器刷新界面准备对前视标尺的测量。此时,操作者在"菜单"中可以编辑当前前视点的点号,按[测量]键对前视标尺进行测量。

(4)显示前视测量结果。按[测量]键重测,或按[回车]键接受测量结果,将数据保存到仪器内存里。

（5）仪器刷新界面准备下一测站时对后视标尺测量的准备。按［测量］键对后视标尺进行测量。此时，操作者不能编辑当前的后视点号和高程。

5.3.5 BFFB（后前前后）线路水准测量

（1）在"水准线路测量"菜单中通过移动光标选中"BFFB"模式，然后按［回车］键启动"BFFB"线路水准测量。显示"对后视点测量"的信息，仪器已做好测量后视点准备。此时操作者可以编辑后视点号和高程（RL），开始新的"BFFB"线路水准测量。如不编辑后视点号和高程（RL），则继续前面的"BFFB"线路水准测量（见图5-18）。

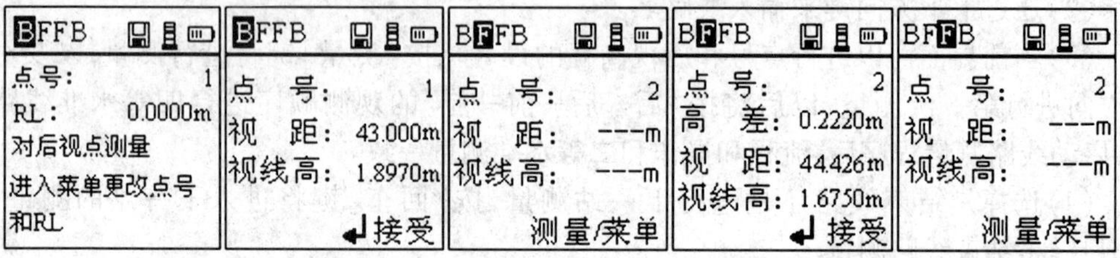

图5-18

按［测量］键，启动对基准点标尺（刚开始新的线路水准测量时）或后视标尺（在BFFB线路水准测量中前一次设站的前视点）的测量。

（2）显示后视测量结果。按［测量］键重测，或按［回车］键接受测量结果，将数据保存到仪器内存里。

（3）仪器系统刷新界面准备对前视标尺的测量。此时，操作者在"菜单"中可以编辑当前的前视点号，按［测量］键对前视标尺进行测量。

（4）显示前视测量结果。按［测量］键重测，或按［回车］键接受测量结果，将数据保存到仪器内存里。

（5）仪器系统刷新界面准备对前视标尺（第二次照准）的测量。此时，操作者不能编辑当前的前视点号。按［测量］键，第二次对前视标尺进行照准测量。

（6）显示第二次前视照准测量的结果。按［测量］键重测，或按［回车］键接受测量结果，将数据保存到仪器内存里（见图5-19）。

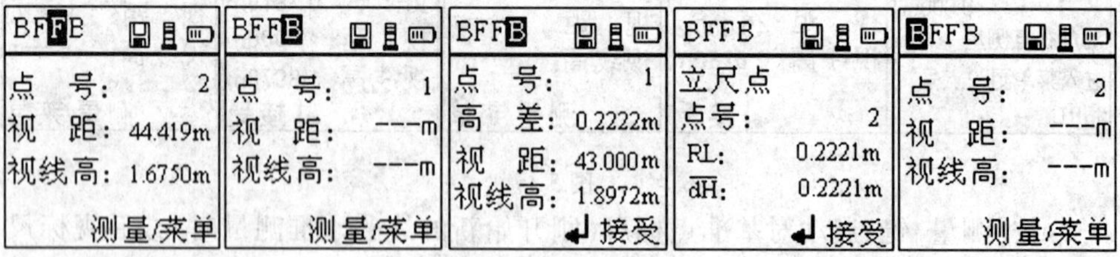

图5-19

（7）仪器系统刷新界面准备对后视标尺（第二次照准）的测量。此时，操作者不能编辑当前的后视点号。按［测量］键，第二次对后视标尺进行照准测量。

（8）显示第二次后视照准测量的结果。按［测量］键重测，或按［回车］键接受测量结果,将数据保存到仪器内存里。

(9)仪器显示上一测站的测量结果报告。按[回车]键接受测量结果,将数据保存到仪器内存里。

(10)仪器系统刷新界面准备下一设站时对后视标尺的测量。按[测量]键对后视标尺进行测量。此时,操作者不能编辑当前的后视点号和高程。

注意事项:

dH:"BFFB"线路水准测量模式中,两次后、前视水准标尺高差测量的平均值。

5.3.6 BIF(后支前)线路水准测量

(1)在"水准线路测量"菜单中通过移动光标选中"BIF"模式,然后按[回车]键启动"BIF"线路水准测量。显示"对后视点测量"的信息,仪器已做好测量后视点准备。此时操作者可以编辑后视点号和高程(RL),开始新的"BIF"线路水准测量。如不编辑后视点号和高程(RL),则继续前面的"BIF"线路水准测量(见图5-20)。

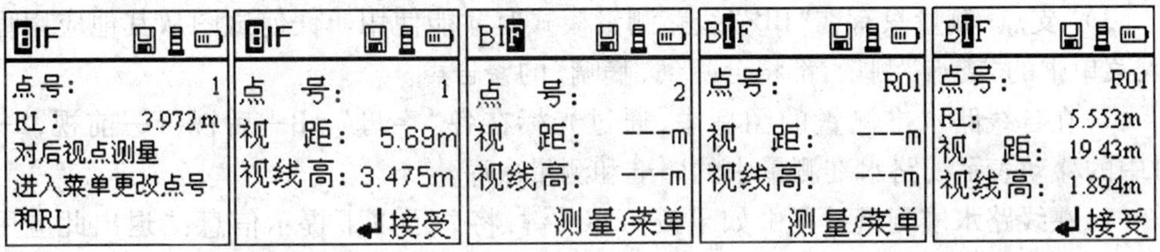

图 5-20

(2)按[测量]键,启动对基准点标尺(刚开始新的线路水准测量时)或后视标尺(在BIF线路水准测量中前一次设站的前视点)的测量。显示后视测量结果。按[测量]键重测,或按[回车]键接受测量结果,将数据保存到仪器内存里。

(3)仪器系统刷新界面准备对前视标尺的测量。

(4)如要进行"支点"测量,则需进入[菜单],把[支点]设置为[开],仪器将刷新界面准备对支点的测量,在[菜单]中编辑支点点号,然后按[测量]键对支点标尺进行测量。

(5)显示支点水准测量结果。按[测量]键重测,或按[回车]键接受测量结果,将数据保存到仪器内存里。

(6)仪器系统刷新界面准备下一个支点的测量(见图5-21)。

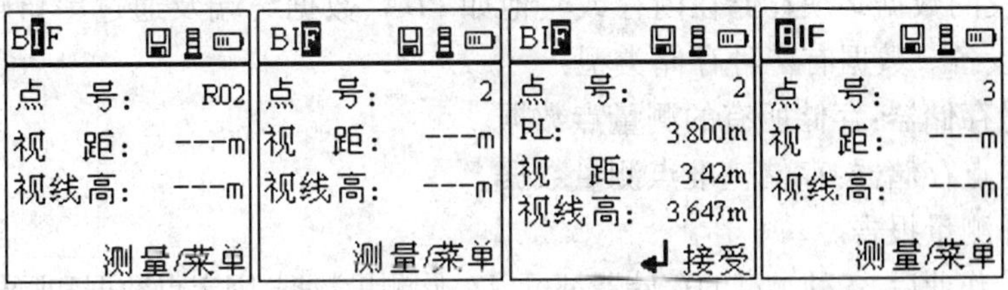

图 5-21

(7)如要恢复为水准线路的前视测量,应进入[菜单],把[支点]设置为[关],仪器将刷新界面准备前视标尺的测量,并可在[菜单]中编辑前视点号,然后按[测量]键对前视标尺进行测量。

（8）显示前视测量结果。按［测量］键重测，或按［回车］键接受测量结果，将数据保存到仪器内存里。

（9）仪器系统刷新界面准备下一设站时对后视标尺的测量。按［测量］键对后视标尺进行测量。此时，操作者不能编辑当前的后视点号和高程。

其余测站的步骤同前，直到测完整个线路。

注意事项：

（1）启动线路水准测量程序之后，必须在第一次的后视测量之前设置好"记录"模式。一旦完成首次的后视测量之后，将不允许再改变"记录"模式。任何试图从其他应用程序进入菜单中的"支点"测量，都将会听到"嘀嘀"的警告声。

（2）除启动线路水准测量程序后的首次后视点号外，要编辑后视点号是不允许的。任何试图通过菜单中的"输入点号"改变点号，将提示"不允许改变点号"的信息。在"BFFB"线路水准测量模式中，不允许编辑修改第二次前视或后视照准测量时的点号。任何试图通过菜单中的"输入点号"改变点号，将提示"不允许改变点号"的信息。

（3）"支点"测量只有在"BIF"线路测量模式时才能使用。任何试图从其他应用程序进入菜单中的"支点"测量，都将会听到"嘀嘀"的警告声。

（4）在各线路水准测量的图标中，通过光标在各"字母"（B—后视，F—前视，I—支点）中的移动表示线路水准测量中的照准和测量次序。

（5）在线路水准测量过程中如果按［ESC］键，将显示以下提示信息："退出此应用程序吗？"，或"没有完成立尺点水准测量！退出应用程序吗？"。此时，如按［ESC］键，屏幕将返回到刚才的线路水准测量程序界面；如按［回车］键，屏幕将进入缺省的高程和距离测量界面。

（6）在线路水准测量过程中如果选择并激活其他的应用程序，将显示以下提示信息："退出此应用程序吗？"，或"没有完成立尺点水准测量！退出应用程序吗？"。此时，如再按［ESC］键，屏幕将返回到刚才的线路水准测量程序界面；如按［回车］键，则将启动新的应用程序。

5.4　中纬 ZDL700 数字水准仪的数据与内存管理

本节涉及的数据必须存储在内存或其他如 PDA、数据终端及通过串口输出到 PC 机等外部存储设备。数据有三种存储类型：

（1）测量存储器：存储所有的测量点数据。

（2）固定点存储器：存储基准点测量数据。

（3）野外测量报告。

开始一个作业后，各种类型的存储器都可以存储测量数据、固定点数据和野外测量报告。

当内存容量偏低时，每记录 5 组数据系统出现一次"内存不足"的提示信息，直至内存全部用完，系统出现"内存已满"的提示信息。内存最多能存储 3 000 组数据。

如果出现距离太远等测量失败的情况，系统不存储数据。

在数据管理菜单中，光标可以在三个子菜单之间循环选择。数据存储举例，见

图 5-22。

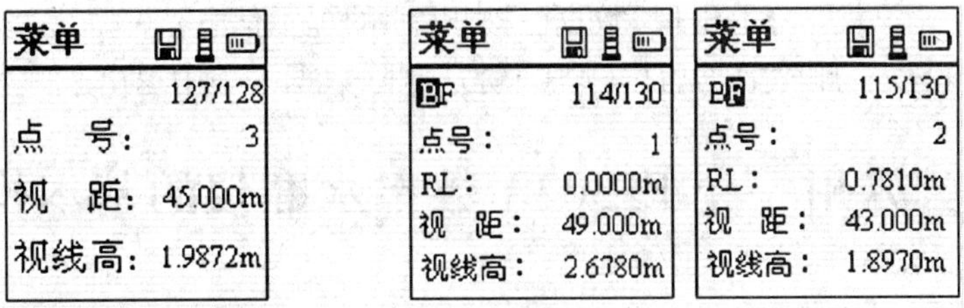

菜单	
	127/128
点　号：	3
视　距：	45.000m
视线高：	1.9872m

存储点号、视线高、
距离和点数器

菜单 BF	
	114/130
点　号：	1
RL：	0.0000m
视　距：	49.000m
视线高：	2.6780m

菜单 BF	
	115/130
点　号：	2
RL：	0.7810m
视　距：	43.000m
视线高：	1.8970m

存储 BF(后前)线路测量的数据

菜单	
	130/131
点　号：	5
基点：	1
RL：	0.5235m
高差：	0.5235m
	1.4635m

有存储点号、基点、
高程、高差和点数器

菜单 BIF	
	122/130
点　号：	1
RL：	3.9721m
视　距：	43.000m
视线高：	1.8970m

菜单 BIF	
	123/130
点　号：	2
RL：	4.1903m
视　距：	25.000m
视线高：	1.6788m

菜单 BIF	
	124/130
点　号：	3
RL：	3.8821m
视　距：	45.000m
视线高：	1.9870m

存储 BIF(后支前)线路测量的数据

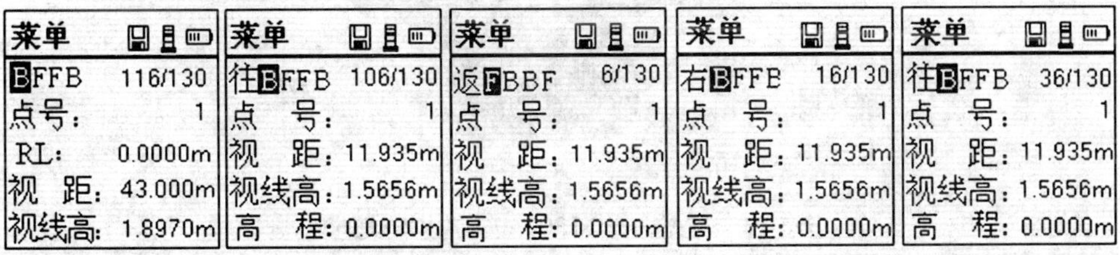

菜单 BFFB	
	116/130
点　号：	1
RL：	0.0000m
视　距：	43.000m
视线高：	1.8970m

菜单 往BFFB	
	106/130
点　号：	1
视　距：	11.935m
视线高：	1.5656m
高　程：	0.0000m

菜单 返FBBF	
	6/130
点　号：	1
视　距：	11.935m
视线高：	1.5656m
高　程：	0.0000m

菜单 右BFFB	
	16/130
点　号：	1
视　距：	11.935m
视线高：	1.5656m
高　程：	0.0000m

菜单 往BFFB	
	36/130
点　号：	1
视　距：	11.935m
视线高：	1.5656m
高　程：	0.0000m

在存储 BFFB(后前前后)线路测量的数据(包括二等水准测量、三等水准测量、四等水准测量程序)

图 5-22

(1)查看数据。

启动：　　　　首先进入数据管理菜单,然后选择查看数据。

查看数据：◄┘　把光标移到查看数据上,按[回车]键。

▲▼　每按一次该导航键,向前或向后移动一个数据块。每个数据块中第一行显示的点数器表示总的点数和当前查看的点序号。

ESC　按[ESC]键从查看菜单中退出。

◄┘　在查看数据模式中,直接按[回车]键可以删除当前的单点数据(基准点、后视、前视和野外测量报告等数据(BFFB)不能被单独删除)。

(2)下载数据。

启动：　　　　首先进入数据管理菜单,然后选择下载数据。

下载数据：◄┘　将光标移到下载数据上,按[回车]键;然后选择输出格式(GSI / ASCII),再按[回车]键;屏幕上会相继出现"正在下载数据"和"下载完毕"的提示信息。

ESC　下载完毕后,按[ESC]键从下载数据菜单中退出。

(3)删除数据。

启动：　　　　首先进入数据管理菜单,然后选择删除数据。

删除数据：◀┘　光标移到删除全部数据上,按［回车］键删除内存中所有数据,同时屏幕上出现"数据已被删除"的提示信息。

ESC　删除数据后按［ESC］键从删除数据菜单中退出。

5.5　苏州一光 EL302A 数字水准仪的基本操作

5.5.1　苏州一光 EL302A 数字水准仪的外观

苏州一光 EL302A 数字水准仪的外观参见图 5-23。

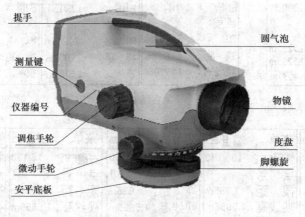

图 5-23　苏州一光 EL302A 数字水准仪外观

5.5.2　苏州一光 EL302A 数字水准仪的显示屏及按键功能

苏州一光 EL302A 数字水准仪采用点阵图形式液晶显示屏(LED),可显示 8 行,显示的内容会随页面的不同而变化,参见图 5-24。

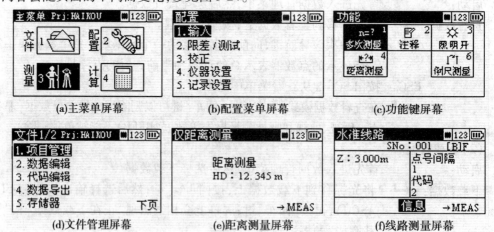

(a)主菜单屏幕　　(b)配置菜单屏幕　　(c)功能键屏幕

(d)文件管理屏幕　　(e)距离测量屏幕　　(f)线路测量屏幕

图 5-24　EL302A 数字水准仪的显示屏

苏州一光 EL302A 数字水准仪的按键功能见表 5-7。

表 5-7　苏州一光 EL302A 数字水准仪的按键功能

按键	第一功能	第二功能
Power	电源开/关	
Esc	退出各种菜单功能	
MEAS	开始测量	
Shift	按键切换、按键情况在显示器上端显示	
Bs	删除前面的输入内容	
Func	显示功能菜单	
↵	确认输入	
,	输入逗号	输入加号
.	输入句号	输入减号
0~9	输入相应的数字	输入对应字母以及特殊符号
▲▼◄►	通过菜单导航	上下翻页改变复选框

5.5.3　苏州一光 EL302A 数字水准仪的菜单

苏州一光 EL302A 数字水准仪的菜单内容见表 5-8。

表 5-8　苏州一光 EL302A 数字水准仪的菜单内容

主菜单	子菜单	子菜单	描述
1. 文件	项目管理	选择项目	选择已有项目
		新建项目	新建一个项目
		项目重命名	改变项目名称
		删除项目	删除已有项目
	数据编辑	数据浏览	查看数据/编辑已存数据
		数据输入	输入数据
		数据删除	删除数据
		数据导入	数据从 PC 到仪器
	代码编辑		输入改变代码列表
	数据导出		将仪器数据导出到 PC
	存储器		内/外存储器切换,格式化内存储器
	项目输出转换		项目的输出转换,完后可用 USB 模式读取数据
	USB		用 USB 数据线直接读取内存储器的数据
2. 配置	输入		输入大气折射、加常数、日期、时间
	限差/测试		输入水准路线限差(最大视距、最大视距高、最小视距高)、水准路线测试限差、最大限差、单站前后视距差、线路前后视距差
	校正		校正视准轴
	仪器设置		设置单位、显示信息、自动关机、声音、日期、时间格式、语言
	记录设置		记录、数据记录、记录附加数据、线路测量、单点测量、中间点测量起始点号、点号递增

主菜单	子菜单	子菜单	描述
3. 测量	单点测量	单点测量	
	水准路线	水准路线测量	
	中间点测量	基准输入	
	放样	放样测量	
	连续测量	连续测量	
4. 计算	线路平差	线路平差	

5.6 苏州一光 EL302A 数字水准仪功能键的使用

5.6.1 屏幕照明的打开和关闭

（1）在任意界面下，按［Func］（功能）键，进入功能菜单（见图 5-25）。

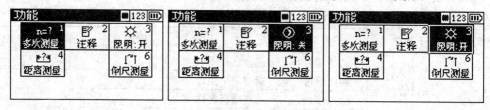

图 5-25

（2）按方向键到右侧功能 3 上，按［◄┘］键或数字键［3］打开屏幕照明，图标由太阳变成月亮，屏幕照明被打开。

（3）再次按［◄┘］键或数字键［3］关闭屏幕照明，图标由月亮变回太阳，屏幕照明被关闭，如此往复循环。

5.6.2 距离测量

有时工作人员在测量之前需要知道距离以调整前后视距，在距离测量中只能测量测站到立尺点的距离。

（1）在任意界面下，按［Func］（功能）键，进入功能菜单（见图 5-26）。

图 5-26

（2）按方向键到左侧功能 4 上，按［◄┘］键或数字键［4］进入距离测量程序。

（3）照准条码尺按［MEAS］（测量）键进行距离测量，仪器显示距离测量结果，按

［Esc］键退出距离测量程序返回功能菜单。

5.6.3 倒尺测量

地下和室内测量要求用倒尺测量,倒尺测量模式一旦被选择,在进行测量时即进入此模式,必须切换到正常测量模式才可以进行正常测量。

(1)在任意界面下,按［Func］(功能)键,进入功能菜单(见图5-27)。

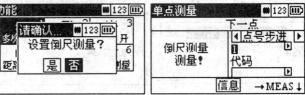

图 5-27

(2)按方向键到右侧功能6上,按［◄─┘］键或数字键［6］,选择"是"后按［◄─┘］键,进入倒尺测量模式,选择"否"后按［◄─┘］键,进入正常测量模式。

(3)选择"是"进入倒尺测量模式。当设置为倒尺测量时,屏幕右下角显示"↓"。

5.6.4 多次测量

在多次测量中可以设置测量次数和最大标准差,限制所要达到的测量精度。

nM =1:只进行一次测量;nM >1,nM <3,mR =0:可以进行任意测量;nM≥3,mR >0:可以进行设定的测量次数和精度的测量。在重复测量中,测量完毕后屏幕会显示测量的读数、距离、标准偏差。如果设定标准偏差,最少需要三次测量。此设置会运用到线路测量的每次视高读数中,即在线路测量中,每照准标尺按［测量］键,将按照此设置的测量次数读数并取平均值显示出来,读数的标准差亦会显示出来,当标准差大于设置的标准差时会给出警告窗口。

(1)在任意界面下,按［Func］(功能)键,进入功能菜单(见图5-28)。

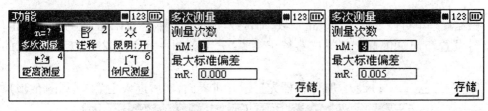

图 5-28

(2)按方向键到左侧功能1上,按［◄─┘］键或数字键［1］,进入多次测量设置界面。

(3)使用键盘键入测量次数,nM 为测量次数,最多测量次数为10;输入标准偏差,mR 为测量结果接受前的最大标准偏差,其输入范围为 0.01 ~ 0.000 00 m,按［◄─┘］键存储。

5.6.5 输入注释

在测量中,如有需要的话,可以输入文本信息,包括日期、时间等。

（1）在任意界面下，按［Func］（功能）键，进入功能菜单（见图5-29）。

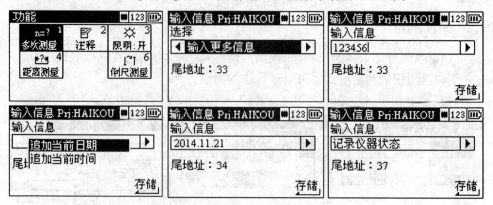

图 5-29

（2）按方向键到中间功能2上，按［◄◄］键或数字键［2］，进入注释程序。按左右方向键选择"输入更多信息"，按［◄◄］键。

（3）输入英文字母和数字，如123456。

（4）输入完成后，按［◄◄］键，如果需要在输入的注释里添加当前的日期和时间，可以按左右方向键选择"追加当前日期"或"追加当前时间"。

（5）按［◄◄］键确认追加，追加的信息显示在信息框中。再次按［◄◄］键存储注释信息并返回功能菜单。

（6）如果按左右方向键选择"记录仪器状态"并按［◄◄］键，可以记录当前仪器的基本信息并返回功能菜单。

5.7　苏州一光 EL302A 数字水准仪的配置菜单

5.7.1　配置菜单的进入

在配置菜单可以设置大气改正系数、加常数、时间、日期，设置限差，进行仪器校正，进行仪器设置和记录设置。有关仪器校正参见"7.4 苏州一光 EL302A 数字水准仪的校正"。

（1）按红色［Power］键开机后，仪器先显示开机界面，然后进入主菜单（见图5-30）。

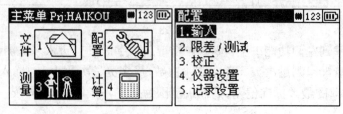

图 5-30

（2）选择［配置］或按数字键［2］，进入配置菜单。

5.7.2 输入参数

（1）在配置菜单，选择［输入］或按数字键［1］，进入输入参数设置（见图5-31）。

图 5-31

（2）可以输入大气折射系数、加常数，修改日期、时间。使用上、下方向键选择大气折射、加常数、日期、时间，修改有关内容，按［ ◄┘ ］键存储。

5.7.3 输入限差/测试

本节按二等水准测量的要求输入限差。

（1）在配置菜单，选择［限差/测试］或按数字键［2］进入限差/测试界面，共有三页内容（见图5-32）。

图 5-32

（2）在第一页，用上、下方向键选择最大视距、最小视线高、最大视线高，输入有关内容后按［ ◄┘ ］键进入第二页。二等水准测量最大视距为50 m，最小视线高即视线离地面的最低高度，此处输入0.3 m，最大视线高规范没有规定，此处输入3.0 m。

（3）在第二页，水准线路测试限差有两项："单次测量"和"一个测站"，通过按左、右方向键可以选择"单次测量"或"一个测站"的限差，按向下方向键输入有关内容后，按［ ◄┘ ］键进入第三页。输入一项的限差后，另一项的限差亦默认相同。此处输入"一个测站"的限差为0.000 7 m，则"单次测量"的限差也是0.000 7 m。

（4）在第三页，可以输入距离限差。用上、下方向键选择单站前后视距差、线路前后视距差，输入有关内容后按［ ◄┘ ］键存储所有限差。单站前后视距差输入1.0 m，线路前后视距差即累积视距差，输入3.0 m（见图5-33）。

5.7.4 仪器设置

（1）在配置菜单，选择［仪器设置］或按数字键［4］进入仪器设置界面，共有两页内容（见图5-34）。

图 5-33

（2）在第一页，用上、下方向键选择高度单位、显示（R）、自动关机、语言选项，用左、右方向键选择输入有关内容后按[◄─]键进入第二页。高度单位有 m 和 ft 选项，选择 m；显示（R）是选择最小显示单位，二等水准测量选择 0.000 01 m；自动关机可选择"关"或"10 分钟"自动关机；语言可选择中文、英文、葡萄牙语，此处选择"中文"。

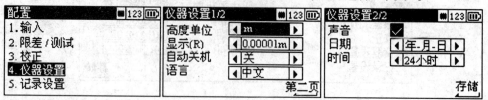

图 5-34

（3）在第二页，可以选择日期和时间的制式。选择完成按[◄─]键确认设置的内容。

5.7.5 记录设置

（1）在配置菜单，选择"记录设置"或按数字键[5]进入记录设置界面，共有三页内容（见图 5-35）。

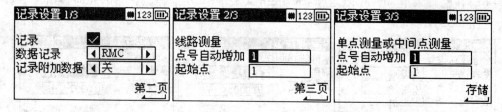

图 5-35

（2）在第一页，用上、下方向键选择记录、数据记录、记录附加数据选项，用左、右方向键选择输入有关内容后按[◄─]键进入第二页。记录有不记录和记录选项，选择记录则复选框打钩；数据记录有"RMC"和"R－M"选项，R－M 只保存测量数据，RMC 既保存测量数据，又保存计算数据，此处选择"RMC"即可；记录附加数据有"关""时间""温度"选项。

（3）在第二页，选择线路测量的点号设置，点号自动增加选择 1，起始点选择 1 即可。

（4）在第三页，选择单点测量或中间点测量的点号设置，点号自动增加选择 1，起始点选择 1 即可。选择完成按[◄─]键确认设置的内容。

5.8 苏州一光 EL302A 数字水准仪的测量程序

5.8.1 单点测量

如图 5-36 所示，当不使用已知高程测量时，读数可以独立显示出来，如果点号和点号步进被激活，测量结果会相应地保存起来。

（1）按红色[Power]键开机后，仪器先显示开机界面，然后进入主菜单（见图 5-37）。

（2）选择"测量"或按数字键[3]，进入测量菜单。

（3）按上、下方向键选择"1.单点测量"，按[◄┘]键或按数字键[1]进入单点测量程序。输入点号、代码，按测量键开始测量。

（4）测量完成后，左侧显示测量结果，点号自动加1，可以开始下一点的测量。

（5）移动方向键到下方的"信息"，按[◄┘]键可以显示当前仪器的存储状态、电池电量、时间、日期。按[Esc]键退出信息显示。

（6）在上述第（4）步完成测量后，移动方向键到下方的"重测"，按[◄┘]键可以对该点进行多次测量。

图 5-36　单点测量示意图

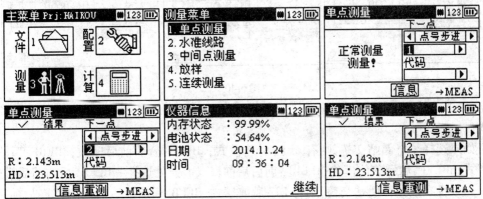

图 5-37

5.8.2　水准线路测量

如图 5-38 所示，水准线路测量可以测量出单站的高差，并经过累加，当输入起点高程和终点高程时，就可以算出实际高差与理论高差的差值，即闭合差。

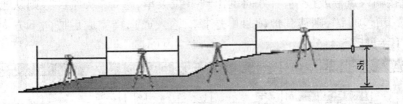

图 5-38　水准线路测量示意图

下面以二等水准测量为例说明线路测量的步骤。

（1）按红色[Power]键开机后，仪器先显示开机界面，然后进入主菜单（见图 5-39）。

（2）选择"测量"或按数字键[3]，进入测量菜单。

（3）按上、下方向键选择"2.水准线路"，按[◄┘]键或按数字键[2]进入水准线路测量程序。按左、右方向键选择"新线路"或"继续"进行上次未测量完成的线路。此处选择"新线路"。

图 5-39

（4）按方向键[下]移动光标到"线路名"栏,键盘输入"HAIKOU"作为新线路文件名（见图 5-40）。

图 5-40

（5）按方向键[下]移动光标到"测量模式"栏,按左、右方向键选择水准线路的测量模式。

如果选择了奇偶站交替,则有 aBF:后前模式;aBFFB:后前前后模式;aBFBF:后前后前模式;aBBFF:后后前前模式;aFBBF:前后后前模式。此处选择"aBFFB"后前前后模式。

如果没有选择奇偶站交替,则有 BF:后前模式;BFFB:后前前后模式;BFBF:后前后前模式;BBFF:后后前前模式;FBBF:前后后前模式。

（6）按方向键[下]移动光标到"奇偶站交替"栏,按左、右方向键选择是否勾选"奇偶站交替",按[◄┘]键进入下一页。如果勾选了"奇偶站交替",则奇数站的测量模式是"后前前后",偶数站的测量模式是"前后后前",按规范要求,二等水准测量应当勾选"奇偶站交替"。

（7）直接输入点号或按左、右方向键出现下拉菜单,选择"从项目",则从当前项目中选择;选择"其他项目",则从其他项目中选择。输入或选择完成后按向下方向键。此处点号输入"1"（见图 5-41）。

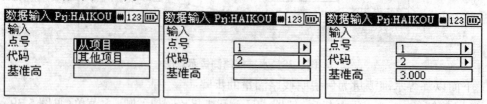

图 5-41

（8）同样直接输入代码,或按右方向键出现点代码信息列表,可以从列表中选择代码。输入或选择完成后按向下方向键。代码可以不输入,此处不输入代码。

（9）输入基准高程。如果从下拉菜单中选择点号,则基准高程自动给出。输入完成后,按[◄┘]键继续。此处输入基准高程为 3.000 m。

（10）仪器显示 1 号测站信息，Z:3.000 m 为起始点高程（见图 5-42）。

水准线路 ⠿123▯	水准线路 ⠿123▯	水准线路 ⠿123▯
SNo:001 [B]FFB	[B]FFB SNo:001 B[F]FB	B[F]FB SNo:001 BF[F]B
Z:3.000m 点号间隔 1 代码	sR:0.00023m ◄ 点号步进 ► Rb:1.41404m 1 HD:21.071m 代码	sR:0.00079m 点号步进 Rf:1.37024m 1 HD:20.893m 代码
信息 →MEAS	信息 重测 →MEAS	信息 重测 →MEAS

图 5-42

（11）瞄准后视点水准尺，按［MEAS］键进行后视测量。测量完后视，仪器自动显示读数，

sR 为视高标准差，即中丝读数的标准差；Rb 为后视中丝读数；HD 为测站到后视点的距离。测量完毕自动记录并且点号自动加 1。

在右侧复选框中，按左、右方向键选择"点号步进"或"点号间隔"，此处选择"点号步进"。

代码处可以不选，即代码为空。

（12）转动仪器瞄准前视水准尺，按［MEAS］键进行前视测量。

（13）再次瞄准前视水准尺，按［MEAS］键进行前视测量（见图 5-43）。

水准线路 ⠿123▯	水准线路 ⠿123▯	水准线路 ⠿123▯
BF[F]B SNo:001 BFF[B]	BFF[B] SNo:002 [F]BBF	[F]BBF SNo:002 F[B]BF
sR:0.00109m 点号间隔 1 Rf:1.37012m 代码 HD:20.894m	sR:0.00079m ◄ 点号步进 ► Rb:1.41380m 2 HD:21.071m 代码	sR:0.00023m 点号步进 Rb:1.50394m 1 HD:13.757m 代码
信息 重测 →MEAS	显示 信息 重测 →MEAS	信息 重测 →MEAS

图 5-43

（14）转动仪器瞄准后视水准尺，按［MEAS］键进行后视测量，至此便完成了一个测站的测量过程。

（15）将仪器搬到第二站，进行第二站的测量工作，注意如果是二等水准测量，并选择了奇偶站交替，则第二站的观测顺序是"前后后前"。后面的测量工作以此类推。

（16）按方向键选择"信息"，按［⏎］键进入"仪器信息"显示，可以查看仪器基本状态以及前后视距（即前后视距和），其中：Db 为后视距；Df 为前视距（见图 5-44）。

仪器信息 Prj:HAIKOU ⠿123▯	重复测量 ⠿123▯	水准线路 ⠿123▯
内存状态 ：99.99%	1.重复最后的测量	✓B[F] SNo:002 [F]B
电池状态 ：54.64%	2.重复最后的测站	警告 ⠿123▯ ►
日期 2014.11.24		Z: 超限太大
时间 09：36：04		Rf: 120.000m >100.000m
合计视距		HD: 中断测量?
Db:102.21m Df:102.51m 继续		图答
		显示 信息 重测 →MEAS

图 5-44

☞因为视距和已知，所以在以后测站中可以调整前后视距，使得线路结束时，前后视距和基本相等。

（17）按方向键选择"重测"，可以进行多次测量，可选择对上一个点或测站进行多次

· 169 ·

测量。

(18)如果设置过限差并在测量后结果超限,仪器将出现提示信息,选择"是"或"否"存储或放弃存储测量数据。

(19)继续下一站水准测量,全部测量完成后,按方向键选取"结束"并按[◀━]键(见图5-45)。

图5-45

(20)选择"是"在已知点结束测量,选择"否"在未知点结束测量,水准测量完成。

(21)当选择"是"时,弹出结束水准线路界面,输入或选择点号、代码,并输入基准高后,按[◀━]键继续。

(22)仪器显示水准线路测量结果(见图5-46)。

图5-46

Sh:高差总和;dz:线路闭合差分,dz = 理论值 – 观测值,与线路闭合差 f_h 反符号;Db、Df:前后视距和。点击[◀━]键结束水准线路测量。

(23)在第(20)步,当选择"否"时,弹出水准线路结果界面。Sh:高差总和;Db、Df:前后视距和。点击[◀━]键结束水准线路测量。

5.8.3 中间点测量

在中间点测量程序中,只要测量完已知高程的后视点,即可确定任意多个未知点的高程,此种情况特别适合建筑工地上的测量工作。

(1)按红色[Power]键开机后,仪器先显示开机界面,然后进入主菜单。选择"测量"或按数字键[3],进入测量菜单(见图5-47)。

图5-47

（2）按上、下方向键选择"3.中间点测量"，按[⬅]键或按数字键[3]进入中间点测量。

（3）程序进入到输入中间点基准界面，即输入基准点（即已知高程点）点号、代码和基准高。

（4）在点号复选框按右方向键，从下拉菜单中选择，其中，"从项目"：从当前项目中选择点号；"其他项目"：从其他项目中选择点号（见图5-48）。

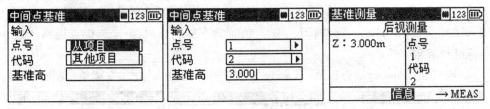

图 5-48

（5）也可手动键盘键入点号、代码、基准高，输入完成后按[⬅]键。

（6）仪器进入后视测量界面。显示的信息是后视点点号为1，代码为2，高程为3.000 m。

（7）按[MEAS]测量键，对后视点测量，出结果后，按方向键选中"接受"，按[⬅]键接受测量结果，或者按[MEAS]键重新进行测量（见图5-49）。

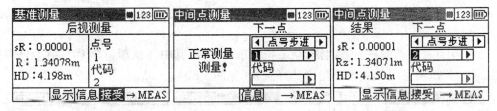

图 5-49

（8）仪器进入中间点测量界面。输入新点的点号和代码，"点号步进/点号间隔"确定点号类型，按[MEAS]键对下一中间点进行测量。

（9）测量后，仪器显示对中间点的测量结果。Rz 为中间点视高，HD 为测站到中间点的距离。

（10）按方向键选中"显示"后，按[⬅]键，仪器显示中间点测量结果。Z 为中间点的高程，h 为后视点与中间点之间的高差，HD 为测站至中间点的距离（见图5-50）。

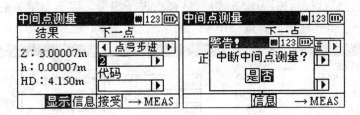

图 5-50

按方向键选中"接受"后，按[⬅]键，进入下一中间点测量界面。

（11）全部测量完成后，按［Esc］键，弹出右侧所示提示框，选择［是］按钮退出中间点测量，选择［否］按钮继续测量。

5.8.4 放样测量

以高程的放样测量为例进行介绍。一般情况下，已知某一高程控制点的高程、拟放样点的位置和高程，在测量完后视点以后，放样点前视的中丝读数即可计算出米；测量完前视点后，即可计算出放样点的高程 Z 和达到放样点理论高尚差的 dz 值，测量员通过上、下移动水准尺，dz 为正时向上移动标尺，dz 为负时向下移动标尺，dz = 放样点视高读数 − 放样点视高计算值。

（1）按红色［Power］键开机后，仪器先显示开机界面，然后进入主菜单（见图 5-51）。

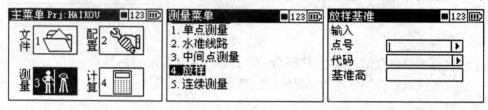

图 5-51

（2）移动方向键到"4.放样"上按［◀┘］键或按数字键［4］进入放样测量程序。

（3）程序进入到输入放样基准界面，输入基准点（即已知高程点）点号、代码和基准高。

（4）在点号复选框按右方向键，从下拉菜单中选择，其中，"从项目"：从当前项目中选择点号；"其他项目"：从其他项目中选择点号（见图 5-52）。

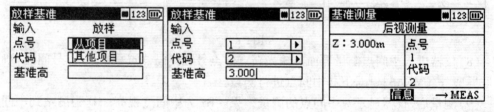

图 5-52

（5）也可手动键盘键入点号、代码、基准高，输入完成后按［◀┘］键。

（6）仪器进入后视测量界面。显示的信息是后视点点号为1，代码为2，高程为3.000 m。

（7）瞄准已知后视点，按［MEAS］键对后视点进行测量。测量出结果后，按方向键选中"接受"后，按［◀┘］键，或者按［MEAS］键重新进行测量（见图 5-53）。

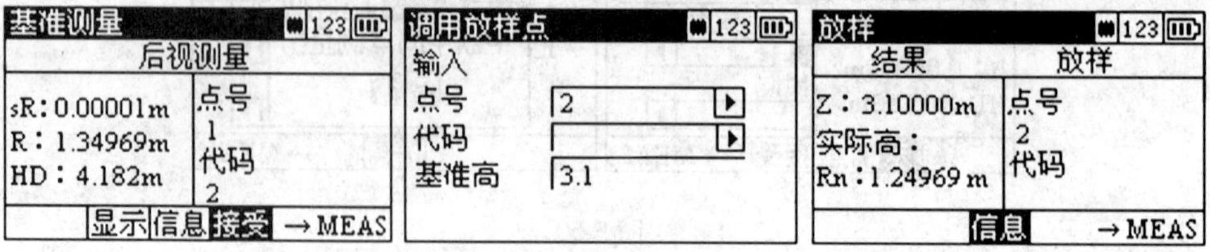

图 5-53

(8)仪器进入输入放样点信息界面。输入放样点的点名、代码和基准高。输入完成后按[↵]键。在此点号为2,基准高为3.100 m,代码可以不输入。

(9)仪器显示放样的计算结果,要放样的高程 Z =3.100 m,前尺中丝读数理论值为 Rn =1.249 69 m。照准放样点标尺按[MEAS]键进行测量。

(10)测量出结果后,仪器显示前视中丝读数为 Rz =1.349 80 m,距离 HD =4.182 m(见图 5-54)。

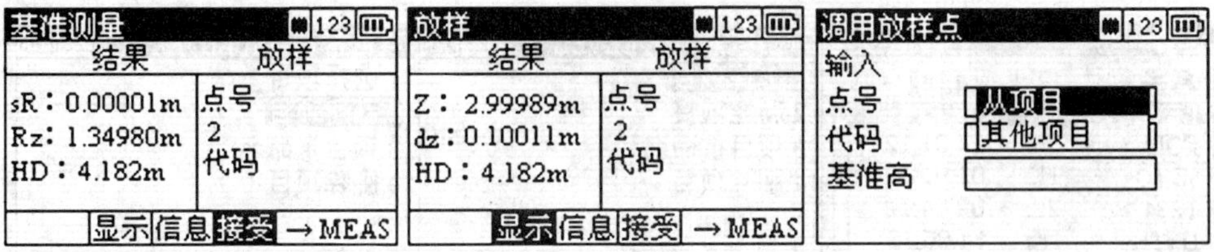

基准测量
123
结果 放样
sR：0.00001m
Rz：1.34980m
HD：4.182m
点号
2
代码
显示 信息 接受 →MEAS
放样
123
结果 放样
Z：2.99989m
dz：0.10011m
HD：4.182m
点号
2
代码
显示 信息 接受 →MEAS
调用放样点
123
输入
点号
代码
基准高
从项目
其他项目

图 5-54

(11)按方向键选择“显示”后,按[↵]键,仪器显示放样结果,偏移量 dz =0.100 11 m,将测量尺向上移动 0.100 11 m, 重复测量直到显示的偏移值 dz =0,完成该点的放样工作。按方向键选择“接受”,按[↵]键确认并保存结果。

(12)进入下一放样点的点号、代码和基准高输入界面,参照上面的步骤进行下一放样点的放样测量。

(13)全部测量完成后,按[Esc]键,弹出右侧所示提示框,选择[是]按钮退出放样测量,选择[否]按钮继续测量(见图 5-55)。

放样
123
✓ 结果 放样
警告!
123
Z：
dz：
HD：
放弃放样点测量?
是 否
显示 信息 接受 →MEAS

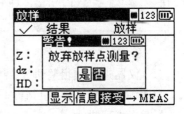

图 5-55

5.9 苏州一光 EL302A 数字水准仪的数据管理

苏州一光 EL302A 数字水准仪为一个项目(文件)提供针对性的数据存储。数据以一种内在的格式储存在内部储存器上。通过电缆可以将数据直接传输到 PC 上,在传输时数据会转换为常用的 ASCII 格式。输出项目的度量单位和当前设置有关(配置/仪器设置/高程单位)。输出文件的度量单位可以根据用户的选择采用不同的格式。

5.9.1 项目管理

在项目管理子菜单可以选择/创建/删除/重命名项目。

(1)按红色[Power]键开机后,仪器先显示开机界面,然后进入主菜单(见图 5-56)。

(2)选择“文件”或按数字键[1],进入文件菜单。按方向键移动到“1.项目管理”上,按[↵]键或按数字键[1]进入项目管理子菜单。

(3)选择项目。在项目管理子菜单下移动方向键到“1.选择项目”上,按[↵]键或按数字键“1”进入。

(4)按上、下方向键选择项目,按[↵]键确认选择(见图 5-57)。

图 5-56

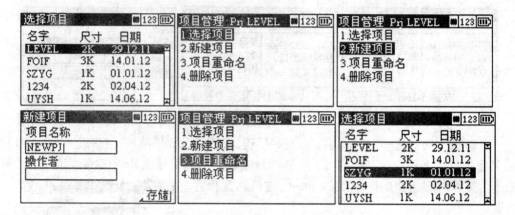

图 5-57

（5）仪器返回项目管理子菜单，屏幕上方显示当前选择的项目。

（6）新建项目。在项目管理子菜单下按方向键移动到"2.新建项目"上，按[←┘]键或按数字键"2"进入。

（7）输入项目名称、操作者后，按[←┘]键存储项目，该项目就会在项目列表中显示并被选择为当前项目。

注：输入栏可以输入字母和数字，名称栏不能超过 8 个字符。

（8）重命名项目。在项目管理子菜单下移动方向键到"3.项目重命名"上，按[←┘]键或按数字键[3]进入。

（9）按上、下方向键选择要重命名的项目，按[←┘]键确认选择。

（10）输入新的项目名称，按[←┘]键确认。在项目列表中会显示名称变更后的项目。按[Esc]键回到项目菜单（见图 5-58）。

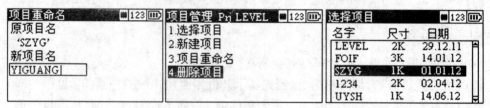

图 5-58

（11）删除项目。在项目管理子菜单下按方向键移动到"4.删除项目"上，按[←┘]键或按数字键[4]进入。

（12）按上、下方向键选择要删除的项目，按[←┘]键确认。

(13)在弹出的窗口中选择"是"并按[◀┛]键删除选择的项目,选择[否]取消删除并退出(见图5-59)。

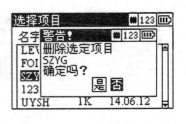

图 5-59

5.9.2 数据编辑

数据编辑菜单可以搜索数据行以查看或修改,输入数据行(高程/点号/代码),删除数据行。

(1)在文件子菜单,移动方向键到"2.数据编辑"上,按[◀┛]键或按数字键[2]进入选择项目菜单(见图5-60)。

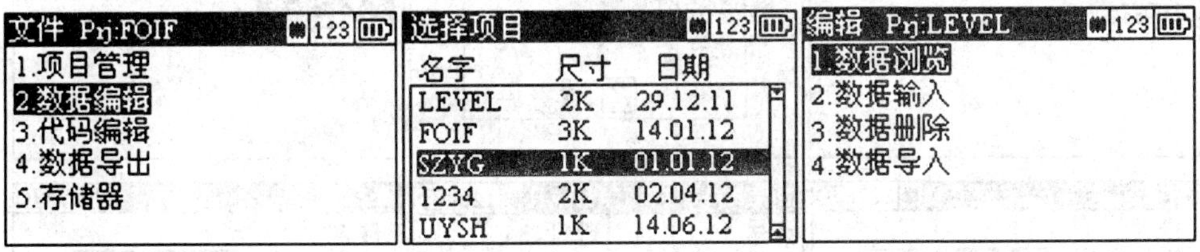

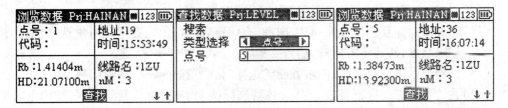

图 5-60

(2)按上、下方向键选择要编辑数据的项目,按[◀┛]键确认选择。

(3)仪器进入数据编辑子菜单,屏幕上方显示当前选择的项目。

(4)数据浏览。在数据编辑子菜单下移动方向键到"1.数据浏览"上,按[◀┛]键或按数字键"1"。项目的最后一条数据行会显示出来(见图5-61)。

图 5-61

(5)在第(4)步,直接按[◀┛]键,进入查找数据菜单,在类型选择复选框按左、右方向键,有线路名/点号/内存地址可供选择,如选择按点号查找数据,按向下方向键,输入要查找的点号,按[◀┛]键。

(6)仪器显示有关点号的数据。按上、下方向键可以查看相邻点的数据。

(7)输入数据。在数据编辑子菜单下移动方向键到"2.数据输入"上,按[◀┛]键或按数字键[2]进入(见图5-62)。

(8)使用键盘输入点号/代码/基准高(水准点高程),按[◀┛]键保存。当所有点都已经输入时,按[Esc]键返回至数据编辑菜单。

(9)删除数据。在数据编辑子菜单下移动方向键到"3.数据删除"上,按[◀┛]键或按数字键[3]进入。

(10)按上、下方向键选择"删除所有数据"或"选择数据"(见图5-63)。

(11)如果选择"删除所有数据",则该项目下的所有数据将被删除。仪器弹出确认窗

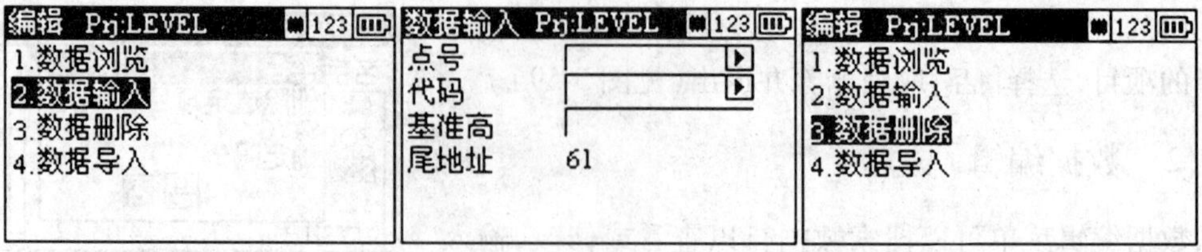

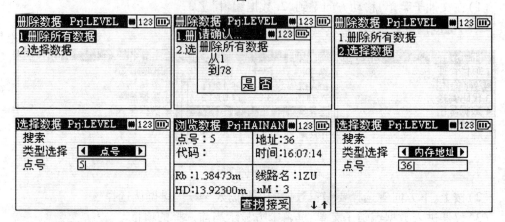

图 5-62

图 5-63

口,选择[是]确认删除该项目下的所有数据;选择[否]取消删除。

（12）选择"选择数据"可以删除该项目下选定的数据行。

（13）在类型选择复选框按左、右方向键,有线路名/点号/内存地址可供选择,如选择按"点号"删除数据,按向下方向键,输入要删除的点号,按[◄──]键。

（14）仪器显示该点数据,按向右方向键选择"接受"按[◄──]键确认删除。

（15）在类型选择复选框按左、右方向键,选择按"内存地址"删除数据,按向下方向键,输入地址,按[◄──]键。

（16）仪器显示该地址数据,按向右方向键选择"接受",按[◄──]键确认删除(见图5-64)。

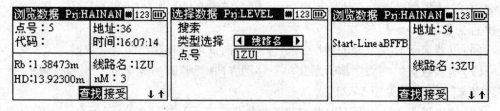

图 5-64

（17）在类型选择复选框按左、右方向键,选择按"线路名"删除数据,按向下方向键,输入要删除的线路名,按[◄──]键。

（18）仪器显示该线路数据,按向右方向键选择"接受",按[◄──]键确认删除,则该线路下的所有数据将删除。

(19)导入数据。通过电缆将仪器连接到 PC,在数据编辑子菜单下移动方向键到"4.数据导入"上,按[◀━]键或数字键[4]进入(见图5-65)。

图 5-65

(20)仪器显示"等待接收数据……",PC 端运行数据传输软件,选择 PC 端要传输的文件,开始传输。

5.9.3 代码编辑

在代码编辑模式下,可以创建或修改代码。

(1)在文件子菜单,移动方向键到"3.代码编辑"上,按[◀━]键或按数字键[3],仪器将列表显示当前代码(见图5-66)。

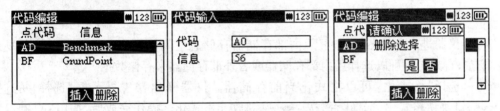

图 5-66

(2)选择"插入"后,按[◀━]键,出现代码输入界面,输入代码和信息后,按[◀━]键,可以插入一个新的代码条目。

(3)在当前代码列表中,选择一个代码条目,按方向键选择"删除"后,按[◀━]键,仪器弹出删除提示框,选择[是]按[◀━]键确认删除代码,选择[否]按[◀━]键放弃删除代码。

5.9.4 数据导出

(1)在文件子菜单,按方向键移动到"4.数据导出"上,按[◀━]键或按数字键[4]进入数据导出界面(见图5-67)。

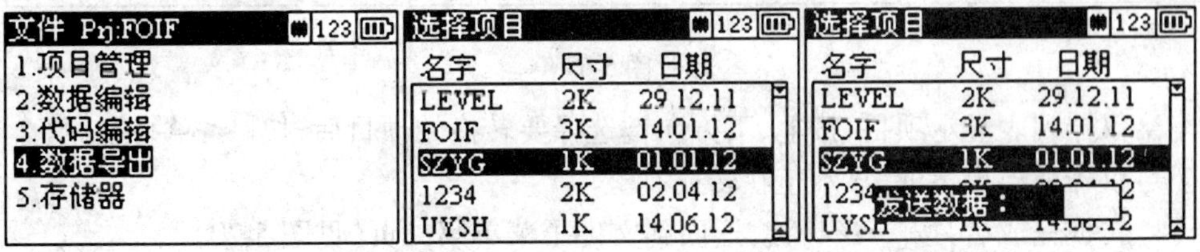

文件 Prj:FOIF		
1.项目管理		
2.数据编辑		
3.代码编辑		
4.数据导出		
5.存储器		

选择项目		
名字	尺寸	日期
LEVEL	2K	29.12.11
FOIF	3K	14.01.12
SZYG	1K	01.01.12
1234	2K	02.04.12
UYSH	1K	14.06.12

选择项目		
名字	尺寸	日期
LEVEL	2K	29.12.11
FOIF	3K	14.01.12
SZYG	1K	01.01.12
1234	发送数据:	
UYSH	1K	14.06.12

图 5-67

(2)仪器将列表显示当前文件目录。通过电缆将仪器连接到PC,PC端运行数据传输软件,定义PC端文件保存目录,按上、下方向键选择要导出数据的项目。

(3)按[◄┘]键确认传输,仪器显示"发送数据:",传输完成后,自动返回到文件选择界面。

5.9.5 存储器

在存储器菜单中,可以切换选择内部或外部存储器,查看内部存储器总空间和剩余空间,格式化内部存储器。

(1)在文件子菜单,移动方向键到"5.存储器"上,按[◄┘]键或按数字键[5](见图5-68)。

图5-68

(2)仪器进入存储器界面,显示内部存储器存储总空间和剩余空间。在存储器复选框,按左、右方向键可以选择用内部存储器或者外部存储器来存储数据。

(3)选择"格式化"可以格式化当前存储器。仪器弹出警告提示框,选择[是]按[◄┘]键确认格式化,选择[否]按[◄┘]键放弃格式化。操作完成后,按[Esc]键退出存储器界面。

5.9.6 项目输出转换

(1)在文件子菜单第二页,选择"1.项目输出转换",按[◄┘]键或按数字键[1](见图5-69)。

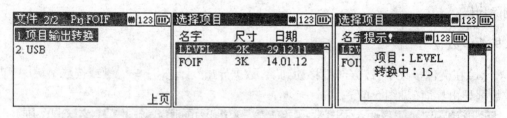

图5-69

(2)仪器列表显示项目,按上、下方向键选择要转换的项目后,按[◄┘]键。

(3)仪器弹出提示框,显示正在转换。

(4)转换完成后,按[◄┘]键,返回到文件子菜单第二页(见图5-70)。

5.9.7　U盘模式

在U盘模式下,数字水准仪可以作为U盘连接至电脑。

(1)在文件子菜单第二页,选择"2. USB"按[⏎]键或按数字键[2](见图5-71)。

(2)仪器提示将USB数据线连接至PC端。

(3)如果连接成功,提示框将显示"U盘模式退出请按ESC键"。将需要的数据复制至PC上后,按[ESC]键可退出U盘模式。

图 5-70

图 5-71

字段说明:

R:视高,电子视准轴读数;

Sh:线路视高差,即线路高差之和;

Rb:后视高,后视电子视准轴读数;

Rf:前视高,前视电子视准轴读数;

Rz:中间点视高,中间点电子视准轴读数;

Db:后视点线路距离之和;

Df:前视点线路距离之和;

HD:距离;

Z: 高程;

sR:视高标准差,电子视准轴读数标准差;

Da:距离平均值;

Zi: 仪器高;

dz:线路闭合差分,dz = 理论值 – 观测值,与线路闭合差 f_h 反符号。

思考题与习题

5.1　试叙述二等水准测量的主要技术要求和二等水准测量观测的主要技术要求。

5.2　在二等水准测量中为什么规定奇偶站观测顺序要交替进行?

5.3　绘图说明标尺倒立水准测量主要应用在什么情况下。

5.4　在水准测量中,为什么规定在一测段的水准路线上测站的数目应安排成偶数?

5.5 试叙述中纬 ZDL700 数字水准仪二等水准测量一个测站的观测步骤。

5.6 试叙述苏州一光 EL302A 数字水准仪二等水准测量一个测站的观测步骤。

5.7 苏州一光 EL302A 数字水准仪的配置菜单中如何操作？在配置菜单中如何输入二等水准测量的技术参数？

5.8 试问采用电磁波测距三角高程测量可以代替几等水准测量？

第6章 数字水准仪、全站仪与计算机的数据通信

6.1 数据通信的基本概念

数据通信是数字水准仪、全站仪区别于传统的光学经纬仪的又一重要特点,随着全站仪计算机技术的日益发展,手工记录的方法正在快速地被淘汰,取而代之的则是实时、动态、快速高效、使用方便的数据通信技术。

6.1.1 数据的通信方式

数据通信通常有 4 种方式:有线的并行通信和串行通信方式,无线的红外线通信(IrDA)与蓝牙通信(Bluetooth)方式。其中,串行通信又分为串口同步通信和串口异步通信。

6.1.1.1 并行通信

并行通信是指数据在多条并行、1 位宽度的传输线上,同时由源向目的地的传输方式。例如,1 字节的数据通过 8 条传输线并行地传输,同时由源传送到目的地(如图 6-1 所示),这种方式称为比特并行或字节并行。并行通信比串行通信速度快,但其传输线的数目较多,通常适用于短距离大数据量通信场合。

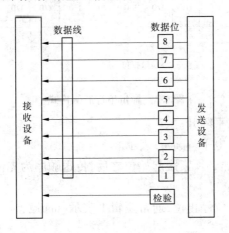

图 6-1 并行通信

6.1.1.2 串行通信

串行通信是指数据在 1 位宽的单条传输线上,一位接一位地按顺序分时传送。例如,要把 1 字节的数据采用串行方式由源传送到目的地,则 1 字节的数据要通过同一条传输

线,由低位到高位按顺序一位接一位地传送 8 次。

在测量中,人们通常使用的是串行通信方式。这主要是因为在并行通信中,数据有多少位,就要有同样数量的传输线。而串行通信只要一条传输线,且所需的费用比较低,特别是当数据位数很多和远距离传送时,串行通信的这一优点尤为突出。串行传输的速度虽然比并行传输慢,但是完全能满足测量的要求。

串行通信又分为同步串行通信和异步串行通信两种。

同步串行通信的基本特征是发送与接收双方的时钟保持同步。数据流开始发送 1~2 位同步字符,表示同步数据流的开始,以保证发送和接收移位寄存器的初始同步和正确进行移位计算。同步通信需要同步信号,硬件复杂,所以在计算机与测量仪器的通信中采用异步串行通信。

异步串行通信不需要时钟同步以及同步字符,也不必保持数据流的连续性,只需将数据格式化,并用起始位和停止位来表示 1 字节数据的头尾即可。

异步串行通信把 1 字符看作是 1 个独立的信息单元,且字符出现在数据流中的相对时间是任意的,而 1 字符中的各位是以固定的时间传送的。因此,该传送方式在同 1 字符内部是同步的,而在字符间是异步的。发送器与接收器之间允许没有共同时钟,采用在字符格式中设置起始位和结束位来协调发收双方。在一个有效字符正式发送前,先发送 1 个起始位,而字符结束时,再发送 1 个(或 2 个)停止位。接收器检测到起始位后,便开始接收有效字符,检测到停止位后,便结束一个字符的接收。异步串行通信的格式如图 6-2 所示。

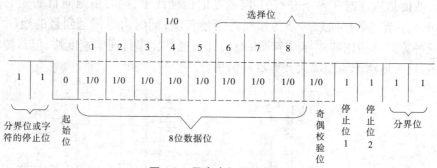

图 6-2　异步串行通信格式

◆　两字符间用高电平隔开。

◆　起始位用逻辑 0 电平(space)表示。

◆　数据位 5~8 位。必须紧跟起始位之后,传送顺序为先低位,后高位。

◆　奇偶校验位(1 位)。

◆　1 位、1.5 位或 2 位停止位,通常逻辑 1 表示(mark)。

6.1.1.3　红外通信

红外通信是利用红外线来传输信号的通信方式。红外线通信保密性强,不受无线电干扰,设备结构简单,价格低廉。目前,红外通信技术在多数情况下传输距离短(最长为 3 m,接收角度为 30°),要求通信设备的位置固定。如 Trimble 3600 全站仪可利用工业标准红外线(IR)进行通信,使用 IR 通信端口可以与 PDA 以及某些蜂窝移动电话进行无电缆的文件传送。

6.1.1.4 蓝牙通信

蓝牙通信技术是使用内制在芯片上的短程射频链接来替代电子设备上使用的电缆或连线的短距离无线数据通信技术。它能够在 10 m（通过增加发射功率可达到 100 m）的半径范围内实现单点对多点的无线数据和声音传输，其数据传输速率为每秒 1 MB 字节。蓝牙技术使用全双向天线实现全双工数据传输,支持数据终端的移动性。目前,许多全站仪开始配备蓝牙,如索佳 SETX 系列、拓普康 8200 系列等,但蓝牙通信的缺点是比较费电。

6.1.2 通信接口

6.1.2.1 串行通信接口

与串行传输相对应,在各种输入、输出的设备和计算机系统上常装有串行通信接口。计算机系统最常用的串行通信接口是由美国电子工业协会 EIA(Electronic Industries Association)规定的 RS - 232C 标准接口,如台式计算机主机背面上的 COM1 标准接口。数字水准仪、全站仪上都有串行接口,可以方便地用电缆直接与计算机连接。不同厂家使用的串口数据线是不同的,使用时应当注意配套使用相应的串口数据线。

6.1.2.2 USB 接口

我们通常的 USB 接口也是一种串行数据传输接口。如苏州一光生产的 RTS310 系列全站仪、中纬生产的 ZT20 系列全站仪上都配有 USB 接口。

现在许多全站仪配有 CF 卡或 SD 卡,可将数据转存在卡上,再把卡从全站仪上取下,用计算机读卡器直接读取数据,并利用相应的软件进行格式转换即可,这样传输数据比用电缆线更加方便。

6.1.3 通信参数

为保证仪器与计算机间数据通信的正确进行,数据格式、传输率、协议方式需相互匹配,为此目的而对设置的有关规定称为通信参数。全站仪与计算机通信时,全站仪与计算机两端的通信参数设置必须一致。通信参数的设置一般包括以下几项。

6.1.3.1 波特率

波特率是数据传输率的反映,即每秒钟传输的位数,是衡量传输通道频带宽度的指标。通常用比特率或波特来表示。比特率(bps)是每秒传送二进制位数。波特(Baud)是每秒传送的离散状态的数量。例如,每秒传送 120 个字符,每个字符含有 10 位(起始 1 位,数据 7 位,奇偶校验 1 位,停止 1 位),则数据传输的波特率为:10 位/字符 × 120 字符/s = 1 200 位/ s = 1 200(Baud)。

若每个符号所含的信息为 1 比特,则波特数等于每秒比特数,否则波特数不等于比特数。在异步通信中波特率通常在 50 ~ 9 600 Baud。目前,也有一些较高级的设备采用 38 400 Baud,甚至更高。传送时,发送和接收的传输速度要设置成一致。

6.1.3.2 奇偶校验

奇偶校验是在通信中,对数据传输正确与否的检核。通常,以高电平总数为奇或为偶

来检校数据传输是否有误。奇偶校验一般有以下几种方式:

None:不检验奇偶性。

Even:偶校验,若该字符的高电平位总数为偶数,则校验位为 0;反之,校验位为 1。

Odd:奇校验,若该字符的高电平位总数为奇数,则校验位为 0;反之,校验位为 1。

Mark:校验位恒为 1。

Space:校验位恒为 0。

6.1.3.3 数据位

数据位是指数据传输中一个字符占用的位数,如前所述,字符一般用 ASCII 码表示。数据位一般有 5~8 位,但最常用的数据位为 7 位或 8 位。

6.1.3.4 停止位

停止位设在数据位或校验位以后,用以表示该字符结束的标志,其宽度通常为 1 位、1.5 位或 2 位。

6.1.3.5 协议方式

如果两个设备间传输多个数据块(每块含有 n 个字节)时,接收设备根据数据缓冲区储存空间的状况,控制发送端的数据发送,称为数据传输的协议方式。协议分为硬件协议和软件协议。

6.1.3.6 结束符

发送器在发送一个数据块后,还应传送一个数据块结束的标志符(一般为 CR 或 CR/LF)。对于接收和发送双方来说,结束符意味着传送指令、数据信息的结束。

6.1.4 串行通信的连接方式

在测量工作中,串行通信常用的有三种不同特征的通道连接方式,即单工数据通道、半双工数据通道和全双工数据通道。

仅能进行一个方向传输的数据通道称为单工数据通道,如图 6-3 所示,A 只能发送数据,而 B 也只能作为接收器使用,数据只能由 A 传送到 B,这种方式就是我们常说的单向通信。

图 6-3 单工数据通道(单向数据通信)

交替进行双向传输的数据通道称为半双工数据通道,如图 6-4 所示,A 设备和 B 设备都可以作为发送器和接收器,数据流可以从 A 传送到 B,也可以从 B 传送到 A。由于两设备只有一根电缆线,双向数据传输不能同时进行,只能交替传送,这种方式就是我们常说的双向通信。现今的电子水准仪、全站仪都是双向数据通信。

A、B 同时具有发送和接收功能,且 A、B 间有两条传输通道,可以同时进行不同方向的数据传输,称为全双工数据通道,如图 6-5 所示。

图 6-4　半双工数据通道(双向数据通信)

图 6-5　全双工数据通道

6.2　中纬 ZT20 Pro 系列全站仪的数据通信

ZT20 Pro 全站仪的数据通信主要包括以下内容:

◆　安装 ZT20 Pro 数据传输软件 GeoMax office;

◆　安装 Windows 系统同步软件;

◆　数据下载;

◆　数据上传;

◆　软件上载、机载软件升级。

6.2.1　安装传输软件

(1)取出如图 6-6 所示的光盘放入电脑光驱。

图 6-6　光盘

(2)如图 6-7 所示,打开我的电脑,打开盘符为 GeoMax CD v5.30 的光盘驱动器。

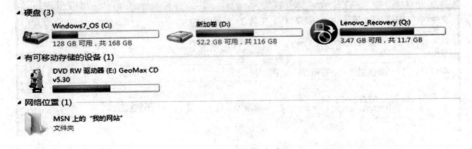

图 6-7　打开光盘

(3)弹出如图6-8所示的界面。

图6-8　弹出的界面

(4)点击"浏览光盘",进入下一界面,如图6-9所示。

图6-9

(5)点击"应用软件",进入下一界面,如图6-10所示。

图6-10

（6）打开如图6-10所示的第一个文件夹，进入下一界面，如图6-11所示。

图 6-11

（7）点击"GeoMax Office"，进入安装，如图6-12所示。

图 6-12

（8）一直点击"下一步"到如图6-13所示的界面，选择"完整安装"后，再次点击"下一步"。

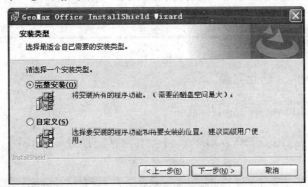

图 6-13

（9）如图6-14所示，完成安装。

图 6-14

（10）如图 6-15 所示，点击桌面上图标打开 GeoMax Office 软件。

图 6-15

（11）如图 6-16 所示，进入软件界面。

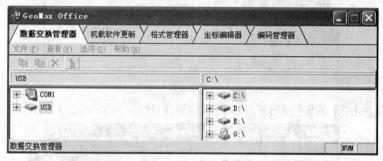

图 6-16

安装 GeoMax Office 到此完成。

6.2.2 安装 Windows 系统同步软件

在浏览光盘下，点击［ZT80 ZOOM 系列通信数据交换及同步说明］文件夹，进入如图 6-17 所示的界面。

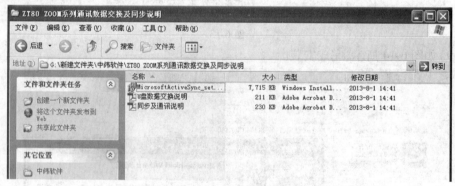

图 6-17

点击［MicrosoftActiveSync_setup_cn. msi］安装完成即可。

说明：同步软件是微软公司自身软件，可从网上下载，主要分为 XP 同步和 WIN7 同步两种,现在我们以 XP 同步为例进行安装(光盘里面 XP 同步软件在[ZT80 ZOOM 系列通信数据交换及同步说明]文件夹里面),选择 WIN7 同步时请自行到网上下载对应版本安装。

6.2.3 数据下载

(1)全站仪开机,将 USB 数据线与电脑相连,连上后[Microsoft ActiveSync]会显示[已连接],如图 6-18 所示。

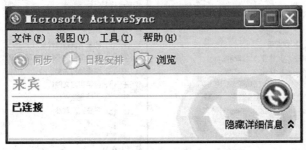

图 6-18

(2)打开软件进入 GeoMax Office,软件即刻进入[数据交换管理器]界面,点击[USB]前面的"+",软件会通过同步软件自动连接上仪器,USB 后会显示仪器型号 ZT20R,如图 6-19所示。

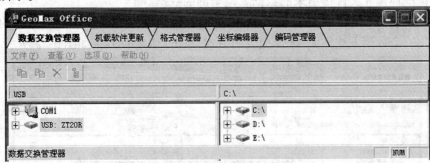

图 6-19

(3)在图 6-19 中,点击[USB:ZT20R]前面的"+",进入如图 6 20 所示的界面。

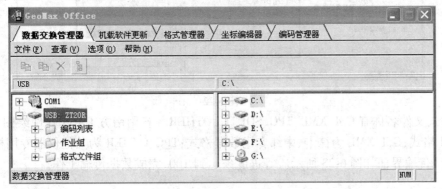

图 6-20

(4)点击[作业组]前面的"+",进入如图 6-21 所示的界面,点击右边电脑硬盘相应盘符前面的"+",选择数据存储的位置。

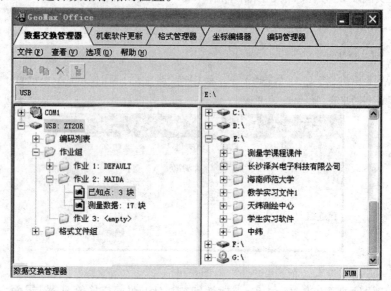

图 6-21

☞选择已知点传出来的数据就只有已知点的数据,选择测量数据就只有测量所得数据,直接选择作业文件传出来的数据就是全部的数据。

(5)把需要的数据文件块直接选中,用鼠标左键拖动到右边我的电脑里面的相应文件夹,弹出一个数据下载界面,选择相应的格式,点击[确定]即可,如图 6-22 所示。

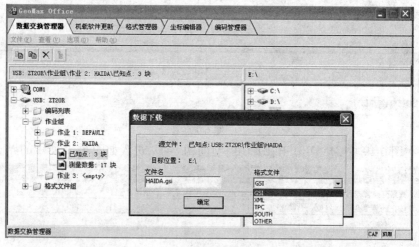

图 6-22

格式文件名称有 GSI、XML、TPC、SOUTH、OTHER。若用南方 CASS 软件绘图应选择 SOUTH 格式;GSI、XML 为徕卡、中纬专用数据格式;TPC、OTHER 为其他仪器专用格式。

(6)传输界面如图 6-23 所示。等进度条达到 100,完成数据传输工作。

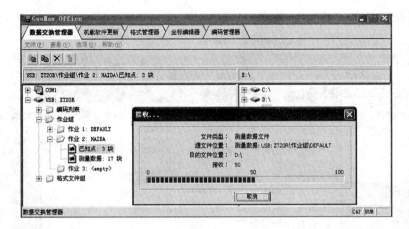

图 6-23

6.2.4 数据上传

（1）ZT20 Pro 系列全站仪上载数据必须是 GSI 格式，进入 GeoMax Office 软件的坐标编辑器界面，如图 6-24 所示。

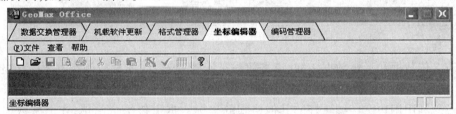

图 6-24

（2）点击图 6-24 中［文件］下的新建空白页，新建一个文件，如图 6-25 所示。

图 6-25

（3）如果数据较少，可直接在对应的名称栏下面输入上传的数据，如图 6-26 所示。

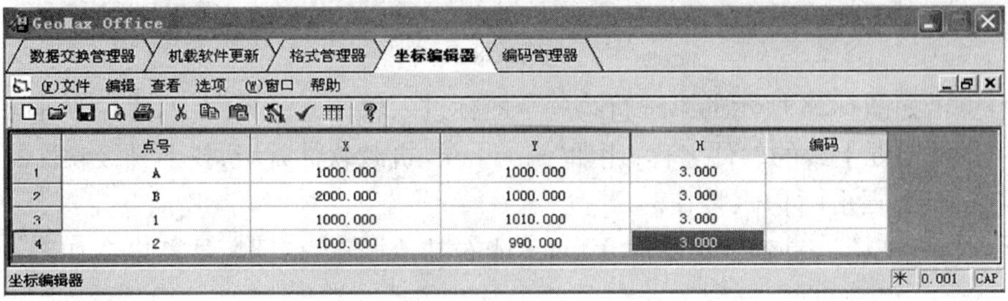

	点号	X	Y	H	编码
1	A	1000.000	1000.000	3.000	
2	B	2000.000	1000.000	3.000	
3	1	1000.000	1010.000	3.000	
4	2	1000.000	990.000	3.000	

图 6-26

(4)保存坐标数据,输入文件名称,然后另存为 GSI - 16 Files(* .gsi)格式的文件,如图 6-27 所示。保存后,在 D 盘就有一个 haikou.gsi 的文件存在。

图 6-27

(5)上传数据和下载数据一样,点击数据交换管理器,在屏幕右侧找到要上传的 GSI 格式的数据,直接从右边拖到左边的已知作业或新作业里面完成数据上传。

(6)若利用用户已经编辑好的其他格式的坐标数据上传给全站仪,在上载数据前需要进行数据转换,转换完成后再保存为 * .gsi 格式的文件才能上传给全站仪。

6.2.5　软件上载、机载软件升级

(1)进入机载软件更新界面,如图 6-28 所示。

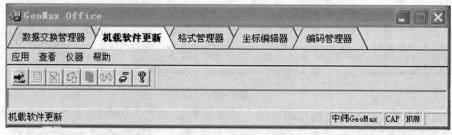

图 6-28

(2)点击如图 6-28 所示的第三行第一个图标进入软件升级界面,如图 6-29 所示。

(3)选择需要上载的软件名称,比如"Firmware"机载软件升级,找到升级软件的位置,如图 6-30 所示,点击[打开]按钮。

(4)点击[开始],直到上传完成,中间不能有其他操作,仪器不能断电! 如图 6-31 所示。

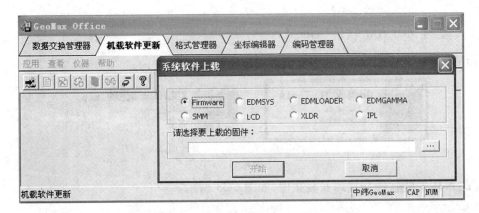

图 6-29

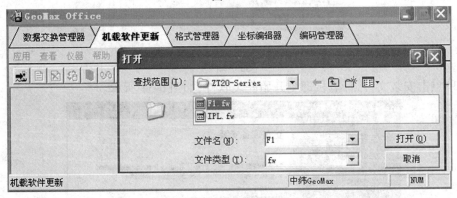

图 6-30

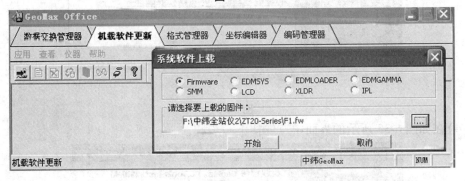

图 6-31

6.3 中纬 ZDL700 数字水准仪的数据通信

ZDL700 数字水准仪的数据通信主要包括以下内容：

◆ 安装 ZDL700 软件"GeoMax PC Tools"；

◆ 安装 ZDL700 驱动"ZDL700USB 驱动"；

◆ 数据下载；

◆ 格式转换。

6.3.1 安装 ZDL700 软件 "GeoMax PC Tools"

(1)在电脑上找到[GeoMax PC Tools]软件,如图 6-32 所示。

图 6-32

(2)解压安装软件并找到安装文件,如图 6-33 所示。

图 6-33

(3)点击安装文件,计算机即刻开始安装软件,如图 6-34 所示。

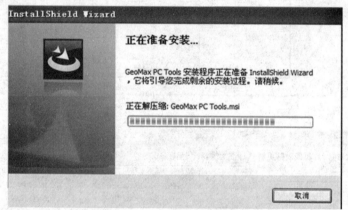

图 6-34

(4)在如图 6-35 所示的界面中,点击[下一步]。

图 6-35

(5)在如图 6-36 所示的界面,选中[我接受该许可证协议中的条款],点击[下一步]。

(6)在如图 6-37 所示的界面,选择[完整安装],点击[下一步]。

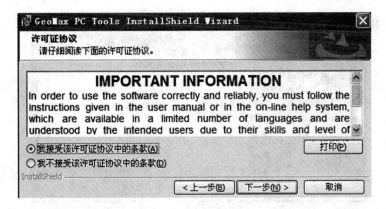

图 6-36

图 6-37

（7）在如图 6-38 所示的界面,点击［安装］。

图 6-38

（8）如图 6-39 所示,软件正在安装,直到安装完成。

图 6-39

(9)如图 6-40 所示,点击[完成],至此[GeoMax PC Tools]软件安装完毕。

图 6-40

6.3.2 安装 ZDL700 驱动"ZDL700USB 驱动"

安装 ZDL700 驱动"ZDL700USB 驱动",如图 6-41 所示。

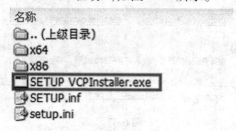

图 6-41

(1)在电脑上找到"ZDL700 USB 驱动. zip",解压安装软件。

(2)在图 6-41 中,双击[SETUP VCPInstaller. exe],出现如图 6-42 所示的界面,点击
[Install]按钮,开始安装驱动程序。

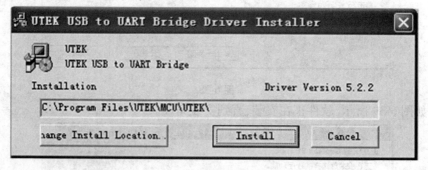

图 6-42

(3)安装完成需重启计算机生效,点击[是],如图 6-43 所示。至此第二步完成。

6.3.3 数据下载

(1)打开软件,点击水准仪图标,如图 6-44 所示。

(2)打开[水准仪]图标,进入数据下载界面,如图 6-45 所示。

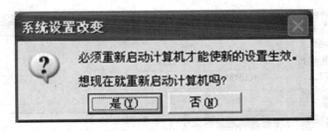

图 6-43

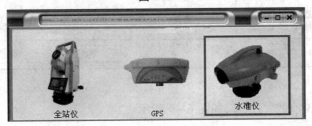

图 6-44

图 6-45

（3）打开［数据下载］图标，进入数据交换管理器界面，如图 6-46 所示。

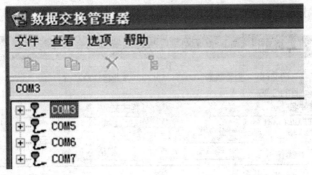

图 6-46

（4）点击［选项］，进行端口设置，如图 6-47 所示。

（5）端口的设置要与 ZDL700 数字水准仪设置一致，点击［确定］。COM3 后将显示仪器型号，如图 6-48 所示。

图 6-47

（6）点击 COM3 前的"＋"号，如图 6-49 所示。

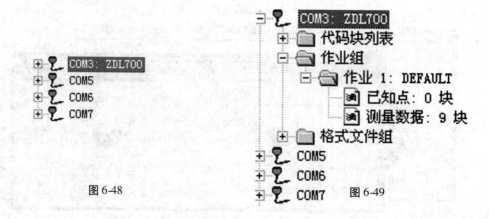

图 6-48　　　　　　　　　　　　　　　　　图 6-49

　（7）选择要下载的数据文件，用鼠标左键拖到右边的电脑文件里，将弹出下面的对话框，左边为将下载的文件名称，右边为下载后的格式文件后缀名称，请选择 ASCII，点击 [确认]，即可实现数据下载，如图 6-50 所示。

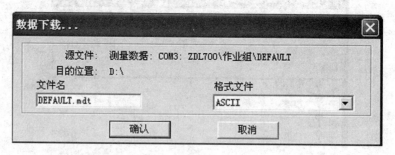

图 6-50

　数据浏览：在右边的电脑文件里找到已下载的文件，如 DEFAULT. mdt，可用记事本打开，打开后可以浏览数据，删除数据，至此数据下载完成，如图 6-51 所示。

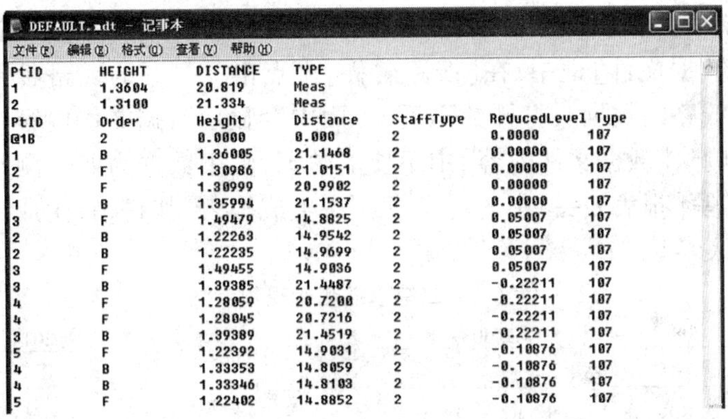

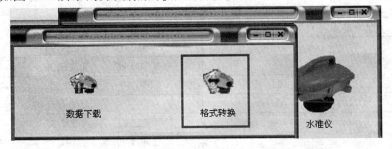

图 6-51

6.3.4 格式转换

（1）在如图 6-52 所示的界面,点击[格式转换]图标。

图 6-52

（2）进入格式转换界面,如图 6-53 所示。

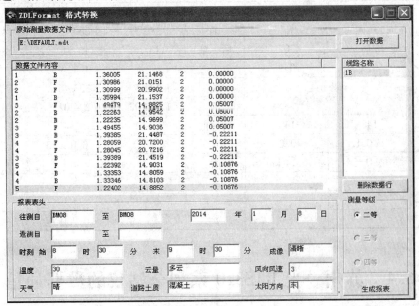

图 6-53

（3）点击[打开数据]，找到已下载的数据文件，如 DEFAULT.mdt，数据文件名称将出现在[原始测量数据文件]框中，在[线路名称]中点击要打开的线路名称，[数据文件内容]中将显示该线路的数据。打开数据后，界面中会显示数据文件内容、线路名称、测量等级等信息，可删除[数据文件内容]中不要的数据，图中数据为四个测站的二等闭合水准测量数据。填写[报表表头]中的内容，点击[生成报表]按键，将生成二等水准测量观测记录表，参见表 6-1。

表 6-1 二等水准测量观测手簿

往测自 ____BM08____ 至 ____BM08____　　　　　　2014 年 1 月 8 日
返测自 _____ 至 _____
时刻 始 8 时 30 分 末 9 时 30 分　　　　　　成像 ____清晰____
温度 ____30____ ℃ 云量 ____多云____ 风向风速 ____3____
天气 ____晴____ 道路土质 ____混凝土____ 太阳方向 ____东____

测站编号	后距	前距	方向及尺号	标尺读数		二次读数差	备注
	视距差 d	$\sum d$		第一次续数	第二次续数		
1			后	1 360 05	1 359 94	+11	
			前	1 309 86	1 309 99	−13	
	211	210	后−前	050 19	049 95	+24	
	0.1	0.1	h	0 050 07			
2			后	1 222 63	1 222 35	+28	
			前	1 494 79	1 494 55	+24	
	149	148	后−前	−272 16	−272 20	+4	
	0.1	0.2	h	−0 272 18			
3			后	1 393 85	1 393 89	−4	
			前	1 280 59	1 280 45	+14	
	214	207	后−前	113 26	113 44	−18	
	0.7	0.9	h	0 113 35			
4			后	1 333 53	1 333 46	+7	
			前	1 223 92	1 224 02	−10	
	148	148	后−前	109 61	109 44	+17	
	−0.1	0.8	h	0 109 53			
测段计算	D	0.14 km	后				
			前				
			后−前				
			h	0.000 77			

6.4　苏州一光 RTS310 系列全站仪的数据通信

RTS310 系列全站仪的数据通信主要包括以下内容：

◆ 安装苏州一光数据传输软件"FOIF 后处理软件合集 V1.4";

◆ 使用 USB 口数据线数据下载;

◆ 使用 COM 口数据线数据下载;

◆ 使用 COM 口数据线数据上载;

◆ 使用 USB 口数据线数据上载。

6.4.1　使用 USB 口数据线数据下载

（1）全站仪开机,在常规测量模式下,按[MENU]键进入主菜单,按数字键[3]进入存储管理菜单,翻到第二页,按数字键[4]进入初始化菜单,按数字键[4]（U 盘）键进入 U 盘模式,然后将 USB 口数据线与电脑连接。

（2）在电脑上打开 U 盘盘符,显示 U 盘中的文件夹,如图 6-54 所示。

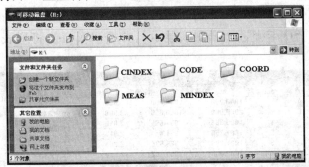

图 6-54

在图 6-54 中,CODE:属性文件夹;COORD:坐标数据文件夹;MEAS:测量数据文件夹;MINDEX:测量点号列表文件夹;CINDEX:坐标点号列表文件夹。

（3）在电脑上打开传输软件"FOIF 后处理软件合集 V1.4",选择仪器型号 310,按[确定]键。

（4）点击[打开]按钮,在[查找范围]复选框点击 U 盘盘符,U 盘中的文件夹将显示出来。

（5）双击要下载的文件图标,如双击 COORD 文件夹,文件夹中的文件将显示出来,点击 1ZU 文件名,再点击[打开]按钮,1ZU 文件中的数据将显示在软件的数据区中,如图 6-55所示。

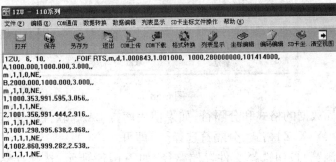

图 6-55

（6）点击软件上方的［列表显示］按钮，弹出各类数据列表显示类型选择提示框，如图 6-56 所示。

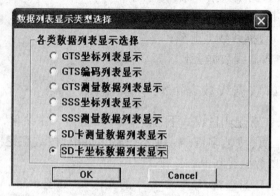

图 6-56

（7）点击选择［SD 卡坐标数据列表显示］，并按［OK］键，将列表显示坐标数据，如图 6-57 所示。

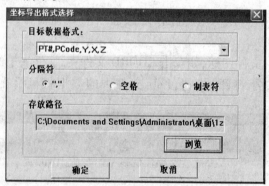

图 6-57

（8）在列表框内点击右键并选择［SD 卡格式坐标数据▶坐标导出］，弹出坐标导出格式选择对话框，如图 6-58 所示。

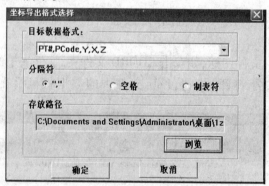

图 6-58

（9）选择目标数据的格式和分隔符，如果使用南方 CASS 软件成图，目标数据格式应选择［PT#，PCode，Y，X，Z］格式，分隔符选择［，］即可。

（10）点击［浏览］按钮选择文件存储路径，如图 6-59 所示，选择存储的文件的路径、文件名和文件类型后，点击［保存］按钮，回到坐标导出格式选择对话框（见图 6-58），点击

[确定]按钮,坐标数据导出并存储到电脑内。注意:使用南方 CASS 软件成图时,保存类型请选择 ∗.dat 即可。

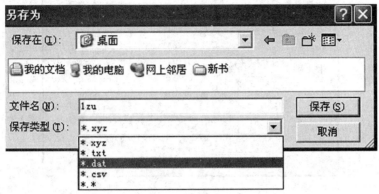

图 6-59

(11)数据下载成功,在电脑桌面上有一个"1ZU"文件,可以用记事本打开该文件,查看文件内容,如图 6-60 所示。

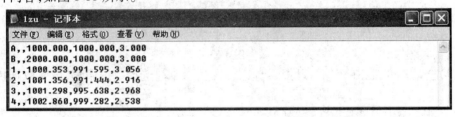

图 6-60

6.4.2 使用 COM 口数据线数据下载

(1)将仪器与电脑 COM 口用 RS-232 数据线连接,在电脑上打开 RTS310 系列全站仪后处理软件。

(2)点击软件上方的[COM 下载]按钮,在弹出的窗口中选择要下载的数据格式。如选择"GTS 格式坐标数据",点击[OK]键,如图 6-61 所示。

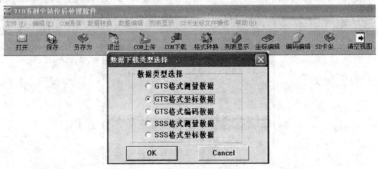

图 6-61

(3)软件弹出通信参数设置对话框,设置通信参数,确保所有的通信参数与全站仪设置完全一致,并选择对应的通信端口,如图 6-62 所示。

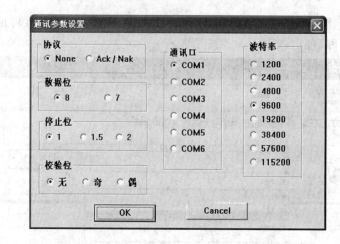

图 6-62

（4）设置完成后，点击［OK］按钮，进入等待数据状态，如图 6-63 所示。

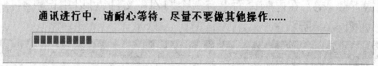

图 6-63

（5）全站仪开机，在存储管理第二页，点击数字键［2］选择数据通信，进入数据传输界面；

点击数字键［1］选择［GTS 格式］；

再次点击数字键［1］选择［发送数据］；

点击数字键［2］选择［坐标数据］，进入选择坐标文件界面，输入要发送数据的文件名或调用内存里的坐标文件，选择坐标文件后按［F4］（确认）键，进入发送坐标数据界面，按［F3］（是）键，开始发送数据。

（6）进度条完成后，数据传输至后处理软件中，点击［列表显示］按钮，如图 6-64 所示。

图 6-64

（7）弹出［数据列表显示类型选择］提示框，点击选择对应下载的数据格式，如［GTS 坐标列表显示］，并按［OK］键。

(8)列表显示数据,在列表框内点击右键并选择需要导出的数据,如[GTS坐标数据▶坐标导出],如图6-65所示。

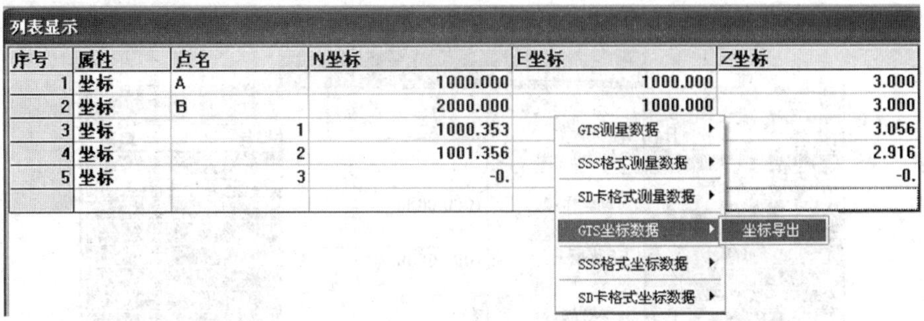

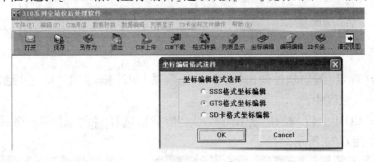

图6-65

(9)弹出坐标导出格式选择框。选择导出坐标数据的格式和分隔符。

(10)点击[浏览]按钮,选择文件存储路径、文件名和文件类型后,点击[保存]按钮,回到坐标导出格式选择框,点击[确定]按钮,坐标数据导出并存储到电脑内。

第(9)以后的步骤与使用 USB 口数据线数据下载的第(9)步到第(11)步完全一样,在此不再赘述。

6.4.3 使用 COM 口数据线数据上载

(1)将仪器与电脑 COM 口用 RS-232 数据线连接。

(2)在电脑上打开 RTS310 系列全站仪后处理软件,点击[坐标编辑]按钮,弹出坐标编辑格式选择框,选择[GTS 格式坐标编辑]选项,按[OK]键,如图6-66所示。

图6-66

(3)软件弹出坐标编辑输入框,如图6-67所示。

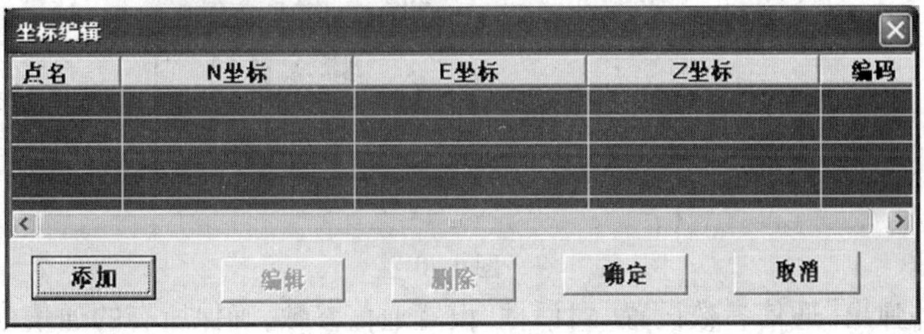

图6-67

(4)点击[添加]按钮,弹出[添加或编辑坐标数据]输入框,依次输入点名、N坐标、E坐标、Z坐标、编码,按[确定]键,则该点坐标将加入到“坐标编辑”列表中,同理,输入其他各点的坐标,编码在此可以不输入,如图6-68所示。

添加或编辑坐标数据
坐标编辑
点名
N坐标
Z坐标
编码
点名:
A
N坐标:
1000.0000
E坐标:
1000.0000
Z坐标:
3
编码:
添加
确定
取消
取消

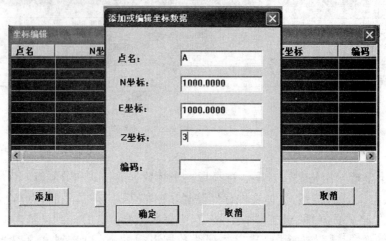

图6-68

(5)输入完成后,需要上传的坐标数据将显示在坐标编辑输入框中,如图6-69所示。

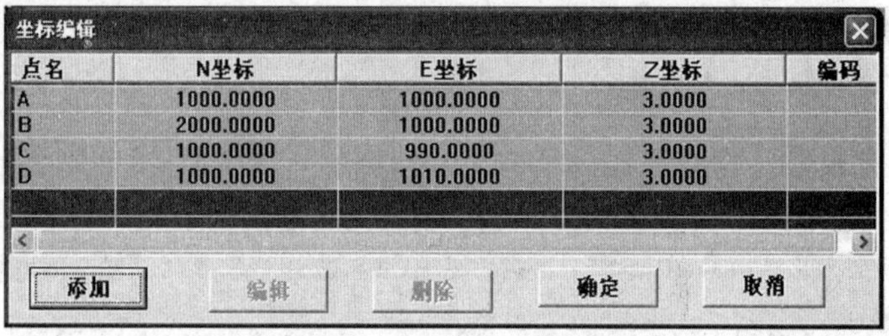

坐标编辑
点名
N坐标
E坐标
Z坐标
编码
A 1000.0000 1000.0000 3.0000
B 2000.0000 1000.0000 3.0000
C 1000.0000 990.0000 3.0000
D 1000.0000 1010.0000 3.0000
添加
编辑
删除
确定
取消

图6-69

(6)点击[确定]键。软件弹出[更新坐标数据]对话框,点击[确定]键,坐标数据将进入到软件的数据区中。

(7)点击[COM上传]按钮,弹出[数据上传类型选择]框,选[GTS格式坐标数据]。按[OK]键,如图6-70所示。

数据上传类型选择
Static
GTS格式坐标数据
GTS格式编码数据
SSS格式坐标数据
注意:
本软件编辑的坐标或者编码数据
在上传前请进行格式转换
OK
Cancel

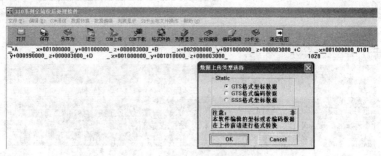

图6-70

(8)软件弹出[通信参数设置]对话框,设置通信参数,确保所有的通信参数与全站仪设置完全一致,并选择对应的通信端口,如图6-71所示。

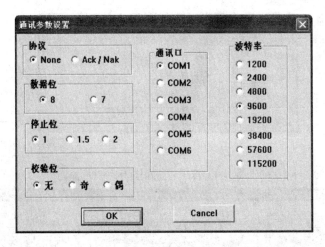

图 6-71

（9）仪器开机，在存储管理第二页，点击数字键［2］选择数据通信，进入数据传输界面；

点击数字键［1］选择［GTS 格式］；

点击数字键［2］选择［接收数据］；

点击数字键［1］，选择坐标数据，进入选择坐标文件界面，输入要接收坐标数据的文件名，按［F4］（确认）键，进入接收坐标数据界面，按［F3］（是）键，开始接收数据。

（10）在电脑软件上，在第（8）步通信参数设置界面，按［OK］键，坐标数据将发送到仪器的内存中。注意：要先在全站仪上操作完开始接收数据，再在电脑软件上按［OK］键发送数据。

6.4.4 使用 USB 口数据线数据上载

（1）将仪器设置为 U 盘模式后，通过 USB 数据线与电脑连接。

（2）在电脑上打开 310 系列全站仪后处理软件，点击［坐标编辑］按钮，弹出［坐标编辑格式选择］框，选择［SD 卡格式坐标编辑］选项，按［OK］键，如图 6-72 所示。

图 6-72

（3）弹出［新建 SD 卡格式坐标文件］对话框，输入文件名和存放文件路径，点击［确定］键，如图 6-73 所示。

注意，此处的文件名，即坐标数据文件名，存放路径应当是仪器 U 盘的位置。

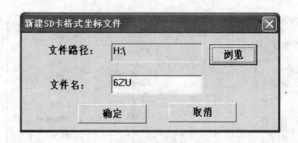

图 6-73

(4)软件弹出 SD 卡格式坐标文件编辑框,如图 6-74 所示。

图 6-74

(5)点击[添加]按钮,弹出[添加或编辑 SD 卡格式坐标数据]输入框,依次输入点名、E 坐标、N 坐标、Z 坐标、编码,按[确定]键,则该点坐标将加入到"SD 卡格式坐标文件编辑"列表中,同理输入其他各点的坐标,编码在此可以不输入,如图 6-75 所示。

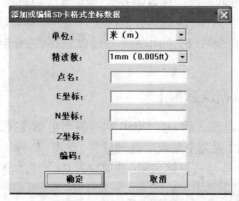

图 6-75

(6)输入完成后,需要上传的坐标数据将显示在[SD 卡格式坐标文件编辑]对话框中,如图 6-76 所示。

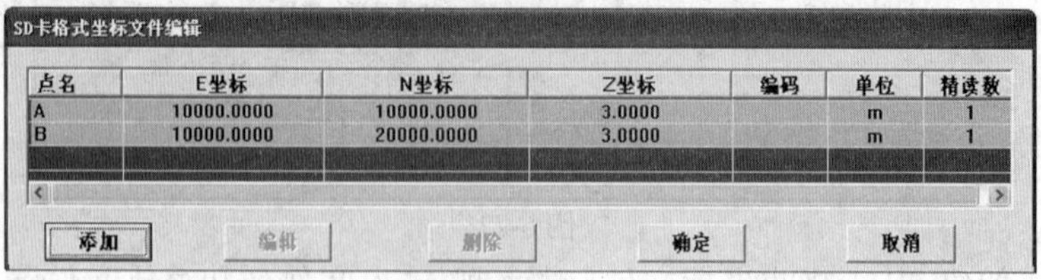

点名	E坐标	N坐标	Z坐标	编码	单位	精读数
A	10000.0000	10000.0000	3.0000		m	1
B	10000.0000	20000.0000	3.0000		m	1

图 6-76

(7)点击[确定]按键,软件弹出一提示信息,完成坐标数据的上传,如图 6-77 所示。

图 6-77

（8）退出后处理软件，在全站仪上按［ESC］（退出）键。此时，在全站仪上可以查看上传的数据。

6.5　苏州一光 EL302A 数字水准仪的数据通信

苏州一光 EL302A 数字水准仪的数据通信主要包括以下内容：

◆　安装苏州一光"FGO 测量办公室软件"2015 版，由用户自行安装，在此不再赘述；

◆　使用 COM 口数据线数据下载；

◆　使用 USB 口数据线数据下载。

6.5.1　使用 COM 口数据线数据下载

使用 COM 口数据线数据下载，如图 6-78 所示。

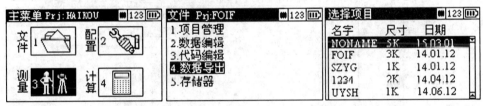

图 6-78

（1）按红色［Power］键开机后，仪器先显示开机界面，然后进入主菜单。

（2）选择"文件"或按数字键［1］，进入义件菜单。按方向键移动到［4. 数据导出］上，按［◀─］键或按数字键［4］进入。

（3）仪器将列表显示当前文件目录，按上、下方向键选择需要下载的数据文件。

（4）通过电缆将仪器连接到 PC，PC 端运行"FGO 测量办公室软件"2015 版，打开软件后如图 6-79 所示。

FGO 软件可解析用户测量数据，并可生成电子水准手簿格式，线路数据可直接导入平差计算。

（5）点击左侧电子水准仪按钮，如图 6-80 所示。

（6）点击 EL300/EL03 图标，弹出［EL300/EL03 数据通信］窗口，如图 6-81 所示。

首先需要对通信参数进行配置。串口号默认为 COM1，其他参数已经默认配置好。系统默认 COM1，如果转换成其他串口，必须要打开串口，否则将无法实现上传。切换其

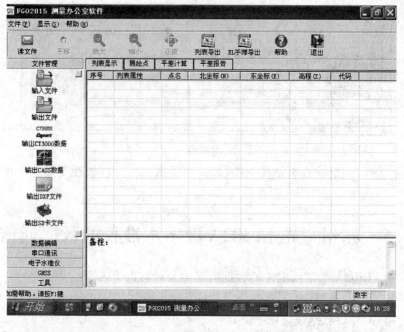

图 6-79

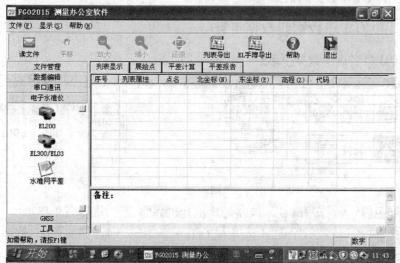

图 6-80

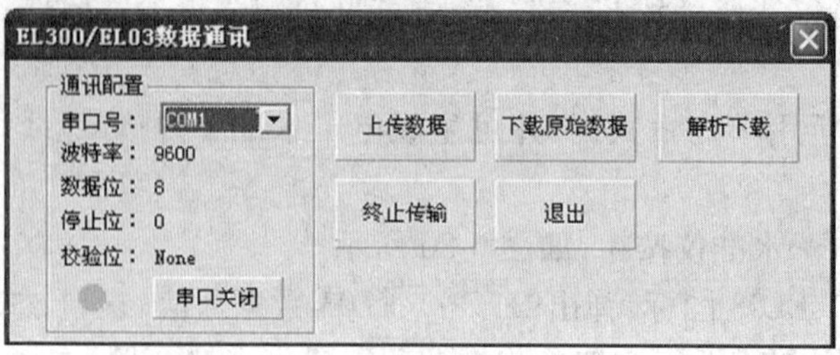

图 6-81

他串口,需要先点击关闭,然后再打开。

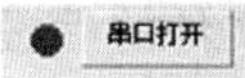

● 串口打开 红色标记代表串口现在是关闭的,点击[串口打开]则打开选择串口。

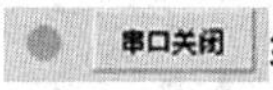

● 串口关闭 绿色标记代表串口现在是打开的,点击[串口关闭]则关闭选择串口。

右侧有 5 个按钮可供使用,其功能如下:

①上传数据:点击可将电脑中编辑好的数据上传到 EL300 中。②下载原始数据:点击可将 EL300 中的测量数据全部下载下来。③解析下载:将用户测量的有用数据下载下来,剔除测量过程中的废弃数据。④终止传输:终止数据传输。⑤退出:退出当前对话框。

(7)在 PC 机上点击[解析下载]按钮,窗口中会显示[数据下载中,请稍等——]提示语;再在水准仪上直接按[◄┛]键,即可将仪器上选择的文件下载到 PC 机上。在下载过程中,水准仪上会显示[发送数据:1]提示语,后面的数字会不断向前跳动,直到下载完最后一个数据块,下载完后仍停留在选择项目界面。

(8)下载完成后,PC 机上会提示"数据下载成功!",如图 6-82 所示。点击"确定"按钮并关闭数据通信窗口,数据将在软件的数据区中显示出来,如图 6-83 所示。

图 6-82

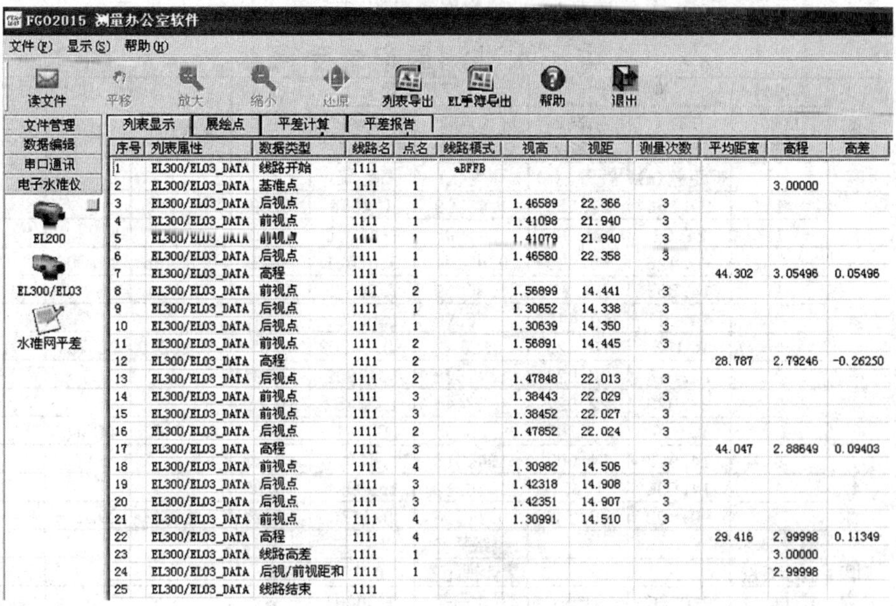

图 6-83

（9）由于篇幅所限，右侧部分数据不能在图 6-83 中表示出来。在图 6-83 界面，点击［EL 手簿导出］按钮，将弹出［另存为］窗口，选择电子手簿的存放路径和文件的后缀名，点击［保存］按钮，如图 6-84 所示。

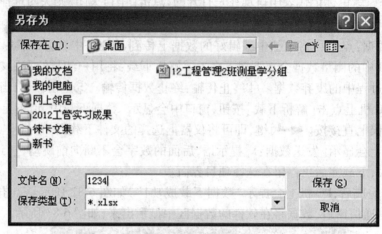

图 6-84

（10）点击［保存］按钮后，在软件数据区下的备注栏里会显示［EL300/EL03 电子水准仪测量记录手簿格式生成中，请耐心等待……计数:0］提示语，完成后会弹出［写入成功］提示窗口，点击［确定］按钮即可。这样，在桌面上将生成一个文件名为"1234"的 Excel 文件。

（11）在桌面上双击该文件名，打开电子水准测量记录手簿，将生成二等水准测量观测手簿，参见表 6-2。

表 6-2　二等水准测量观测手簿

		电子水准测量记录手簿							
	视准点	视距读数		标尺读数		读数差 (mm)	高差 (m)	距离 (m)	备注
测站	后视	后距1	后距2	后尺读数1	后尺读数2				
	前视	前距1	前距2	前尺读数1	前尺读数2				
		视距差 (m)	累积差 (m)	高差 (m)	高差 (m)				
1	1	22.366	22.358	1.46589	1.4658	0.09			
	1	21.94	21.94	1.41098	1.41079	0.19			
		-0.426	-0.426	0.05491	0.05501	-0.1	0.05496	44.302	
2	1	14.338	14.35	1.30652	1.30639	0.13			
	2	14.441	14.445	1.56899	1.56891	0.08			
		0.103	-0.323	-0.26247	-0.26252	0.05	-0.26249	28.787	
3	2	22.013	22.024	1.47848	1.47852	-0.04			
	3	22.029	22.027	1.38443	1.38452	-0.09			
		0.016	-0.307	0.09405	0.094	0.05	0.09402	44.047	
4	3	14.908	14.907	1.42318	1.42351	-0.33			
	4	14.506	14.51	1.30982	1.30991	-0.09			
		-0.402	-0.709	0.11336	0.1136	-0.24	0.11348	29.416	
测段计算	测段起点	1		线路平差	未平差				
	测段终点	4		累计视距差	-0.709	m			
	累计后距	0.0736	千米	累计高差	-0.00003	m			
	累计前距	0.0729	千米	累计距离	0.14655	千米			
测量责任人：				复核：				日期：	

至此,数据下载完成,用户可以利用"FGO 测量办公室软件"2015 版进行平差计算并生成平差报告。

6.5.2 使用 USB 口数据线数据下载

使用 USB 口数据线数据下载,如图 6-85 所示。

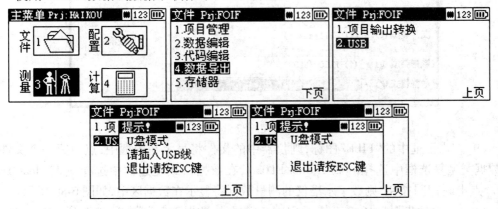

图 6-85

(1)按红色[Power]键开机后,仪器先显示开机界面,然后进入主菜单。

(2)选择[文件]或按数字键[1],进入文件菜单,按向下方向键翻到第二页。

(3)按向下方向键移动到"2. USB"上按,[◄—]键或按数字键[2]进入。

(4)仪器弹出提示信息:"U 盘模式 请插入 USB 线 退出请按 ESC 键",此时将 USB 数据线与 PC 机连接起来。

(5)连上后提示框显示[U 盘模式 退山请按 ESC 键]。

(6)PC 端运行"FGO 测量办公室软件"2015 版,打开软件后与"6.5.1 使用 COM 口数据线数据下载"第(4)步的情况完全一样,参见图 6-79。

(7)点击[读文件]按钮,软件弹出[打开]窗口,如图 6-86 所示。

图 6-86

(8)在[查找范围]复选框中选择[可移动磁盘(G:)],则仪器中的文件目录将显示在图框中,如图 6-87 所示。

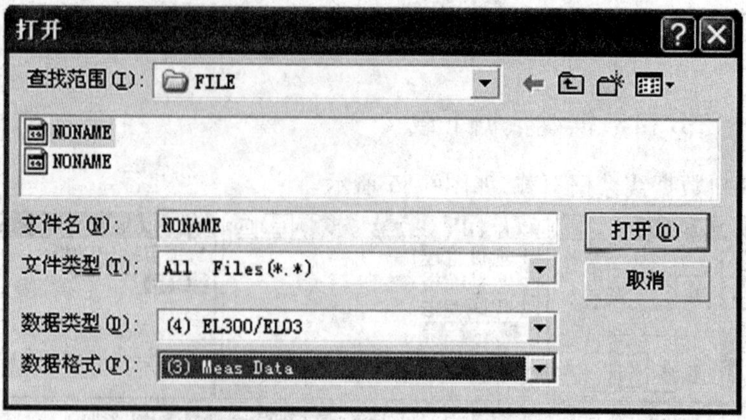

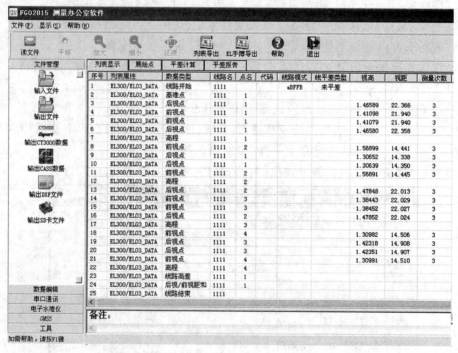

图 6-87

(9)双击图框中的“FILE”图标,则仪器中的文件将显示在图框中,点中第一个文件,在数据类型复选框中选择[(4)EL300/EL03],在数据格式复选框中选择[(3)Meas Data]。点击[打开]按钮,则数字水准仪的测量数据将显示在数据区中,如图 6-88 所示。

(10)后面的步骤与“6.5.1 使用 COM 口数据线数据下载”第(8)步至第(10)步的情况完全一样,在此不再赘述。

序号	列表属性	数据类型	线路名	点名	代码	线路模式	线平差类型	视高	视距	测量次数
1	EL300/EL03_DATA	线路开始	1111			aBFFB	未平差			
2	EL300/EL03_DATA	基准点	1111	1						
3	EL300/EL03_DATA	后视点	1111	1				1.46589	22.366	3
4	EL300/EL03_DATA	前视点	1111	1				1.41098	21.940	3
5	EL300/EL03_DATA	前视点	1111	1				1.41079	21.940	3
6	EL300/EL03_DATA	后视点	1111	1				1.46580	22.358	3
7	EL300/EL03_DATA	高程	1111	1						
8	EL300/EL03_DATA	前视点	1111	2				1.56899	14.441	3
9	EL300/EL03_DATA	后视点	1111	1				1.30652	14.338	3
10	EL300/EL03_DATA	后视点	1111	1				1.30639	14.350	3
11	EL300/EL03_DATA	前视点	1111	2				1.56891	14.445	3
12	EL300/EL03_DATA	高程	1111	2						
13	EL300/EL03_DATA	后视点	1111	2				1.47848	22.013	3
14	EL300/EL03_DATA	前视点	1111	3				1.38443	22.029	3
15	EL300/EL03_DATA	前视点	1111	3				1.38452	22.027	3
16	EL300/EL03_DATA	后视点	1111	2				1.47852	22.024	3
17	EL300/EL03_DATA	高程	1111	3						
18	EL300/EL03_DATA	前视点	1111	4				1.30982	14.506	3
19	EL300/EL03_DATA	后视点	1111	3				1.42318	14.908	3
20	EL300/EL03_DATA	后视点	1111	3				1.42351	14.907	3
21	EL300/EL03_DATA	前视点	1111	4				1.30991	14.510	3
22	EL300/EL03_DATA	高程	1111	4						
23	EL300/EL03_DATA	线路高差	1111	1						
24	EL300/EL03_DATA	后视/前视距和	1111	1						
25	EL300/EL03_DATA	线路结束	1111							

图 6-88

思考题与习题

6.1　数据通信方式有哪四种？通信接口有哪两种？串行通信分为哪两种？

6.2 通信参数设置有哪几项？全站仪与计算机通信时应注意什么问题？

6.3 全站仪与计算机的双向数据通信属于串行通信的哪种连接方式？

6.4 试叙述中纬 ZT20 Pro 系列全站仪数据下载的步骤。

6.5 试叙述苏州一光 RTS310 系列全站仪使用 USB 口数据线数据下载的步骤。

6.6 试叙述中纬 ZDL700 数字水准仪数据下载的步骤。

6.7 试叙述苏州一光 EL302A 数字水准仪使用 USB 口数据线数据下载的步骤。

6.8 当使用南方 CASS 成图系统成图时,在全站仪数据下载时数据格式应选择哪一种? 坐标文件的后缀名是什么?

第7章 数字水准仪、全站仪的检验校正

7.1 苏州一光 RTS310 系列全站仪的检验与校正

7.1.1 仪器常数的检验与校正

仪器常数即仪器测距时的加常数。通常,仪器常数一般不含误差,但还是应将仪器在某一精确测定过距离的基线上进行观测与比较。该基线应建立在坚实地面上并具有特定的精度,如果找不到这样一种检验仪器常数的场地,也可以自己建立一条 20 多 m 的基线,然后用新购置的仪器对其进行观测作比较。

以上情形中,仪器安置误差、棱镜误差、基线精度、照准误差、气象改正、大气折射以及地球曲率的影响等因素决定了检验结果的精度。另外,若在建筑物内部建立检验基线,要注意温度的变化会严重影响所测基线的长度。可按以下所述步骤对仪器常数进行改正。

(1)如图 7-1 所示,在一条近似水平、长约 100 m 的直线 AC 上,选择一点 B,观测直线 AB、AC 和 BC 的长度。

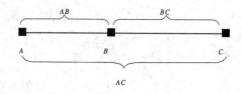

图 7-1

(2)通过重复以上观测,得到仪器的常数:仪器常数 $= AB + BC - AC$。

(3)如果在仪器的标准常数和计算所得的常数之间存在差异,只需将测得的仪器常数与棱镜常数进行综合,然后参照"棱镜常数的设置"将综合后的数值以棱镜常数的形式置入仪器。

(4)在某一标准的基线上再次比较仪器基线的长度。

(5)如果通过以上操作,发现相差超过 5 mm,请将仪器送原厂修理。

7.1.2 长水准器的检验与校正

7.1.2.1 检验

(1)将仪器安放于较稳定的装置(如三脚架、仪器校正台)上,并固定仪器。

(2)将仪器粗略整平,并使仪器长水准器与基座三个脚螺丝中的两个的连线平行,调整该两个脚螺丝使长水准器气泡居中。

(3)如图 7-2 所示,转动仪器 180°,观察长水准器的气泡移动情况,如果气泡处于长

水准器中心,则无须校正;如果气泡移出允许范围,则需进行调整。

7.1.2.2 校正

（1）将仪器在一稳定的装置上安放并固定好。

（2）粗略整平仪器。

（3）转动仪器,使仪器长水准器与基座三个脚螺丝中的两个的连线平行,并转动该两个脚螺丝,使长水准器气泡居中。

（4）仪器转动180°,待气泡稳定,用校针微调校正螺钉,使气泡向长水准器中心移动偏离量一半的距离。

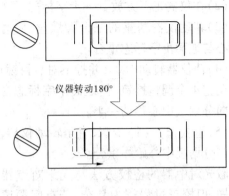

仪器转动180°

图 7-2

（5）重复（3）、（4）步骤,直至仪器转动到任何位置,气泡都能处于长水准器的中心。

7.1.3 圆水准器的检验与校正

7.1.3.1 检验

（1）将仪器在一稳定的装置上安放并固定好。

（2）用长水准器将仪器精确整平。

（3）观察仪器圆水准器气泡是否居中,如果气泡居中,则无须校正;如果气泡移出范围,则需进行调整。

7.1.3.2 校正

（1）将仪器在一稳定的装置上安放并固定好。

（2）用长水准器将仪器精确整平。

（3）用校正针微调圆水准器侧面的两个校正螺钉（见图7-3）或圆水准器底面的三个校正螺钉,使水泡居于圆水准器的中心。

注意:用校正针调整两个校正螺钉时,用力不能过人,两螺钉的松紧程度应相当。

圆水准器

校正螺钉

图 7-3

7.1.4 光学下对点器的检验与校正

7.1.4.1 检验

（1）将仪器安置在三脚架上并固定好。

（2）在仪器正下方放置一十字标志。

（3）转动仪器基座的二个脚螺丝,使对点器分划板中心与地面十字标志重合。

（4）使仪器转动180°,观察对点器分划板中心与地面十字标志是否重合;如果重合,则无须校正;如果有偏移,则需进行调整,如图7-4所示。

7.1.4.2 校正

（1）将仪器安置在三脚架上并固定好。

（2）在仪器正下方放置一十字标志。

（3）转动仪器基座的三个脚螺丝,使对点器分划板中心与地面十字标志重合。

（4）使仪器转动180°,并拧下对点目镜护盖,用校正针调整4个调整螺钉,使地面十字标志在分划板上的像向分划板中心移动一半。

（5）重复(3)、(4)步骤,直至转动仪器,地面十字标志与分划板中心始终重合。

激光对中器的检校方法与光学对点器的方法原理一样,但校正过程较为复杂,若有问题请送有经验的修理部门校正。

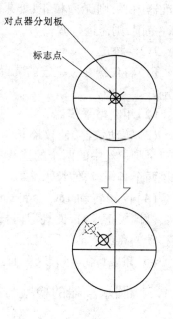

图7-4

7.1.5 望远镜分划板竖丝的检验与校正

7.1.5.1 检验

（1）将仪器安置于三脚架上并精密整平。

（2）在距仪器50 m处设置一点 A。

（3）用仪器望远镜照准 A 点,旋转垂直微动手轮,如果 A 点始终沿分划板竖丝移动,则无须调整;如果移动有偏移,则需进行调整。如图7-5所示。

7.1.5.2 校正

（1）安置仪器并在50 m处设置 A 点。

（2）取下目镜头护盖,用十字螺丝刀将4个分划板固定螺丝稍微松动,然后转动目镜头使 A 点与竖丝重合,拧紧4个调整螺钉,如图7-6所示。

（3）重复检验步骤(3)、校正步骤(2)直至无偏差。

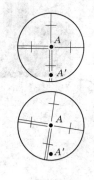

图7-5

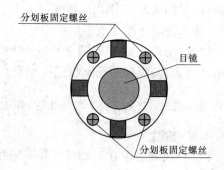

图7-6

7.1.6 视准轴误差 c 的检验与校正

7.1.6.1 检查

（1）将仪器安置在稳定装置或三脚架上并精密整平。

（2）瞄准平行光管分划板十字丝或远处明显目标，先后进行正镜和倒镜观测。

（3）得到正镜读数 HL 和倒镜读数 HR，计算视准轴误差：

$$c = \frac{HL - (HR \pm 180°)}{2}$$

如果 $|c| \leq 8''$，则无须调整；如果 $|c| > 8''$，则需进行调整。

7.1.6.2 校正

（1）在倒镜位置旋转水平微动手轮使倒镜读数 $HR' = HR + c$。

（2）松开望远镜分划板调整螺钉护盖，调整左右两个调整螺钉，使望远镜分划板与平行光管或远处目标重合。

（3）重复进行检查和校正直至合格。

7.1.7 横轴误差 i（高低差）的检验与校正

此项检验校正应在专用设备上进行，用户可送专门的修理单位或厂家进行检验校正。在仪器发生碰撞或摔打后更应当重点检测此项。

7.1.8 竖直度盘指标差 x 的检验与校正

由于安装的原因，竖直度盘的物理零位与水平方向不一致，这就是竖直度盘的安装指标差。竖盘校正的目的就是计算出竖盘的安装指标差，为软件修正提供依据。由于该项校正影响观测数据的正确性，请务必严格按照说明书操作。

7.1.8.1 检验

（1）将仪器安置在稳定装置或三脚架上精密整平并开机。

（2）用望远镜在正镜和倒镜位置瞄准垂直角为 ±0°左右的平行光管分划板或远处目标，得到正镜竖盘读数 L 和倒镜竖盘读数 R。

（3）计算：指标差 $x = \frac{L + R - 360°}{2}$。

（4）如果指标差不超过 $±10''$，则无须校正；如果超过 $±10''$，则需进行调整。

7.1.8.2 校正

（1）如图 7-7 所示，在任何屏幕下，按 $\lfloor$MENU$\rfloor$ 进入菜单模式。

图 7-7

（2）按数字键[5]进入校正菜单显示。

（3）按数字键[1]进入指标差校正显示,盘左精确照准一参考点后,按[F4]（确认）键。

（4）旋转照准部,盘右精确照准同一参考点后,按[F4]（确认）键。

（5）按[F3]（是）键,设置指标差改正数,返回校正模式屏幕。

☞按[F4]（否）键,取消设置,返回校正模式屏幕。

☞如果无法通过上述检校过程,使得指标差在允许范围内,请检查补偿器零位误差。

7.1.9　补偿器零位误差的检验与校正

补偿器的零位误差是补偿器与铅垂方向不一致的误差,也称补偿器指标差。当仪器的竖轴绝对垂直时,补偿器的零位也处于绝对垂直位,那么当竖轴发生倾斜时,补偿器的自动改正量才是完全正确的。

若补偿器零位不正确,那么在进行竖盘指标差预置校正时,竖盘指标差的余量值就包含了补偿器的零位误差量,这时无论怎样多次地校正竖盘指标差都不能将误差改正过来,正确的做法是先检验校正补偿器的零位误差,然后进行竖盘指标差的预置校正。

苏州一光 RTS310 系列全站仪补偿器零位误差的检验与校正步骤如下所述。

7.1.9.1　检验

（1）精确整平仪器,按[F1]键和电源键,进入密码输入界面（见图 7-8）。

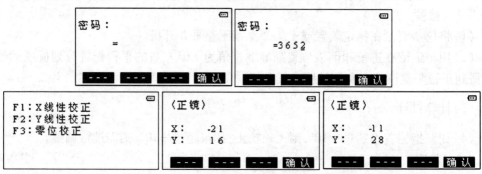

图 7-8

（2）输入密码"3652"后,按[F4]（确认）键,进入补偿器校正选择界面。

（3）按[F3]键选择"零位校正"进入零位校正显示。

（4）稍待片刻,等仪器显示的 X 方向补偿器值和 Y 方向补偿器值稳定后,读取 X 方向补偿器值 X_1 和 Y 方向补偿器值 Y_1。

（5）松开水平制动螺旋将仪器转 180°,再旋紧水平制动螺旋,仪器显示的 X 方向补偿器值和 Y 方向补偿器值稳定后,读取 X 方向补偿器值 X_2 和 Y 方向补偿器值 Y_2。

用下面的公式计算补偿器的零位误差:

$$X \text{ 方向零位偏差} = (X_1 + X_2)/2 = (-21 - 11)/2 = -16$$

$$Y \text{ 方向零位偏差} = (Y_1 + Y_2)/2 = (16 + 28)/2 = +22$$

若计算所得偏差值在±10″以内,则不需校正,否则要校正补偿器零位误差。

7.1.9.2 校正

重复检验步骤(1)到步骤(3)。

(4)盘左瞄准远处一清晰目标,待仪器显示的 X 方向和 Y 方向补偿器读数值稳定后,按[F4](确认)键,仪器存储 X_1 值和 Y_1 值(见图7-9)。

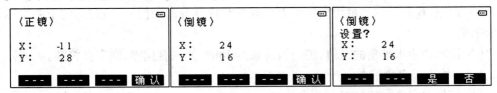

图 7-9

(5)盘右瞄准同一目标,待仪器显示的 X 方向和 Y 方向补偿器读数值稳定后,按[F4](确认)键,仪器存储 X_2 值和 Y_2 值。

(6)按[F3](是)键,仪器存储 X 和 Y 的新值且仪器自动关机。

☞按[F4](否)键,则不存储 X 和 Y 的新值。

若在校止结束后仪器显示出错信息,则表示零位误差太大,无法用程序改正之。

补偿器线性误差的校正较为复杂,需检验校正设备的支持才能做到。若用户碰到较为复杂的情况,不要自行拆卸仪器,应交给有经验的修理人员或返厂修理。

7.2　中纬 ZT20 Pro 系列全站仪的校准

7.2.1　概述

中纬仪器的生产、装配和校准的质量已尽力达到最佳,但是急剧的温度变化、震动或重压可能引起偏差及仪器准确度的降低,因此中纬推荐对仪器不时地进行检查和校准。这项作业可在野外通过运行校准程序进行,这些程序需认真仔细且正确地执行,其他一些的仪器误差和机械部件可通过机械的方法进行校准。校准程序可以校准以下仪器误差:

(1)视准差;

(2)指标差(同时校准电子水准器)。

为了校准视准差和指标差,必须进行双面观测。在校准过程中,仪器会给出明确的操作提示,用户可以根据提示完成操作。

中纬仪器在出厂前均经过严格的校准并设置为零,但是正如前面所提到的,这些误差值可能会发生变化,因此在下述的情形中强烈推荐对仪器进行检查:

(1)第一次使用仪器前;

(2)每次高精度测量前;

(3)颠簸、摔打或长时间运输后;

(4)长时间存放后;

(5)当前温度与最后一次校准时温度差值大于 10 ℃。

7.2.2 视准差与竖盘指标差的检查

7.2.2.1 检查视准差

(1)将仪器安置在三脚架上。

(2)使用长水准器及电子气泡精确整平仪器。

(3)盘左、盘右分别测量距离仪器 100 m 处与仪器等高的同一个目标,记下两次测量的水平角。

(4)计算两个水平角的差值,理论值应该是 180°,如果有偏差,则需要校准。

7.2.2.2 检查竖盘指标差

(1)将仪器安置在三脚架上。

(2)使用长水准仪及电子气泡精确整平仪器。

(3)盘左、盘右分别测量距离仪器 100 m 处与仪器等高的同一个目标,记下两次测量的竖直角。

(4)如果竖直角设置为天顶距模式,将两个竖直角相加,理论值应该是 360°。

(5)如果与上述数值有偏差,则需要校准。

7.2.3 程序校准

进入程序校准:

(1)在常规测量界面,按[MENU](电源)键进入主菜单。

(2)按向下导航键翻至第二页,然后按[F2](校准)键或者数字键[6]进入(见图 7-10)。视准差、指标差以及补偿器误差可以通过程序进行校准。校准之后,可以查看改正值。

☞仪器必须避免阳光直射而引起仪器一侧过热。

☞在测定仪器误差前,使用电子水准气泡整平仪器。基座、脚架和地面必须稳固安全,避免振动或干扰。

☞在开始检校前,仪器必须适应周围环境温度。从存放到工作环境,每温差为 1 ℃时大约需要适应时间 2 min,但总的最小适应时间至少需要 15 min。

☞改正视准误差和竖直指标差的程序和条件是相同的,因此只描述一次。

程序校准步骤:

(1)用管水准气泡和电子水准器精确整平仪器。

(2)在仪器上进入校准程序,盘左瞄准大约 100 m 远处的目标。目标的竖直角应小于 5°,按[F4](确定)键(见图 7-10)。

(3)根据提示,倒镜观测同一目标,按[F4](确定)键。

(4)屏幕显示校准结果及之前保存的校准结果,按[F4](确定)键保存新的校准结果。也可以按[ESC]退出,不保存校准结果。

下列是一些可能出现的重要信息和警告:

垂直角不适合校准!   竖直角 >5°或者第二面的竖直角 >5°。

结果超限,保留先前的值!   计算结果超限,仍保留以前的测定值。

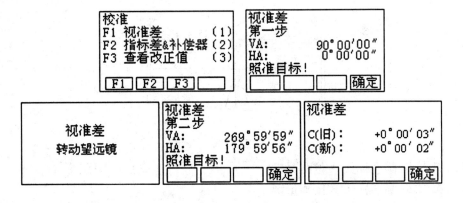

图 7-10

水平角不适合校准!	转到第二面位置观测水平角时,目标观测误差超过5°。
观测错误,请重试。	错误出现。例如,架站不稳定,或者面Ⅰ观测与面Ⅱ观测之间间隔时间太长。
超时!请重新校准!	测量和结果存储时间差超过15 min,请重新校准。

7.3 中纬 ZDL700 数字水准仪的校准

数字水准仪是在自动安平水准仪的基础上发展起来的,其光学、机械部分与自动安平水准仪基本相同。因此,自动安平水准仪的一些检验内容在数字水准仪上同样也要检验。例如,圆水准器、十字丝的检校,以及补偿性能、自动安平精度的测定和光学视准轴的检验等都需要进行,且与自动安平水准仪的检验方法相同。但是,由于采用了 CCD 传感器和电子读数方法,使用的是电子视准轴,故还必须进行电子视准轴(i 角)的检验。

在数字水准仪上,当用肉眼观测水准标尺时,不经过电子光路,此时视准轴是自动安平水准仪的视准轴,其 i 角是自动安平水准仪的 i 角。当利用电子视准轴观测时,条码尺的影像经过 CCD 传感器获得测量信号而得到电子读数时所产生的 i 角,称为数字水准仪电子 i 角,亦称为电子照准误差。这两个 i 角基本无关联,光学视准轴的检验校正与自动安平水准仪的 i 角的检验校正一样。

数字水准仪电子 i 角的检验与校正是由仪器内置软件完成的,不同厂家生产的仪器使用的校正程序是不同的。

中纬 ZDL700 数字水准仪存在光学和电子两种照准误差,其中电子照准误差在 ZDL700 仪器中可以用程序自动改正,而光学照准误差必须通过调整十字丝才能消除或减弱。

7.3.1 电子照准误差的检验与校正

如图 7-11 所示,在 A、B 两标尺中间安置 ZDL700 数字水准仪,A、B 两标尺之间的距离大概在 30 m。

中纬 ZDL700 数字水准仪电子照准误差的校正步骤(见图 7-12)如下:

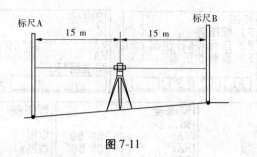

图 7-11

（1）第一步,瞄准标尺 A 按测量键;

（2）第二步,瞄准标尺 B 按测量键;

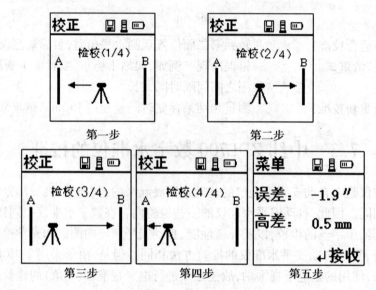

图 7-12

（3）如图 7-13 所示,把仪器移到距标尺 A 约 3 m 的地方;

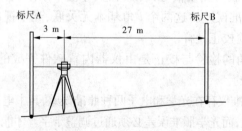

图 7-13

（4）第三步,瞄准标尺 B 按测量键;

（5）第四步,瞄准标尺 A 按测量键;

（6）屏幕上显示新的视准轴误差,按［回车］键,确认新的视准轴误差。

7.3.2 圆气泡的检验与校正

圆气泡的检验与校正与普通水准仪或经纬仪上圆气泡的检验与校正相同,在此不再赘述。

7.3.3 光学照准误差的检验与校正

中纬 ZDL700 数字水准仪可以利用十字丝和普通水准标尺进行高差测量。这时,光学照准误差(即 i 角误差)必须限制在一定的范围内,如果在 60 m 的距离上视准差(i 角误差)达到 3 mm,就需要对视准轴进行校正。

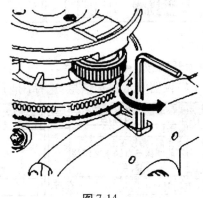

图 7-14

如图 7-14 所示,光学照准误差(即 i 角误差)的调整孔在仪器目镜端的下面。其校正方法与普通自动安平水准仪的校正方法完全相同,即用改针转动螺旋,直到达到仪器的正确值。

也可以按下面的方法校正光学照准误差(即 i 角误差),首先校正电子照准误差,然后将条码尺立于距离仪器 60 m 远的地方,读出中丝读数,标尺换到普通尺一面,用仪器中丝读数,当两读数之差大于 3 mm 时,应当校正光学照准误差,只需用改针调光学读数与电子读数相同即可。

7.4 苏州一光 EL302A 数字水准仪的检校

如图 7-15 所示,在距离为 45 m 的地点放置两把水准尺,即尺 A 和尺 B,将 AB 之间的距离分成三等份,将仪器分别摆放在测站 1 和测站 2,分别在两个测站测量两把尺子的读数。

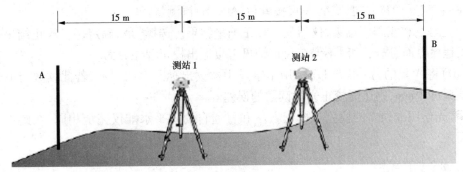

图 7-15

(1)按红色[Power]键开机后,仪器先显示开机界面,然后进入主菜单(见图 7-16)。

(2)选择[配置]或按数字键[2],进入配置菜单。按向下方向键选择[3. 校正]或按数字键[3]进入校正模式。

(3)屏幕显示旧值/新值,选择地球曲率改正、大气折射改正开或关(白色表示关,黑

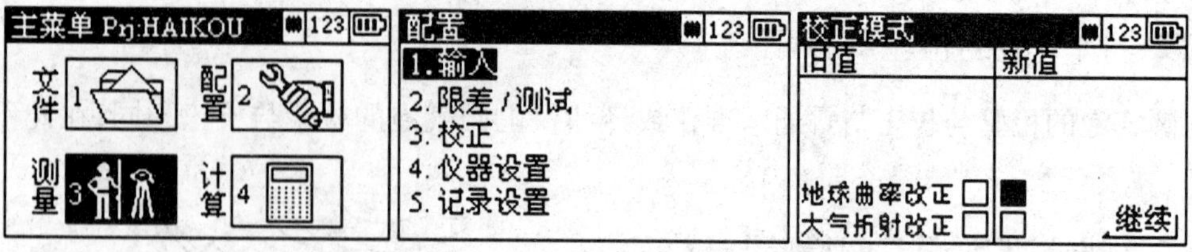

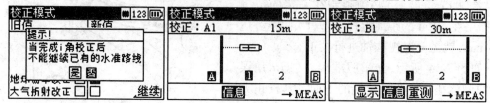

图 7-16

色表示开),按[←]键继续。

(4)仪器显示提示信息,选择[是]继续校正,或选择[否]退出校正(见图 7-17)。

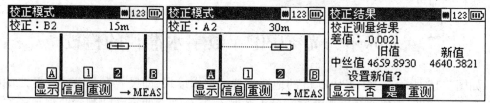

图 7-17

注:当完成校正后,不能继续已有的水准线路。

(5)将仪器架设在测站 1 上,瞄准 A 尺按紫色[MEAS]键测量。

(6)将仪器调转方向,瞄准 B 尺按紫色[MEAS]键测量。

(7)将仪器架设在测站 2 上,瞄准 B 尺按紫色[MEAS]键测量(见图 7-18)。

图 7-18

(8)将仪器调转方向,瞄准 A 尺按紫色[MEAS]键测量。

(9)至此,校正程序结束,仪器显示校正测量结果。选择[是]确定保存校正结果并退出校正程序界面,选择[否]不保存校正结果直接退出校正程序界面。

(10)将 A 尺的另一面转过来,用十字丝中丝读出标尺上的读数,若此读数与电子读数之差超过 2 mm,则还需校正光学读数的误差。

☞光学照准误差的检验与校正方法和普通自动安平水准仪完全相同,在此不再赘述。

思考题与习题

7.1 某测量员在全站仪的整平时,发现管水准器气泡居中后,圆水准器气泡不居中了,试问仪器整平了吗?为什么?

7.2 试叙述苏州一光 RTS310 系列全站仪的检验校正有哪些项目。

7.3 试叙述中纬 ZT20 Pro 系列全站仪的检验校正有哪些项目。

7.4 简述苏州一光 RTS310 系列全站仪与中纬 ZT20 Pro 系列全站仪视准轴误差检验校正的区别。

7.5 简述苏州一光 RTS310 系列全站仪补偿器的零位误差如何校正。

7.6 什么叫补偿器的零位误差？补偿器的零位误差如何校正？苏州一光 RTS310 系列全站仪与中纬 ZT20 Pro 系列全站仪的补偿器的零位误差的校正有什么区别？

7.7 试叙述苏州一光 EL302A 数字水准仪电子照准误差的检验与校正步骤。

7.8 试叙述中纬 ZDL700 数字水准仪电子照准误差的检验与校正步骤。

第8章 数字水准仪、全站仪的应用

8.1 全站仪在数字测图中的应用

8.1.1 概述

8.1.1.1 数字测图的概念

数字测图是近年来广泛应用的一种测绘地形图的方法,利用全站仪进行数字测图是最为主要的数字测图方法之一。

全站仪数字测图的流程是:全站仪在野外直接采集有关地形信息并将其传输到计算机或掌上电脑 PDA 中,经过测图软件进行数据处理形成绘图数据文件,最后由绘图仪输出地形图。其基本系统构成如图 8-1 所示。

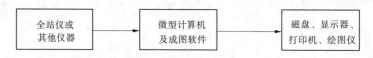

图 8-1　数字测图的系统组成

数字测图不仅可减轻测绘人员的劳动强度,保证地形图绘制质量,提高绘图效率,而且更具有深远意义的是由计算机进行数据处理,并可以直接建立数字地面模型和电子地图,为建立地理信息系统(GIS)提供了可靠的原始数据,以供国家、城市和行业部门的现代化管理,以及工程设计人员进行计算机辅助设计(CAD)使用。

8.1.1.2 数字测图的特点

数字测图技术在野外数据采集工作的实质就是解析法测定地形点的三维坐标,是一种先进的地形图测绘方法,与传统的图解法相比具有以下几方面的特点。

1. 自动化程度高

由于采用全站仪在野外采集数据,自动记录存储,并可直接传输给计算机进行数据处理、绘图,不但提高了工作效率,而且减少了测量错误的发生,使得绘制的地形图精确、美观、规范。同时,由计算机处理地形信息,建立数据和图形数据库,并能生成数字地图和电子地图,有利于后续的成果应用和信息管理工作。

2. 精度高

数字测图的精度主要取决于对地形点的野外数据采集的精度,其他因素影响很小,测点的精度与绘图比例尺大小无关。因而,全站仪解析法数据采集精度要远高于图解法平板测图的精度。

3. 使用方便

数字测图采用解析法测定点位坐标依据的是测量控制点。测量成果的精度均匀一致,并且与绘图比例尺无关。利用分层管理的野外实测数据,可以方便地绘制不同比例尺的地形图或不同用途的专题地图,实现了一测多用,同时便于地形图的检查、修测和更新。

4.地图产品的数字化

数字地图从本质上打破了纸质地形图的种种局限,赋予地形图以新的生命力,提高了地形图的自身价值,扩大了地形图的应用范围,改变了地形图的使用方式,便于成果更新,避免因图纸伸缩带来的各种误差,便于存储、传输和处理,并可供多用户同时使用,方便成果的深加工利用,便于建立地图数据库和地理信息系统,以及成果的使用。

8.1.2 数字测图的作业模式

根据数字测图的作业过程不同,数据采集的作业模式可分为数字测记模式(简称测记式)和电子平板测绘模式(简称电子平板式)。

8.1.2.1 数字测记模式

数字测记模式分为有码作业和无码作业(草图法)两种,如图 8-2 所示。

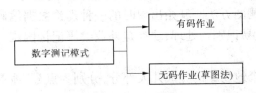

图 8-2 数字测记模式

有码作业,即用编码法进行测绘,其工作步骤与草图法基本一致,计算机可根据地形编码,识别后转换为地形图符号内部码,以制成地形图。但是,遇有复杂地形时,还需绘制草图,以表示真实地形。

无码作业(草图法)是将野外采集的地形数据传输给计算机,结合野外详细绘制的草图,室内在计算机屏幕上进行人机交互编辑、修改,生成图形文件或数字地图。

现有的测图系统都有地形编码作业方式,但使用的地形编码方法不尽相同。数字测记模式是目前最常用的测图模式,为绝大多数软件所支持。

8.1.2.2 电子平板测绘模式

电子平板测绘模式就是"全站仪＋便携机＋相应测绘软件"实施外业测图的模式。全站仪测定的碎部点实时地展绘在计算机屏幕(模拟测板)上,用软件的绘图功能边测边绘,可以及时发现并纠正测量错误,外业工作完成了,图也就出来了,实现了内外业一体化。目前,许多公司采用 PDA(个人掌上电脑)取代便携机,开发了掌上电子平板测图系统,使电子平板作业模式更加方便、实用。

8.1.3 数据编码

数字测图是野外测量数据,由计算机软件自动处理(自动识别、检索、连接,自动调用图式符号等),并在测量者的干预下自动完成地形图的绘制工作。

地形点的点位信息用坐标、高程及点的编号表示,可输入计算机;点的属性信息需要地形编码表示,因此必须有使用方便、编码简单、容易记忆的地形编码,计算机就可根据地形信息码识别地物、地貌而成图。地形编码通常是用按一定规则构成的符号串来表示地物属性和连接关系等信息,这种有一定规则的符号串称为数据编码。数据编码的基本内容包括地物要素编码(或称地物特征码、地物属性码、地物代码)、连接关系码(或称连接点号、连接序号、连接线型)、面状地物填充码等。

8.1.3.1 数据编码的原则

(1)规范性,即图示分类应符合国家标准、测图规范。

(2)简易实用性,即尊重传统方法,容易为野外作业和图形编辑人员理解、接受和记忆,并能正确、方便地使用。

(3)唯一性,便于计算机处理,且具有唯一性。

8.1.3.2 数据编码方案

当前,主流数据编码方案主要有全要素编码、块结构编码、简编码和二维编码等。下面以对比的方式作简单介绍和分析。

全要素编码要求对每个碎部点都要进行详细的说明,通常是由若干个十进制数组成。这种编码是全野外数字测图方法刚开始出现时的一种理论数据编码方式,其优点是各点编码具有唯一性,计算机易识别与处理,缺点是外业编码记忆困难,目前实际测图中很少使用。

块结构编码是将每个地物编码分成几大部分,分别为点号、地形编码、连接点和连接线型四部分,并依次输入。

简编码就是在野外作业时仅输入简单的提示性编码,经内业识别自动转换为程序内部码。南方测绘仪器公司的 CASS 系统的有码作业就是一个有代表性的简编码输入方案。

简编码结构包括类别码、关系码、独立符号码。

类别码也称地物代码,见表 8-1,它是按一定的规律设计的,不需要特别记忆,有 1 ~ 3位,第一位是英文字母,大小写等价,后面是范围为 0 ~ 99 的数字,如代码 F0,F1,F2,…,F6 分别表示坚固房、普通房、一般房、……、简易房。F 取"房"字的汉语拼音首字母,0 ~ 6表示房屋类型由"主"到"次"。

表 8-1 类别码符号及含义

类型	符号及含义
坎类(曲)	K(U) + 数(0—陡坎,1—加固陡坎,2—斜坡,3—加固斜坡,4—垄,5—陡崖,6—干沟)
线类(曲)	X(Q) + 数(0—实线,1—内部道路,2—小路,3—大车路,4—建筑公路,5—地类界,6—乡、镇界,7—县、县级市界,8—地区、地级市界,9—省界)
垣栅类	W + 数(0,1—宽为 0.5 m 的围墙,2—栅栏,3—铁丝网,4—篱笆,5—活树篱笆,6—不依比例围墙,不拟合,7—不依比例围墙,拟合)
铁路类	T + 数(0—标准铁路(大比例尺),1—标(小),2—窄轨铁路(大),3—窄(小),4—轻轨铁路(大),5—轻(小),6—缆车道(大),7—缆车道(小),8—架空索道,9—过河电缆)

类型	符号及含义
电力线类	D + 数(0—电线塔,1—高压线,2—低压线,3—通信线)
房屋类	F + 数(0—坚固房,1—普通房,2——般房,3—建筑中房,4—破坏房,5—棚房,6—简易房)
管线类	G + 数(0—架空(大),1—架空(小),2—地面上的,3—地面下的,4—有管堤的)
植被土质	拟合边界 B + 数(0—旱地,1—水稻,2—菜地,3—天然草地,4—有林地,5—行树,6—狭长灌木林,7—盐碱地,8—沙地,9—花圃)
	不拟合边界 H + 数(同上)
圆形物	Y + 数(0—半径,1—直径两端点,2—圆周三点)
平行体	P + (X(0~9),Q(0~9),K(0~6),U(0~6),…)
控制点	C + 数(0—图根点,1—埋石图根点,2—导线点,3—小三角点,4—三角点,5—土堆上的三角点,6—土堆上的小三角点,7—天文点,8—水准点,9—界址点)

关系码也称连接关系码,见表 8-2。共有 4 种符号:" + "" - ""A $"和"P"配合来描述测点间的连接关系。其中:" + "表示连接线依测点顺序进行;" - "表示连接线依测点相反顺序进行;"P"表示绘平行体;"A $"表示断点标识符。

表 8-2 关系码符号及含义

符号	含义	示例
+	本点与上一点相连,连线依测点顺序进行	"+"" "表示连线方向
	本点与下一点相连,连线依测点相反顺序进行	
n +	本点与上 n 点相连,连线依测点顺序进行	1 ————————→ 2 1(F1)　　　　2(+)
n -	本点与下 n 点相连,连线依测点相反顺序进行	
P	本点与上一点所在地物平行	1 ←———————— 2 1(F1)　　　　2(-)
nP	本点与上 n 点所在地物平行	
+ A $	断点标识符,本点与上点连	
- A $	断点标识符,本点与下点连	

对于只有一个定位点的独立地物用独立符号码表示,见表 8-3,如 A42 表示电杆、A70 表示路灯等。

表 8-3　独立地物编码及符号含义(部分)

类别	编码及符号含义				
居民地	A16 学校	A17 沼气	A18 卫生所	A19 地上窑洞	A20 电视发射塔
	A21 地下窑洞	A22 窑	A23 蒙古包		
电力设施	A40 变电室	A41 无线电杆、塔	A42 电杆		
军事设施	A43 旧碉堡	A44 雷达站			
道路设施	A45 里程碑	A46 坡度表	A47 路标	A48 汽车站	A49 臂板信号机
独立树	A50 阔叶独立树	A51 针叶独立树	A52 果树独立树	A53 椰子独立树	
公共设施	A68 加油站	A69 气象站	A70 路灯	A71 照射灯	A72 喷水池
	A73 垃圾台	A74 旗杆	A75 亭	A76 岗亭、岗楼	A77 钟楼、 鼓楼、城楼

数据采集时现场对照实地输入野外操作码,图 8-3 中点号旁括号内容为输入结果。

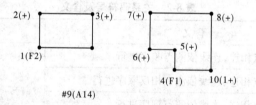

图 8-3　野外实地对照操作码

8.1.4　数字测图的外业

8.1.4.1　测记法数据采集

1.施测方法

传统的测图作业步骤是从整体到局部、先控制后碎部。数字测图可以采取相同的作业步骤,但考虑到全站仪的特点,为充分发挥其优越性,图根控制测量与碎部测量可以同步进行。

在采用图根控制测量与碎部测量同步进行的作业过程中,图根控制测量与传统的作业方法相同;所不同的是在进行图根控制测量的同时,在施测每个图根点的测站上,可以同步测量周围的地形,并实时计算出各图根点和碎部点的坐标,这时的图根点坐标是未经平差的。待图根控制导线测完,由系统提供的程序对图根导线进行平差计算。若闭合差在允许范围之内,则认可计算出的各导线点的坐标。若平差后导线点坐标值与现场测图时计算出的坐标值相差无几,则不必重新计算;若两者相差较大,则根据平差后的导线点坐标重新计算各碎部点的坐标,然后显示成图。若闭合差超限,则应查找出错误的原因,进行返工,直至闭合差在限差允许的范围之内,然后根据平差所得各图根导线点的坐标值重新计算各碎部点坐标。

2. 碎部测量

1) 测站设置

仪器安置在测站后,应按要求整平、对中,量取仪器高、棱镜高,连接好便携式计算机,启动野外测图软件。按仪器菜单要求输入测站点坐标、仪器高,完成测站设置;输入后视点坐标,完成测站定向工作;然后用全站仪瞄准目标点,进行野外数据的采集。

2) 碎部点的数据采集

地面数字测图通常采用全站仪的三维坐标程序测量功能进行碎部测量,仪器或计算机自动记录测点信息。如遇特殊情况,则可选用软件所提供的其他碎部点的测量方法施测。根据记录的碎部点信息,自动计算碎部点的三维坐标,并可实时进行展点、显示、成图。

如前所述,地形信息编码不但难记,而且在外业碎部点数据采集时烦琐、费事,特别是对初学者而言更不易掌握。为了便于理解,在实际工作中常采用通过地形数据和外业草图,在室内人工编辑成图的作业方法,俗称草图法全站仪测图。

3) 草图法外业碎部点数据采集

每作业组一般需要仪器观测员 1 人、绘草图领尺(镜)员 1 人、立尺(镜)员 1~2 人,其中绘草图领尺(镜)员是作业组的核心、指挥者。

作业组的仪器配备:全站仪 1 台、对讲机 2~3 台、单杆棱镜 1~2 个、皮尺 1 把、绘草图本 1 个。

仪器观测员在测站上安置好仪器,并选定一个已知点进行定向,观测其坐标以便检查,在绘草图领尺(镜)员的带领下进行该测站碎部点数据的采集。采集碎部点时,观测员与立镜员和绘草图领尺(镜)员之间要及时联络,核对仪器记录的点号和草图上标注的点号是否一致。绘草图领尺(镜)员必须把所测点的属性标注在草图上,以供内业处理、图形编辑时使用。草图勾绘要清晰、易读、相对位置准确。为了便于草图绘制和内业成图,一般先进行地物点的采集,然后进行地形点的采集。草图上地物点的点号要一一对应,而地貌点除特征点要一一对应外,其余可按点号区段记录,如图 8-4 所示。

一个测站的所有碎部点观测完之后,要找一个已知点重测进行检查,无误后方可搬站进行下一站测量。

8.1.4.2 电子平板法野外数据采集

电子平板法数字测图就是将装有测图软件的便携机或掌上电脑用专用电缆在野外与全站仪相连,把全站仪测定的碎部点实时地传输到电脑并展绘在计算机屏幕上,用软件的

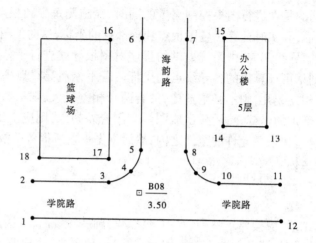

图 8-4　草图绘制

绘图功能,现场边测边绘。电子平板法数字测图的特点是直观性强,在野外作业现场"所测即所得",若出现错误,可以及时发现,立即修改。

电子平板法野外数据采集主要是连线绘制平面图,其他工作一般由内业完成。电子平板法野外数据采集主要作业流程包括输入控制点坐标、设置通信参数、测站设置、碎部测图。不同的测图系统,有不同的操作方法。南方测绘仪器公司的 CASS、北京威远图公司的 CITO MAP、苏州一光的 CT3000、广州开思的 SCS 是目前使用广泛、知名度很高的数字测图软件。这些测图系统都是在 AutoCAD 平台上开发的,其大部分功能类似,既能用测记法采集数据,又能用电子平板法采集数据。

8.1.5　数字测图的内业

数字测图的内业要借助数字测图软件来完成。目前,我国市场上比较有影响的数字测图软件主要有南方测绘仪器公司的 CASS、北京威远图公司的 CITO MAP、苏州一光的 CT3000、广州开思的 SCS 等,它们各有其特点,能测绘地形图、地籍图,并有多种数据采集接口,其成果格式都能为地理信息系统(GIS)所接受,具有丰富的图形编辑功能和一定的图形管理能力,操作界面友好。

外业数据采集的方法不同,其内业成图过程也有所不同。对于电子平板测绘模式,由于其绘图工作与数据采集在野外同步进行,因此仅做一些图形编辑与整理工作。

对于数字测记模式,内业成图包括数据传输、数据转换、数据处理、图形编辑与整饰、图形输出等。数字测记模式内业流程如图 8-5 所示。

数据传输主要是指将采集的数据按一定的格式传输到计算机中,供内业成图处理使用;数据处理包括数据转换和数据计算。数据转换是将野外采集到的数据文件转换为系统识别的带绘图编码的数据文件。数据计算包括根据地形特征点建立数字高程模型并绘制等高线。此外,还包括测量误差调整等。

图形处理就是利用数字测图系统的图形编辑功能菜单,对经过数据处理后所生成的图形文件进行编辑、整理、文字和数字注记、图幅图廓的整饰、填充各种面状地物符号。编

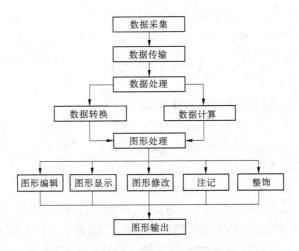

图 8-5 数字测记模式内业流程图

辑好的图形可以存盘或用绘图仪输出。

经过图形处理以后,即可得到数字地形图。通过对数字地形图的图层进行分层管理,可以输出各种专题图,以满足不同用户的需求。

8.2 全站仪在建(构)筑物倾斜度测量中的应用

8.2.1 建(构)筑物倾斜度测量原理与方法

测定建筑物的倾斜度(即垂直度)有两种方法:一种是直接测定建筑物的倾斜,该方法多用于基础面积较小的高层建筑物,如摩天大楼、水塔、烟囱、铁塔、柱子等;另一种是通过测量建筑物基础的高程变化,用两点间的沉降差除以两点间的距离即可计算建筑物的倾斜度。

在直接测定建筑物倾斜方法中,吊挂悬垂线方法是最简单的方法,根据建筑物各高度处的偏差可直接测定建筑物的倾斜度。

但是经常出现不便在建筑物上固定吊挂悬垂线和有的地方施工人员不便到达的情况。现今,由于测绘仪器制造技术的进步,全站仪已经在国内普及,特别是无棱镜测距全站仪的出现和其测距精度的提高,使得测量工作变得更加容易,因此对于建筑物,可使用全站仪直接测定点的三维坐标,然后通过计算倾斜度和测量水平角的方法来测定建筑物的垂直度。

如图 8-6 所示,A、B 分别为设计建筑物同一竖线上的平、高点,当建筑物发生倾斜时,高点 B 相对于平点 A 移动了某一数值 e,则建筑物的倾斜值 i 为

$$i = \tan\alpha = \frac{e}{h} \tag{8-1}$$

因此,为了确定建筑物的倾斜必须得到 e、h 值。

8.2.1.1 坐标测量法计算建筑物的垂直度

对于测量建筑物某一棱边的垂直度,最好的方法是采用无棱镜测距全站仪直接测定

棱边上点的三维坐标,然后计算垂直度,e、h 值均可根据点的三维坐标计算出。即

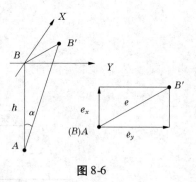

图 8-6

$$\left.\begin{array}{l} e = \sqrt{(y'_B - y_A)^2 + (x'_B - x_A)^2} \\ h = H'_B - H_A \end{array}\right\} \quad (8\text{-}2)$$

8.2.1.2　水平角测量法计算建筑物的垂直度

测量像柱子、水塔、烟囱、铁塔等建(构)筑物时,可以用测量水平角的方法测定倾斜,即测量建筑物在纵横两个方向其底部中心与顶部中心的分偏移量,而后计算总偏移量,再根据式(8-1)计算垂直度。如图 8-7 所示,以测量水塔建筑物的垂直度为例,分别在建筑物的纵(X)、横(Y)相互垂直的 2 个位置观测,且仪器距离水塔的距离尽可能大于水塔高度 H 的 1.5 倍,如果施测场地有限,可在全站仪目镜上加装弯管目镜。将全站仪安放在 A 站,用方向观测法观测与水塔底部断面相切的两个方向 1、4 和与顶部断面相切的两个方向 2、3,得方向观测值分别为 a_1、a_2、a_3、a_4,则:

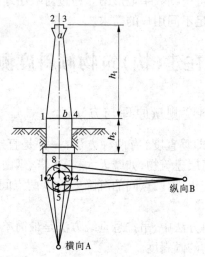

图 8-7　水塔垂直度测量原理

横向水平角差值为
$$\delta_Y = \frac{(a_1 + a_4) - (a_2 + a_3)}{2} \quad (8\text{-}3)$$

横向倾斜位移分量为
$$\Delta_Y = \frac{\delta_Y (D + R)}{\rho} \quad (8\text{-}4)$$

横向倾斜度(垂直度)为
$$i_Y = \frac{\Delta_Y}{H} \quad (8\text{-}5)$$

同理,可得纵向水平角差值 δ_X、纵向倾斜位移分量 Δ_X、纵向倾斜度(垂直度)i_X:

纵向水平角差值为
$$\delta_X = \frac{(b_5 + b_8) - (b_6 + b_7)}{2} \quad (8\text{-}6)$$

纵向倾斜位移分量为

$$\Delta_X = \frac{\delta_X(D+R)}{\rho}$$ (8-7)

纵向倾斜度(垂直度)为

$$i_X = \frac{\Delta_X}{H}$$ (8-8)

因此,柱子的总倾斜量为

$$\Delta = \sqrt{\Delta_X^2 + \Delta_Y^2}$$ (8-9)

柱子的总倾斜度(垂直度)为

$$i = \frac{\Delta}{H}$$ (8-10)

式中　a_1、a_2、a_3、a_4、b_5、b_6、b_7、b_8——水平角读数;

　　　　R——圆柱半径;

　　　　ρ——$\rho = 206\ 265''$;

　　　　D——仪器到水塔的水平距离值,用全站仪测定;

　　　　H——水塔的高度,为塔顶至塔底的高度,可采用全站仪三角高程测量的原理测定。

对于现代高层住宅或其他各式建(构)筑物,可以在建(构)筑物的四周选择一些棱线,观测这些棱线的垂直度,由此来评价建(构)筑物的总体垂直度。

每一条棱线的垂直度也是在纵横两个方向上观测水平角差值、仪器到棱线的水平距离,测定水平方向到棱线顶部的高差,计算建(构)筑物的高度 H,其垂直度的计算原理与水塔垂直度计算方法一样,只是水平角差值的计算为底部测点与上部测点的水平角差值。在选购全站仪时,应注意购买带无棱镜测距功能和可以加装弯管目镜的全站仪,以方便垂直度的观测。

8.2.2　某单层厂房钢柱倾斜度测量实例

8.2.2.1　工程概况

委托单位:某建筑安全鉴定中心;地理位置:海门市某开发区内;结构型式:单层钢结构厂房;检测项目:柱子垂直度。

8.2.2.2　执行标准

《建筑变形测量规范》(JGJ 8—2007);《建筑结构检测技术标准》(GB/T 50344—2004);其他设计文件和国家相关的规程、规范。

8.2.2.3　测量仪器

用2台苏州一光 RTS632H 全站仪进行检测,该仪器标称精度为:测角精度 ±2″,测距精度 ±(2 mm + 2 × 10⁻⁶D)。使用前,2台全站仪经过严格的检验与校正并送仪器检定部门检定合格。

柱子高度采用瑞士徕卡 DISCO 手持测距仪测定,测距精度 ±2 mm。

8.2.2.4　测量原理与方法

水塔、烟囱、柱子、高耸建筑物的倾斜观测是测定其顶部中心相对于底部中心的偏移量。本次测量的垂直度为钢柱本身上端相对于下端的垂直度,钢柱与建筑轴线的偏差,因建筑轴线已找不到,无法测量。测量的原理采用的是水平角测量法计算建筑物的垂直度。

8.2.2.5　记录与计算

计算结果见表8-4,即"柱子垂直度测量成果表";观测原始记录格式见表8-5,即"柱子垂直度测量原始记录表"。

表 8-4　柱子垂直度测量成果表

柱子编号	纵向绝对偏差（mm）	纵向相对偏差	横向绝对偏差（mm）	横向相对偏差	总偏差（mm）	柱高（m）	总垂直度
①～Ⓐ	1.8	$\frac{1}{3\ 047}$	21.5	$\frac{1}{255}$	21.6	5.485	$\frac{1}{253}$
③～Ⓑ	28.0	$\frac{1}{261}$	18.5	$\frac{1}{396}$	33.5	7.332	$\frac{1}{218}$
⑤～Ⓑ	36.8	$\frac{1}{199}$	18.1	$\frac{1}{404}$	41.0	7.324	$\frac{1}{178}$
⑦～Ⓑ	47.0	$\frac{1}{155}$	2.6	$\frac{1}{2\ 818}$	47.1	7.328	$\frac{1}{155}$

表 8-5　柱子垂直度测量原始记录表

柱子编号	测量位置	上下柱位置	水平度盘读数（° ′ ″）	读数中数（° ′ ″）	差值（′ ″）	距离测量值（m）	柱高测量值（m）	绝对偏差（mm）	相对偏差
	纵向								
	横向								

8.2.3　小结

现今,国产测量仪器的制造技术已越来越先进,国产全站仪的市场售价仅 1 万 ~2 万元,全站仪在工程施工单位已经相当普及,将全站仪普及到建筑质量检测单位已显得十分必要,各建筑质量检测单位应组织人员培训,并购买适用的全站仪,争取尽快地掌握这一技术并将其应用到建筑质量检测工作中去。

8.3 全站仪在曲线测设中的应用

8.3.1 圆曲线的测设原理

圆曲线在线路工程、现代建筑工程中应用十分广泛,如铁路、渠道、高速公路的转折处,住宅建筑、办公建筑、旅馆饭店建筑中都常采用,下面介绍圆曲线的计算和放样方法。

8.3.1.1 圆曲线主点的测设

如图 8-8 所示,线路由 ZY 点到转折点 JD,改变方向转向 YZ 点方向,此时需在转折处插入半径为 R 的圆曲线。曲线起点 ZY、中点 QZ 和终点 YZ 称为曲线的主点。线路选定后,交点 JD 的桩号、转向角 α 为已知数,曲线半径 R 是设计选定的,也是已知数,现在要求出的圆曲线要素是切线长 T、曲线长 L、外矢距 E 和切曲差 q。由图 8-8 中几何关系可知,曲线元素的计算公式为:

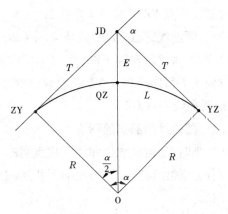

图 8-8　圆曲线主点及要素

切线长:
$$T = R \times \tan \frac{\alpha}{2}$$

曲线长:
$$L = R \times \frac{\pi \times \alpha}{180°}$$

外矢距:
$$E = R\left(\sec \frac{\alpha}{2} - 1 \right)$$

切曲差:
$$q = 2T - L$$

$$(8\text{-}11)$$

式中　R——设计时选配的圆曲线半径;

α——线路的转向角。

为了计算整个路线的长度,还应沿曲线求出主点的里程桩桩号:

起点:　　　ZY 的桩号 = JD 的桩号 $- T$

中点:　　　QZ 的桩号 = ZY 的桩号 $+ L/2$

终点:　　　YZ 的桩号 = ZY 的桩号 $+ L$

$$(8\text{-}12)$$

主点里程的检核,可用切曲差 q 来验算。YZ 的桩号 = JD 的桩号 $+ T - q$。

[**例 8-1**]　设曲线 $R = 200$ m,$\alpha = 37°06'$,JD 的桩号为 $1 + 283.03$ m,求曲线元素和主点桩号。

解：将已知数据代入公式(8-11)计算得：

切线长：$T = R \times \tan\dfrac{\alpha}{2} = 200 \times \tan\dfrac{37°06'}{2} = 67.11(\text{m})$

曲线长：$L = R \times \dfrac{\pi \times \alpha}{180°} = 200 \times \dfrac{\pi \times 37°06'}{180°} = 129.50(\text{m})$

外矢距：$E = R\left(\sec\dfrac{\alpha}{2} - 1\right) = 200 \times \left(\sec\dfrac{37°06'}{2} - 1\right) = 10.96(\text{m})$

切曲差：$q = 2T - L = 2 \times 67.11 - 129.50 = 4.72(\text{m})$

圆曲线起点 ZY 的桩号 $= 1 + (283.03 - 67.11) = 1 + 215.92$ m

圆曲线中点 QZ 的桩号 $= 1 + (215.92 + 129.50/2) = 1 + 280.67$ m

圆曲线终点 YZ 的桩号 $= 1 + (215.92 + 129.50) = 1 + 345.42$ m

检核：圆曲线终点 YZ 的桩号 $= 1 + (283.03 + 67.11 - 4.72) = 1 + 345.42$ m。

放样时，将仪器安置于转折点 JD，沿前面的切线方向量 T 得曲线起点 ZY，沿后面的切线方向量 T 得曲线终点 YZ，再将仪器瞄准终点 YZ，向右转$(180° - \alpha)/2$，在此方向量外矢距 E，得曲线中点 QZ。

8.3.1.2 圆曲线细部点的测设

在施工时，还需要放出曲线上主点间的若干细部点，这些工作称为圆曲线细部点的放样，常用的几种细部点放样方法如下所述。

1. 偏角法

偏角法是利用偏角（弦切角）和弦长来测设圆曲线。由平面几何原理可知，切线与弦线所夹的角等于该弦所对圆心角的一半，即

$$\delta = \frac{\varphi}{2} \tag{8-13}$$

式中　δ——偏角；

　　　φ——圆心角。

如图 8-9 所示，为了把曲线上各放样点里程凑成整数（这样对施工方便），曲线长度势必分为首尾两段零头弧长 S_1、S_2 和 n 段相等的弧长 S 之和，即

$$L = S_1 + n \times S + S_2 \tag{8-14}$$

S_1、S_2 所对的圆心角为 φ_1、φ_2，S 所对的圆心角为 φ，放样数据按下式计算：

$$\left.\begin{aligned}
\varphi_1 &= \frac{S_1}{R} \times \frac{180°}{\pi} = 57.296°\frac{S_1}{R}\\[2mm]
\varphi_2 &= \frac{S_2}{R} \times \frac{180°}{\pi} = 57.296°\frac{S_2}{R}\\[2mm]
\varphi &= \frac{S}{R} \times \frac{180°}{\pi} = 57.296°\frac{S}{R}
\end{aligned}\right\} \tag{8-15}$$

相应于弧长 S_1、S_2、S 的弦长计算公式如下：

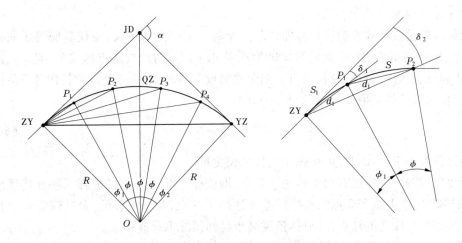

图 8-9　偏角法测设圆曲线细部点

$$
\left.\begin{aligned}
d_1 &= 2R\sin\frac{\varphi_1}{2} \\[6pt]
d_2 &= 2R\sin\frac{\varphi_2}{2} \\[6pt]
d &= 2R\sin\frac{\varphi}{2}
\end{aligned}\right\} \tag{8-16}
$$

由图 8-9 可以看出,曲线中点 $M(\mathrm{QZ})$ 的累积偏角值 $\delta_\text{中}=\alpha/4$,曲线全长的总偏角值 $\delta_\text{总}=\alpha/2$。曲线上各点累积的偏角为:

$$
\left.\begin{aligned}
\delta_1 &= \frac{\varphi_1}{2} \\[6pt]
\delta_2 &= \frac{\varphi_1}{2}+\frac{\varphi}{2} \\[6pt]
\delta_3 &= \frac{\varphi_1}{2}+\frac{\varphi}{2}+\frac{\varphi}{2}=\frac{\varphi_1}{2}+\varphi \\[6pt]
\delta_4 &= \frac{\varphi_1}{2}+\frac{\varphi}{2}+\frac{\varphi}{2}+\frac{\varphi}{2}=\frac{\varphi_1}{2}+\frac{3\varphi}{2} \\[4pt]
&\vdots \\[4pt]
\delta_n &= \delta_\text{总}=\frac{\varphi_1}{2}+\frac{\varphi}{2}+\cdots+\frac{\varphi_2}{2}=\frac{\alpha}{2}
\end{aligned}\right\} \tag{8-17}
$$

偏角法有经纬仪配钢尺放样法和全站仪偏角弦长放样法两种。

1)经纬仪配钢尺放样法

放样时,将仪器安置于曲线起点 ZY 上,瞄准转折点 JD,度盘对准 $0°00'00''$,拨角 $\delta_1=\varphi_1/2$,在此方向上量 d_1,得 1 点;将角拨至 $\delta_2=\varphi_1/2+\varphi/2$,钢尺零点对准 1 点,由 1 点量弦长 d 与视线相交得 2 点;再加拨角 $\varphi/2$,钢尺零点对准 2 点,由 2 点量弦长 d 与视线相交得 3 点;其余依次类推。当拨角为 $\alpha/2$ 时,视线应通过终点 YZ,YZ 点到曲线上最后一个细部点的距离应为 d_2,以此来检查放样的质量。

2)全站仪偏角弦长放样法

全站仪偏角弦长放样法应计算曲线起点至每个细部点的弦长,将仪器安置于曲线起点 ZY 上,瞄准转折点 JD,度盘对准 0°00′00″,将水平度盘对准细部点的偏角,启动测距功能,放样起点至该细部点的弦长即可。偏角法测设曲线加桩,一般是以弦长代替分段曲线长,其弦长与弧长的差值 C 可按式(8-18)计算:

$$C = d - S = 2R\sin\delta - S = -\frac{S^3}{24R^2} \qquad (8\text{-}18)$$

当弦弧差小于 1 cm 时,可用弧长代替弦长丈量。

经纬仪配钢尺放样法有误差传递的缺点,即放样 2 点时,1 点的放样误差亦传递给了 2 点,放样 3 点时,1 点和 2 点的放样误差传递给了 3 点,其精度较低;全站仪偏角弦长放样法就没有误差传递的缺点,其放样精度高于经纬仪配钢尺放样法。

[例 8-2]　交点 JD 的里程为 1+435.50 m,转向角 $\alpha = 50°$,半径 $R = 60$ m,用偏角法测设分段曲线长为 10 m 的整里程加桩。

解:根据式(8-11),计算得曲线元素:$T = 27.978$ m;$L = 52.360$ m;$E = 6.203$ m。

根据式(8-12),计算得主点里程:

曲线起点 ZY 的里程 = 1 + (435.500 − 27.978) = 1 + 407.522 m

曲线中点 QZ 的里程 = 1 + (407.522 + 52.360/2) = 1 + 433.702 m

曲线终点 YZ 的里程 = 1 + (407.522 + 52.360) = 1 + 459.882 m

放样数据的计算见表 8-6。

表 8-6　放样数据

点名	桩号	弧长 (m)	偏角值 单角 (° ′ ″)	偏角值 累积值 (° ′ ″)	弦长 (m)	弦弧差 (m)	起点 ZY 到各细部点的弦长 (m)
ZY	1+407.522						
1	410	2.478	1 10 59	1 10 59	2.478	0	2.478
2	420	10	4 46 29	5 57 28	9.989	−0.011	12.455
3	430	10	4 46 29	10 43 57	9.989	−0.011	22.347
QZ	1+433.702	3.702	1 46 03	12 30 00	3.701	−0.001	25.973
4	440	6.298	3 00 25	15 30 25	6.295	−0.003	32.083
5	450	10	4 46 29	20 16 54	9.989	−0.011	41.596
YZ	1+459.882	9.882	4 43 06	25 00 00	9.871	−0.011	50.714

2.角度交会法

在通视良好而不便量距的地区,可用两架经纬仪分别安置在曲线起点、终点上,用角度交会的方法测设曲线加桩。如图 8-10 所示,设 P 点为圆曲线上任意一点,一架经纬仪架设于起点 ZY,以交点 JD 为零方向,另一架经纬仪架设于终点 YZ,以起点 ZY 为零方向,

分别拨加桩 P 点的偏角值 δ_P，交会测设 P 点的位置即可，当曲线上加桩有若干个时，施测前均应计算各点的累积偏角。作业时，以经纬仪分别拨其加桩所对应的累积偏角交会测设之。若在圆心位置上能安置经纬仪，也可用偏角和中心角进行交会测设。

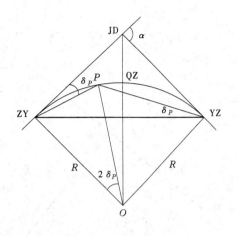

图 8-10　角度交会法测设圆曲线

3. 极坐标法

用极坐标法测设圆曲线的细部点是用全站仪进行测量的最合适的方法。仪器可以安置在任何控制点上，包括路线上的交点、转点等已知坐标的点，其测设的速度快、精度高。

极坐标法的测设数据主要是计算圆曲线主点和细部点的坐标，然后将控制点和细部点的坐标上传给全站仪或通过键盘输入到全站仪存储管理菜单下的某坐标文件，施测时在全站仪放样菜单模式下进行。

1）圆曲线主点坐标计算

根据路线交点、转点的坐标，按路线的右（左）偏角，推算第二条切线的方位角。根据交点坐标、切线方位角和切线长 T，用坐标正算公式算得圆曲线起点 ZY 和终点 YZ 的坐标。再根据切线的方位角和路线的转折角 α 算得 β 角分角线的方位角，根据分角线方位角和外矢距 E 用坐标正算公式算得曲线中点 QZ 的坐标，同理可以计算圆心的坐标。

[例 8-3]　如图 8-11 所示，ZD_1 的里程为 $0+000$，交点 JD 的里程为 $0+101.901$，半径 R 为 120 m，根据路线上转点 ZD_1 和交点 JD 的坐标，算得第一条切线的方位角 $\alpha_1 = 50°40'44''$，加路线右偏角 $\alpha = 43°42'12''$（左偏角为减），得到第二条切线的方位角 $\alpha_2 = 94°22'56''$，前已算得切线长 $T = 48.122$ m，用坐标正算公式算得曲线起点 ZY 和终点 YZ 的坐标。再将第二条切线的方位角 α_2 加 $\beta/2 = 68°08'54''$，得到分角线的方位角 $\alpha' = 162°31'50''$，前已算得外矢距 $E = 9.289$ m，已知半径 $R = 120$ m，用坐标正算公式即可算得曲线中点 QZ 和圆心 O 的坐标，所有坐标数据见图 8-11。

2）圆曲线细部点坐标计算

圆曲线细部点坐标计算有两种方法：一种是偏角弦长计算法，另一种是圆心角半径计算法。

（1）偏角弦长计算法。

根据已算得的第一条切线的方位角，加偏角，推算曲线起点至细部点的方位角，再根据弦长和起点坐标用坐标正算公式计算细部点的坐标。

[例 8-4]　仍按例 8-3，在已算得细部点的偏角和弦长（见表 8-7）的基础上，推算各弦线的方位角，然后根据方位角、弦长和起点坐标计算各细部点坐标，计算见表 8-7。

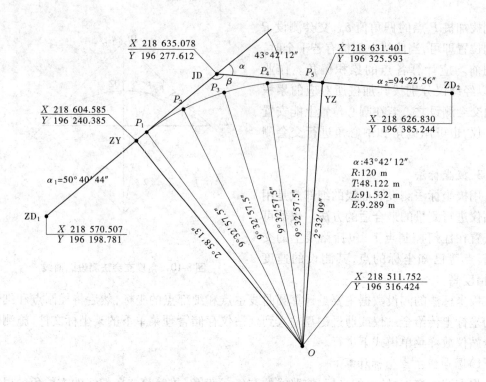

图 8-11 极坐标法测设圆曲线数据计算

表 8-7 圆曲线细部点坐标计算(按偏角旋长)

曲线里程 桩号	偏角 δ	方位角 α	弦长 d (m)	坐标	
				X	Y
ZY 0 + 053.779	0°00′00″	50° 40′44″		218 604.585	196 240.385
P_1 0 + 060	1°29′07″	52°09′51″	6.221	218 608.400	196 245.298
P_2 0 + 080	6°15′35″	56°56′19″	26.168	218 618.860	196 262.316
QZ 0 + 99.545	10°55′33″	61°36′17″	45.489	218 626.217	196 280.400
P_3 0 + 100	11°02′04″	61°42′48″	45.936	218 626.352	196 280.836
P_4 0 + 120	15°48′33″	66°29′17″	65.384	218 630.668	196 300.341
P_5 0 + 140	20°35′01″	71°15′45″	84.378	218 631.689	196 320.291
YZ 0 + 145.311	21°51′06″	72°31′50″	89.328	218 631.401	196 325.593

（2）圆心角半径计算法。

先计算圆曲线圆心的坐标（在计算圆曲线中点 QZ 的坐标时，已算得转折角分角线的方位角，转点 JD 至圆心的距离为半径加外矢距，由此可计算圆心坐标）；根据曲线起点至细部点所对的圆心角，可以计算圆心至细部点的方位角；再根据半径长度，用坐标正算公式计算各细部点的坐标。计算数据见表 8-8（可以与表 8-7 中数据相对照）。

表 8-8　圆曲线细部点坐标计算（按圆心角半径）

曲线里程桩号	圆心角 φ	方位角 α	半径 $R(m)$	坐标	
				X	Y
O（圆心）			120	218 511.752	196 316.424
ZY　0 +053.779		320°40′44″	120	218 604.585	196 240.385
	2°58′13″				
P_1　0 +060		323°38′57″	120	218 608.400	196 245.297
	9°32′57.5″				
P_2　0 +080		333°11′54.5″	120	218 618.861	196 262.316
	9°19′55.5″				
QZ　0 +99.545		342°31′50″	120	218 626.217	196 280.400
	0°13′02″				
P_3　0 +100		342°44′52″	120	218 626.353	196 280.835
	9°32′57.5″				
P_4　0 +120		352°17′49.5″	120	218 630.669	196 300.340
	9°32′57.5″				
P_5　0 +140		1°50′47″	120	218 631.690	196 320.290
	2°32′09″				
YZ 0 +145.311		4°22′56″	120	218 631.401	196 325.593

（3）测设方法。

根据准备设置测站和定向的控制点坐标和曲线细部点的坐标，采用全站仪极坐标法测设各点位。

4. 切线支距法（直角坐标法）

如图 8-12 所示，以曲线起点 ZY 为原点，切线方为 x 轴，半径方向为 y 轴建立坐标系。设曲线上两相邻细部点间的弧距为 S（一般为 2 m、5 m、10 m、20 m…），所对圆心角为 φ，则：

$$\varphi = \frac{S \times 180°}{\pi \times R} = 57.296° \frac{S}{R} \tag{8-19}$$

$$\left.\begin{array}{l} x_1 = R\sin\varphi, y_1 = R - R\cos\varphi = 2R\sin^2\frac{\varphi}{2} \\ x_2 = R\sin2\varphi, y_2 = R - R\cos2\varphi = 2R\sin^2\varphi \\ x_3 = R\sin3\varphi, y_3 = R - R\cos3\varphi = 2R\sin^2\frac{3\varphi}{2} \\ \vdots \end{array}\right\} \tag{8-20}$$

在实地放样时，从圆曲线起点 ZY 或终点 YZ 开始，沿切线方向量出 x_1、x_2、x_3、…，用木桩标定 m、n、p 各点，再在各木桩处作垂线，分别量出 y_1、y_2、y_3、…，由此得到曲线上 P_1、P_2、P_3、…各点的位置。丈量曲线上各放出点间的距离（弦长），与理论值 $d = 2R\sin(\varphi/2)$ 比较，其差值应很小，以此作为放样工作的校核。

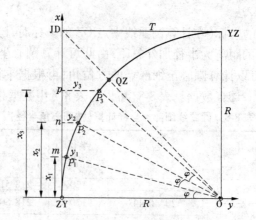

图 8-12 切线支距法放样圆曲线细部点

8.3.2 圆曲线加缓和曲线的测设原理

8.3.2.1 缓和曲线

1. 圆曲线在切线直角坐标系中的方程

如图 8-13 所示,与切线支距法(直角坐标法)相同,以 ZY(或 YZ)点为坐标原点,以过 ZY(或 YZ)的切线方向为 x 轴(指向 JD),切线的垂线为 y 轴(指向圆心),建立直角坐标系。圆曲线上任一点 i 的坐标(x_i, y_i),可由式(8-21)计算:

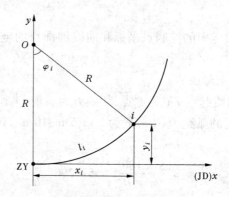

图 8-13 圆曲线在切线直角坐标系中的方程

$$\left. \begin{array}{l} x_i = R\sin\varphi_i \\ y_i = R(1 - \cos\varphi_i) \\ \varphi_i = \dfrac{l_i}{R} \cdot \dfrac{180°}{\pi} \end{array} \right\} \tag{8-21}$$

式中　R——圆曲线半径;

l_i——曲线点 i 至 ZY(或 YZ)点的曲线长。

2.缓和曲线方程

如图 8-14 所示,以缓和曲线与直线的分界点(ZH 或 HZ)为坐标原点,以过原点的切线为 x 轴(指向 JD)、切线的垂线为 y 轴(指向曲线内侧),建立直角坐标系。在缓和曲线上以曲线 l 为参数,任意一点 P 的坐标计算公式为:

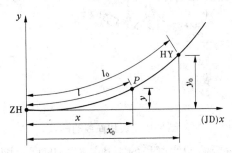

图 8-14 缓和曲线方程

$$\left.\begin{array}{l} x = l - \dfrac{l^5}{40R^2 l_0^2} \\[3mm] y = \dfrac{l^3}{6Rl_0} \end{array}\right\} \tag{8-22}$$

式中 x、y——缓和曲线上任一点 P 的直角坐标;

    R——圆曲线半径;

    l——缓和曲线上任一点 P 到 ZH(或 HZ)的曲线长;

    l_0——缓和曲线长。

当 $l = l_0$ 时,$x = x_0$、$y = y_0$,代入式(8-22)得:

$$\left.\begin{array}{l} x_0 = l_0 - \dfrac{l_0^3}{40R^2} \\[3mm] y_0 = \dfrac{l_0^2}{6R} \end{array}\right\} \tag{8-23}$$

式中 x_0、y_0——缓圆点(HY)或圆缓点(YH)的坐标。

3.缓和曲线的插入

缓和曲线是在不改变直线段方向和保持圆曲线半径不变的条件下,插入到直线段和圆曲线之间的。缓和曲线的一半长度处在原圆曲线范围内,另一半处在原直线段范围内,这样就使圆曲线沿垂直于其切线的方向,向里移动距离 p,圆心由 O 移至 O_1。如图 8-15 所示,图 8-15(b)为没有加设缓和曲线的圆曲线,图 8-15(a)为加设缓和曲线后曲线的变化情况。在圆曲线两端加设了等长的缓和曲线后,使原来的圆曲线长度变短,而曲线的主点变为直缓点(ZH)、缓圆点(HY)、曲中点(QZ)、圆缓点(YH)、缓直点(HZ)。

确定缓和曲线与直线和圆曲线相连的主要数据 β_0、p、m、δ_0、x_0、y_0 统称为缓和曲线常数。其中:

β_0——缓和曲线的切线角,即 HY(或 YH)的切线与 ZH(或 HZ)切线的夹角;

p——圆曲线的内移距,即垂线长与圆曲线半径 R 之差;

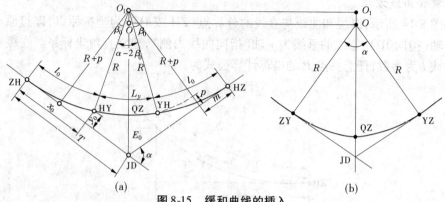

图 8-15　缓和曲线的插入

m ——加设缓和曲线后使切线增长的距离,亦称切垂距,即圆曲线内移后,过新圆心作切线的垂线,其垂足到 ZH(或 HZ)点的距离;

δ_0 ——缓和曲线总偏角,即缓和曲线的起点 ZH(或 HZ)和终点 HY(或 YH)的弦线与缓和曲线起点 ZH(或 HZ)的切线间的夹角。

在缓和曲线常数中,x_0、y_0 由式(8-23)求出,其余的计算公式为:

$$\left.\begin{aligned}
\beta_0 &= \frac{l_0}{2R} \cdot \frac{180°}{\pi} \\
p &= \frac{l_0^2}{24R} \\
m &= \frac{l_0}{2} - \frac{l_0^3}{240R^2} \\
\delta_0 &\approx \frac{\beta_0}{3} = \frac{l_0}{6R} \cdot \frac{180°}{\pi}
\end{aligned}\right\} \tag{8-24}$$

8.3.2.2　圆曲线加缓和曲线的要素计算

圆曲线加缓和曲线构成综合曲线,其曲线要素有切线长 T、曲线长 L、外矢距 E_0、切曲差 q。根据图 8-15(a)的几何关系,可得曲线要素的计算公式如下:

$$\left.\begin{aligned}
T &= (R+p)\tan\frac{\alpha}{2} + m \\
L &= L_y + 2l_0 = R(\alpha - 2\beta_0)\frac{\pi}{180°} + 2l_0 \\
E_0 &= (R+p)\sec\frac{\alpha}{2} - R \\
q &= 2T - L
\end{aligned}\right\} \tag{8-25}$$

8.3.2.3　曲线主点里程计算

曲线的主点里程计算,仍是从一个已知里程的点开始,按里程增加方向逐点向前推算。

[例 8-5]　已知线路某转点 ZD 的里程为 K26 + 532.18 m,ZD 沿里程增加方向到 JD 的距离为 $D = 263.46$ m。JD 处设计时选配的圆曲线半径 $R = 500$ m、缓和曲线长 $l_0 = 60$ m,实测转向角 $\alpha_z = 28°36'20''$,试计算曲线要素并推算各主点的里程。

· 248 ·

解: 先根据式(8-24),计算缓和曲线常数:

$\beta_0 = 3°26'16''$, $\delta_0 = 1°08'45''$, $p = 0.300$ m, $m = 29.996$ m

再根据式(8-25)计算得曲线要素:

$T = 157.55$ m, $L = 309.63$ m, $E_0 = 16.30$ m, $q = 5.47$ m

主点里程推算:

ZD	K26+532.18
$+(D-T)$	105.91
ZH	K26+638.09
$+l_0$	60
HY	K26+698.09
$+(L-2l_0)/2$	94.815
QZ	K26+792.905
$+(L-2l_0)/2$	94.815

YH	K26+887.72
$+l_0$	60
HZ	K26+947.72

检核计算: HZ_{里程}=ZH_{里程}+2T-q

ZH	K26+638.09
$+(2T-q)$	309.63
HZ	K26+947.72

8.3.2.4 圆曲线加缓和曲线在切线直角坐标系中的坐标计算

如图 8-16 所示,在以 ZH(或 HZ)为坐标原点的切线直角坐标系中,缓和曲线上任一点 P 的坐标可用式(8-22)计算:

$$\left.\begin{array}{l} x = l - \dfrac{l^5}{40R^2l_0^2} \\[3mm] y = \dfrac{l^3}{6Rl_0} \end{array}\right\}$$

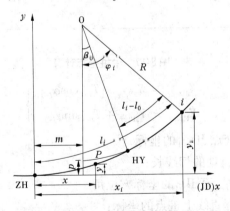

图 8-16 圆曲线加缓和曲线在切线坐标系的坐标

圆曲线上任一点 i 的坐标可由下式计算:

$$\left.\begin{array}{l} x_i = R\sin\varphi_i + m \\[2mm] y_i = R(1 - \cos\varphi_i) + p \end{array}\right\} \tag{8-26}$$

式中 $\varphi_i = \dfrac{l_i - l_0}{R} \cdot \dfrac{180°}{\pi} + \beta_0$,$l_i$ 为圆曲线上点 i 至起点 ZH(或 HZ)的曲线长。

8.3.3 全站仪极坐标法测设中线

当前,随着计算机辅助设计和全站仪的普及,能够同时进行定线测量和中桩测设的全站仪极坐标法已成为进行中线测量的一种简便、迅速、精确的方法,在线路测量中得以应用。

8.3.3.1 测设原理

·全站仪极坐标法测设中线,是将仪器安置在导线点上,应用极坐标法测设线路上各中桩。

当要测设线路上任一点 P 的中桩时,首先计算出 P 点在测量坐标系中的坐标 X_P、Y_P,然后利用全站仪的坐标放样功能测设点位,只需输入有关点的坐标值即可,现场不需要做任何手工计算,而由仪器自动完成有关数据计算。具体操作可参照全站仪使用手册。

8.3.3.2 中桩点坐标计算

1. 直线上桩点坐标的计算

如图 8-17 所示,各交点的坐标已经测定或在地形图上量算出,按坐标反算公式求得线路相邻交点连线的坐标方位角和边长。HZ_{i-1} 点至 ZH_i 点为直线段,可先由式(8-27)计算 HZ_{i-1} 点的坐标:

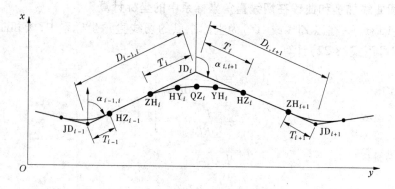

图 8-17 中桩坐标计算

$$\left.\begin{array}{l} X_{\mathrm{HZ}_{i-1}} = X_{\mathrm{JD}_{i-1}} + T_{i-1}\cos\alpha_{i-1,i} \\ Y_{\mathrm{HZ}_{i-1}} = Y_{\mathrm{JD}_{i-1}} + T_{i-1}\sin\alpha_{i-1,i} \end{array}\right\} \tag{8-27}$$

式中 $X_{\mathrm{JD}_{i-1}}$、$Y_{\mathrm{JD}_{i-1}}$ ——交点 JD_{i-1} 的坐标;

T_{i-1} ——交点 JD_{i-1} 处的切线长;

$\alpha_{i-1,i}$ ——交点 JD_{i-1} 至 JD_i 的坐标方位角。

然后按式(8-28)计算直线上桩点的坐标:

$$\left.\begin{array}{l} X = X_{\mathrm{HZ}_{i-1}} + D\cos\alpha_{i-1,i} \\ Y = Y_{\mathrm{HZ}_{i-1}} + D\sin\alpha_{i-1,i} \end{array}\right\} \tag{8-28}$$

式中 D ——计算桩点至 HZ_{i-1} 点的距离,即桩点里程与 HZ_{i-1} 点里程之差。

ZH_i 点为该段直线的终点,其坐标除可按式(8-28)计算外,还可按式(8-29)计算:

$$\left.\begin{array}{l} X_{\mathrm{ZH}_i} = X_{\mathrm{JD}_{i-1}} + (D_{i-1,i} - T_i)\cos\alpha_{i-1,i} \\ Y_{\mathrm{ZH}_i} = Y_{\mathrm{JD}_{i-1}} + (D_{i-1,i} - T_i)\sin\alpha_{i-1,i} \end{array}\right\} \tag{8-29}$$

式中　$D_{i-1,i}$——线路交点 JD_{i-1} 至 JD_i 的距离；

　　　T_i——交点 JD_i 处的切线长。

2. 曲线上桩点坐标的计算

首先根据式(8-22)或式(8-26)求出曲线上任一桩点在以 ZH(或 HZ)为原点的切线直角坐标系中的坐标 (x,y)，然后通过坐标变换将其转换成测量坐标系中的坐标 (X,Y)。

坐标变换的公式为：

$$\left.\begin{array}{l} X = X_{ZH_i} + x\cos\alpha_{i-1,i} - \xi y\sin\alpha_{i-1,i} \\ Y = Y_{ZH_i} + x\sin\alpha_{i-1,i} + \xi y\cos\alpha_{i-1,i} \end{array}\right\} \tag{8-30}$$

或

$$\left.\begin{array}{l} X = X_{HZ_i} - x\cos\alpha_{i,i+1} - \xi y\sin\alpha_{i,i+1} \\ Y = Y_{HZ_i} - x\sin\alpha_{i,i+1} + \xi y\cos\alpha_{i,i+1} \end{array}\right\} \tag{8-31}$$

式中　ξ——当曲线右转时，$\xi = 1$，左转时 $\xi = -1$；

　　　$\alpha_{i-1,i}$——交点 JD_{i-1} 至 JD_i 的坐标方位角；

　　　$\alpha_{i,i+1}$——交点 JD_i 至 JD_{i+1} 的坐标方位角。

计算第一缓和曲线及上半圆曲线上桩点的测量坐标时用式(8-30)，计算卜半圆曲线及第二缓和曲线上桩点的测量坐标时用式(8-31)。

计算曲线上桩点的测量坐标时，求得桩点在其切线直角坐标系中的坐标 (x,y) 之后，也可先将以 HZ 点为原点的切线直角坐标系中下半圆曲线及第二缓和曲线上桩点坐标，转换成以 ZH 点为原点的切线直角坐标系中的坐标，然后再利用式(8-30)进行坐标转换，求得曲线上各桩点在测量坐标系中的坐标。

[例 8-6]　在图 8-18 所示曲线中，有关交点的测量坐标及交点里程见图 8-18，在 JD_2 处线路转向角 $\alpha_{右} = 43°42'12''$，设计选配半径 $R = 120$ m、缓和曲线长 $l_0 = 30$ m，试计算详细测设曲线时各桩点的测量坐标。

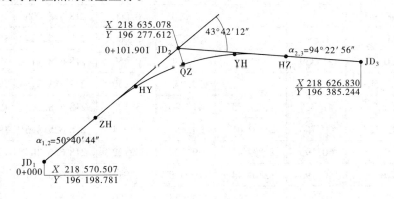

图 8-18

解：根据 JD_1、JD_2、JD_3 的坐标，可反算出：

$\alpha_{1,2} = 50°40'44''$，$\alpha_{2,3} = 94°22'56''$，$D_{1,2} = 101.901$ m，$D_{2,3} = 107.948$ m

根据式(8-24)计算缓和曲线常数：

$\beta_0 = 7°09'43'', p = 0.312 \text{ m}, m = 14.992 \text{ m}$

根据式(8-25)计算出曲线要素:

$T = 63.240 \text{ m}, L = 121.532 \text{ m}, E_0 = 9.626 \text{ m}, q = 4.948 \text{ m}$

根据 JD_2 的里程和曲线要素推算出曲线主点的里程:

ZH　K0+38.661 m,HY　K0+68.661 m,QZ　K0+99.427 m,

YH　K0+130.193 m,HZ　K0+160.193 m

根据式(8-22)和式(8-26),分别计算出曲线的第一缓和曲线及上半圆曲线、下半圆曲线,以及第二缓和曲线上的细部桩点在其切线直角坐标系中的坐标 (x,y),结果见表8-9。

根据式(8-29)或坐标正算公式可计算出 ZH 点的测量坐标:

$X_{\text{ZH}} = 218\,570.507 + (101.901 - 63.240)\cos 50°40'44''$

$\qquad = 218\,635.078 + 63.240\cos 230°40'44'' = 218\,595.005(\text{m})$

$Y_{\text{ZH}} = 196\,198.781 + (101.901 - 63.240)\sin 50°40'44''$

$\qquad = 196\,277.612 + 63.240\sin 230°40'44'' = 196\,228.689(\text{m})$

根据坐标正算公式可计算出 HZ 点的测量坐标:

$X_{\text{HZ}} = X_{\text{JD}_2} + T\cos\alpha_{2,3} = 218\,635.078 + 63.240\cos 94°22'55'' = 218\,630.246(\text{m})$

$Y_{\text{HZ}} = Y_{\text{JD}_2} + T\sin\alpha_{2,3} = 196\,277.612 + 63.240\sin 94°22'55'' = 196\,340.667(\text{m})$

根据交点间的坐标方位角和转向角推算出 QZ 方向(角平分线方向)的方位角,利用该方位角和外矢距 E_0,采用坐标正算公式即可计算出 QZ 点的测量坐标:

$X_{\text{QZ}} = X_{\text{JD}_2} + E_0\cos\alpha_{2,\text{QZ}} = 218\,635.078 + 9.626\cos(94°22'55'' + 68°08'54'') = 218\,625.896(\text{m})$

$Y_{\text{QZ}} = Y_{\text{JD}_2} + E_0\sin\alpha_{2,\text{QZ}} = 196\,277.612 + 9.626\sin(94°22'55'' + 68°08'54'') = 196\,280.502(\text{m})$

根据式(8-30)、式(8-31)分别将各桩点的切线直角坐标 (x,y) 进行转换计算,得到其测量坐标 (X,Y),结果见表8-9。

表8-9　各桩点的切线直角坐标和测量坐标

桩号	l_i	φ_i	x	y	X	Y
ZH K0+038.661			0.000	0.000	218 595.005	196 228.689
K0+040	1.339		1.339	0.000	218 595.854	196 229.725
K0+060	21.339		21.330	0.450	218 608.173	196 245.475
HY K0+068.661	30		29.953	1.250	218 613.018	196 252.653
K0+080	41.339	12°34'33''	41.120	3.192	218 618.592	196 262.522
QZ K0+099.427	60.766	21°51'06''	59.657	8.934	218 625.896	196 280.502
K0+100	60.193	21°34'41''	59.124	8.722	218 626.067	196 281.049
K0+120	40.193	12°01'44''	40.000	2.947	218 630.364	196 300.559
YH K0+130.193	30		29.953	1.250	218 631.288	196 310.706
K0+140	20.193		20.186	0.381	218 631.408	196 320.510
K0+160	0.193		0.193	0.000	218 630.261	196 340.475
HZ K0+160.193			0.000	0.000	218 630.246	196 340.667

现在,越来越多的初测带状地形图采用数字化测图,设计人员直接在数字化地形图上进行设计,因而中线上各桩点的坐标可以通过计算机及相关软件,直接在数字化设计图上点击获取,十分简便,且所得桩点坐标的精度较高。直接在图上点击得到的平曲线要素、曲线细部桩点的测量坐标与通过公式计算出的 X、Y 坐标值相比较,二者之间最大相差仅 2 mm(主要因存在计算数据取位的影响),可以认为二者完全一致,从而说明在实际应用时,能够很方便地获得中线桩点的测量坐标。

8.3.3.3 现场测设

当导线点和待测设中桩点的测量坐标数据均准备好后,即可进行中线测量。在测设时,可使用全站仪按极坐标法原理逐点放样中桩点。另外,求得整个线路桩点的统一测量坐标后,也可以使用 RTK 进行中桩测设。

8.3.4 中纬 ZT20 Pro 系列全站仪道路放样程序的使用

8.3.4.1 概述

道路放样是整个道路测量工作中的一个重要环节,传统的作业方法往往采用"计算器 + 全站仪"或者"打印好的逐桩坐标表 + 全站仪"的工作模式。这样不但费时费力,而且难以解决特殊情况下的临时加桩问题。为此,中纬设计开发了能够有效提高作业效率的机载道路放样软件。该软件不仅适用于公路、铁路的放样测量,还可以用于管线、管道、河道等线状工程的放样测量工作。

1.软件的主要功能与特点

本软件的设计、开发完全依据相关的国家测量规范、公路勘测规范及其他工程技术标准。

1)主要功能

(1)数据的组织管理。只需将已知数据(控制点和平面定线数据)存储在全站仪,即可以各种方式灵活地调用这些数据;平面定线输入之后,可以方便地检核输入的数据是否有误。

(2)"中边桩"放样。该软件可以根据用户输入的里程、转向角、偏距自动调用预先存储的已知数据,从而计算出待放样点对应于当前测站的放样元素,并实时显示归化元素,指导棱镜员的移动,放样中线的同时可以实现线路的纵断面测量。

☞这里的"中边桩"是指依据平面定线数据,通过里程、转向角、偏距可以唯一确定的任意点位,包括线路的中桩、边桩、桥墩(台)、涵洞(帽)等。

(3)横断面测量。自动计算当前测站对应的里程及线路在该里程处的法线方向,用户也可以输入指定的里程,程序可实时显示出当前测量点与指定里程横断面之间的相对位置关系。

(4)数据传输。实现已知数据的上传和放样测量成果的下载。

2)主要特点

(1)输入方式灵活简便。既可以在全站仪上手工输入,也可以通过桌面工具将编辑好的已知数据直接上传至仪器;平面定线数据既可以输入交点信息,也可以输入主点信息。

（2）整条道路同时输入。可以将整条道路的平面定线数据同时输入,计算时程序自动分析、调用所需数据。

（3）解决各种复杂线型。该软件可以计算包括立交匝道在内的各种复杂线型的中边桩坐标。

（4）自动识别线路主点。放样测量时,程序根据预先输入的桩间距自动计算下一目标点对应的桩号,在这个过程中,程序可自动识别出包括 QZ 点在内的五大桩（ZH、HY、QZ、YH、HZ）。

2. 一般约定

软件运行当中,按固定键[ESC],将返回到前一个对话框;按软功能键退出,将返回到选择该项功能时的菜单对话框。

对[确定]按钮、[是]按钮的响应是接受或确认当前的操作;

对[取消]按钮、[否]按钮的响应是取消当前的操作;

路线方向指路线的前进方向,即背对小桩号、面向大桩号的方向;

路线的左、右都是相当于面向路线前进方向而言的;

涉及方向的,凡是在路线的左边或左转均为负值,否则为正值;

大桩号为沿路线前进方向主点前方的桩号,小桩号为主点后方的桩号。

8.3.4.2 软件操作流程

1. 启动

（1）仪器开机后进入常规测量模式,按[MENU]键进入主菜单界面（见图8-19）。

（2）按[F3]（程序）软功能键或数字键[3],进入应用程序界面。

（3）按向下翻页键到应用程序的第二页。

（4）再按软功能键[F1]（道路放样）或数字键[5],启动道路放样应用程序。

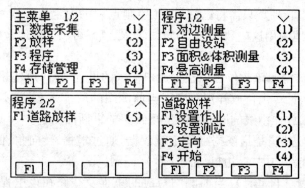

图 8-19

（5）依次完成设置作业,设置测站和定向。

☞设置作业、设置测站和定向的详细操作方法和步骤请参看 3.3.1 小节中的"应用程序准备"。

☞如果不进行放样测量,则可略过设置测站和定向。

（6）按软功能键[F4]（开始）或数字键[4]进入[道路放样—主菜单]对话框（见图8-20）。

2. 软件总体结构

软件的总体结构参见图 8-21。

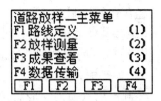

图 8-20

8.3.4.3 路线定义

路线定义主要用来实现已知数据的查看和编辑,包括控制点数据和平面定线数据,其中平面定线数据又可分为主点法和交点法两种。

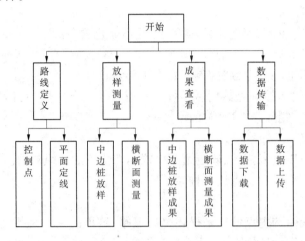

图 8-21 道路放样程序总体结构图

1. 启动

在[道路放样—主菜单]中,按软功能键[F1]或数字键[1],进入[道路放样—路线定义]对话框(见图 8-22)。

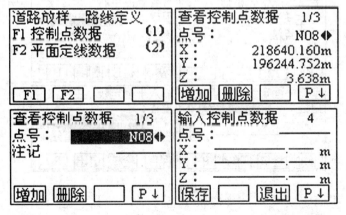

图 8-22

2. 控制点数据

在本软件中,控制点包括各等级的可以用来设置测站和定向的平面已知点和高程已知点。

(1)在[道路放样—路线定义]中,按软功能键[F1]或数字键[1],进入[查看控制点数据]对话框;按左、右方向键可以查看各控制点的点号和坐标,在此处,只可以浏览和删除已经存在的控制点,所有各项均不可编辑。

(2)按软功能键[F4](P↓)将翻到第二页,显示控制点的点号和注记信息。按软功能键[F2](删除)将删除当前显示的控制点。

(3)如需输入新的控制点,按软功能键[F1](增加)键,进入[输入控制点数据]对话框。控制点信息输入完成后,按软功能键[F1](保存)进行保存;如需查看控制点数据,按固定键[ESC],返回到[查看控制点数据]对话框;再次按固定键[ESC],返回到[道路放样—路线定义]对话框。

☞输入控制点数据时,点名不能为空,并且不能包含"＊"号;平面坐标和高程不能同时为空。

☞建议通过桌面工具直接将控制点数据上传至仪器。

☞强烈建议在输入控制点数据后,返回到[查看控制点数据]对话框进行仔细核对,如果发现有误,可将其删除并重新添加。

3.平面定线数据

平面定线是指可以用来描述、确定道路中线确切位置的一组数据。

路线定义分为主点法和交点法两种。

1)主点法

主点法是指用线路的主点信息来描述整条道路,这里的主点是指线路中线型改变的点,包括起终点 ZH、HY、YH、HZ、ZY、YZ、GQ 点等,而不含 QZ 点。主点法可解决包括立交匝道在内的任何复杂线型。

(1)在[道路放样—路线定义]中,按软功能键[F2]或数字键[2],进入[选择平面定线模型]对话框(见图8-23)。

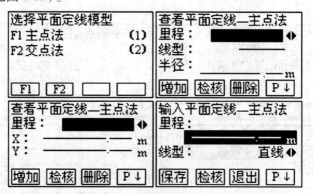

图 8-23

(2)在[选择平面定线模型]中,按软功能键[F1]或数字键[1],进入[查看平面定线—主点法]对话框;在此处,只可以浏览和删除已经存在的线路主点,所有各项均不可编辑。按软功能键[F3](删除)将删除当前显示的主点。

(3)在[查看平面定线—主点法]中,按软功能键[F4],可以查看主点的 X、Y 坐标。

(4)如需输入新的主点,按软功能键[F1](增加),进入[输入平面定线—主点法]对话框,输入完主点数据后,按软功能键[F1](保存)保存输入的主点信息。

如需查看主点数据,按固定键[ESC],返回到[查看平面定线—主点法]对话框;如需结束对主点数据的操作,再次按固定键[ESC],返回[选择平面定线模型]对话框。

图 8-24

（5）在[查看平面定线—主点法]或[输入平面定线—主点法]对话框中,按软功能键 F2(检核),弹出[平面定线检核结果]对话框(见图 8-24)。

平面定线检核用来检查已经输入的平面定线数据是否有明显的错误,包括线型变化处(主点)是否光滑(最大方向误差)和线路实际长度是否与标称里程相符(最大距离误差);检核结果仅为用户提供参考。

字段说明：

里程:主点在道路中线上的桩号;输入格式中不能包含"K""k""+"等字符,如 K2+224.224 应输为 2224.224。

线型:主点前方(大桩号方向)路线的线型,有四种线型可供选择:"直线""圆曲(圆曲线)""缓曲(缓和曲线)""终点"等。

半径:除线路终点外,均指主点前方(大桩号方向)一侧处的曲率半径;线路左转时半径为负,右转时为正;曲率半径为无穷大时,必须输入 99999999.999 或 -99999999.999。

X:主点的纵坐标。

Y:主点的横坐标。

☞在一般情况下,线型和半径的输入内容可参看表 8-10。

表 8-10 线型和半径的输入方法

主点类型	线型	半径
QD(起点)	直线/圆曲/缓曲	±99999999.999 或 ±R
ZH	缓曲	±99999999.999
ZY	圆曲	±R(圆曲线半径)
YH	缓曲	±R(圆曲线半径)
YZ	直线	99999999.999
HZ	直线	99999999.999
HY	圆曲	±R(圆曲线半径)
HH(GQ)	缓曲	±99999999.999 或 ±R
ZD(终点)	终点	±99999999.999 或 ±R

☞各项字段都不得为空;"终点"不是必需的,但是一个作业中最多只可存在一个"终点";线型为终点时,半径为主点在小桩号一侧的曲率半径。

2)交点法

交点法是指用线路的交点信息来描述整条道路,交点法适用于所有交点都是对称的线型,并且线路的起点和终点必须位于直线段或其端点(ZH、HZ、ZY、YZ 等),交点对称是指该交点对应的两条切线等长。

(1)在[选择平面定线模型]中,按软功能键[F2]或数字键[2],进入[查看平面定线—交点法]对话框(见图 8-25)。

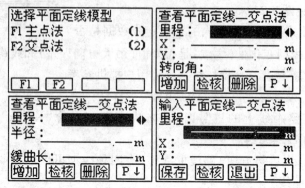

图 8-25

(2)在[查看平面定线—交点法]中,只可以浏览和删除已经存在的线路交点,所有各项均不可编辑。按软功能键[F3](删除),将删除当前显示的交点以及大于当前交点里程的所有交点。

☞与主点法不同,在这里按删除按钮,有可能删除多个交点。

(3)在[查看平面定线—交点法]中,按软功能键[F4]翻页,可以查看交点的半径、缓和曲线长等信息。

(4)如需输入新的交点,按软功能键[F1](增加),进入[输入平面定线—交点法]对话框。该对话框有两页。第一页可以输入交点的里程、坐标,第二页可以输入交点的转向角、半径、缓和曲线长等数据。

(5)按软功能键[F1](保存),保存输入的交点信息;如需查看交点数据,按固定键[ESC],返回到[查看平面定线—交点法]对话框;如需结束对主点数据的操作,按软功能键[F3](退出),返回到[道路放样—路线定义]对话框(见图 8-26)。

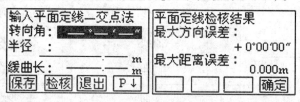

图 8-26

(6)在[查看平面定线—交点法]或[输入平面定线—交点法]对话框中,按软功能键[F2](检核),弹出[平面定线检核结果]对话框,仪器将显示最大方向误差和最大距离误差。

字段说明:

里程:主点在道路中线上的桩号;输入格式中不能包含"K""k""+"等字符,如 K2 + 224.224 应输为 2224.224。

X:主点的纵坐标。

Y:主点的横坐标。

转向角:线路在该交点处的转角(线路起点和终点的转向角输入"0")。

半径:交点对应圆曲线的曲率半径;线路左转时半径为负,右转时为正;线路起(终)点处的曲率半径必须输入 99999999.999 或 –99999999.999。

缓曲长:交点对应的缓和曲线长度,如果没有缓和曲线则输入"0"。

☞交点法输入数据时,必须按交点的里程依次(由小到大)输入,并且第一个交点和最后一个交点必须位于道路中线的直线段上(可以是 ZY、ZH、YZ 或 HZ 点)。

☞主点法输入数据时,可以不按照主点的里程依次输入,但最终不能有遗漏的主点;建议按照里程大小依次输入,以便于查看、核对。

☞以主点形式输入的数据无法以交点的形式查看和编辑,即以主点形式输入完毕后不能再以交点形式输入;以交点形式输入的数据可以以主点形式查看、添加,但不可以删除。

☞受转角精度影响,由交点数据转换出的主点数据可能会有一定误差。

☞无论采用主点法还是交点法,都至少需要输入两条有效的记录(两个有效的主点或交点)才可以进行正常的检核、放样和测量。

☞建议使用主点法输入数据,使用桌面工具直接将平面定线数据上传至仪器,直接上传的平面定线数据无法以交点的形式查看和编辑。

☞无论是主点法还是交点法,最大里程都不得大于 4 294 000.000 m,即线路中的最大里程不得大于 K4294 + 000.000 m。

☞平面定线检核所需的时间与输入的主点个数有关,主点越多,检核所需的时间越长;如果最大距离误差为"9999.999 m",表明输入的平面定线数据有明显错误。

8.3.4.4 放样测量

放样测量主要用来实现线路的中边桩放样、纵横断面测量。

1. 启动

在[道路放样—主菜单]中,按软功能键[F2]或数字键[2],进入[道路放样—放样测量]对话框(见图 8-27)。

2. 中边桩放样

(1)在[道路放样—放样测量]中,按软功能键[F1]或数字键[1],进入[中边桩放样]对话框,该对话框共有 6 页。

(2)放样开始之前,首先根据需要在[中边桩放样]6/6 页设置桩间距、偏移量和偏向角。

(3)第 1 页屏幕显示里程和棱镜高。仪器默认里程从软件计算的第一点开始,若要从某一个点(可以是任意里程的点)开始,请输入该点的里程,放完该点后,按[F2](记录)键,里程自动按桩间距累加,并显示下一点的里程。测量之前请输入正确的棱镜高。

☞按软功能键[F3](坐标),仪器将显示该里程的坐标值,阅读完后按[F1](退出)键。

(4)第 2 页屏幕显示里程和方向角。水平方向转动仪器,当方向角值显示为 0°00′00″

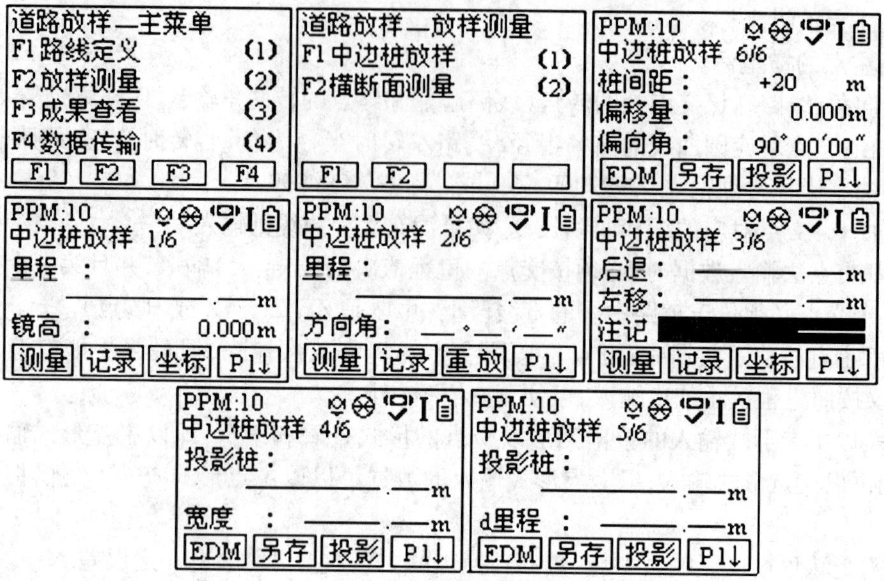

道路放样—主菜单
F1 路线定义　　　(1)
F2 放样测量　　　(2)
F3 成果查看　　　(3)
F4 数据传输　　　(4)
[F1] [F2] [F3] [F4]

道路放样—放样测量
F1 中边桩放样　　(1)
F2 横断面测量　　(2)
[F1] [F2]

PPM:10
中边桩放样　6/6
桩间距：　　　+20　　m
偏移量：　　0.000m
偏向角：　90°00′00″
[EDM] [另存] [投影] [P1↓]

PPM:10
中边桩放样　1/6
里程：
　　　　　　　．——m
镜高：　　　0.000m
[测量] [记录] [坐标] [P1↓]

PPM:10
中边桩放样　2/6
里程：
　　　　　　　．——m
方向角：　——°——′——″
[测量] [记录] [重放] [P1↓]

PPM:10
中边桩放样　3/6
后退：　　　．——m
左移：　　　．——m
注记 ████████████
[测量] [记录] [坐标] [P1↓]

PPM:10
中边桩放样　4/6
投影桩：
　　　　　　　．——m
宽度：　　　．——m
[EDM] [另存] [投影] [P1↓]

PPM:10
中边桩放样　5/6
投影桩：
　　　　　　　．——m
d里程：　　　．——m
[EDM] [另存] [投影] [P1↓]

图 8-27

时,便指向待放样点。

(5)第3页屏幕显示后退和左移。按[F1](测量)键,测量完毕仪器显示前后左右移动的距离值,当这两个值均为0时,该点即为拟放样的里程点。

(6)第4页屏幕显示投影桩和宽度。其含义参见字段说明。

(7)第5页屏幕显示投影桩和d里程。其含义参见字段说明。

字段说明:

里程:待放样点对应的桩号;输入格式中不能包含"K""k"" +"等字符,如K2+224.224应输为2224.224。

镜高:测量之前需输入棱镜的正确高度。

方向角:当前的视准轴方向与理论方向(指向待放样点)之间的夹角;当该值显示为0°00′00″时,便指向待放样点。

后退:以棱镜员面向仪器的方向作为参考方向,如果该值为正值,棱镜员远离仪器,反之靠近仪器。

左移:以棱镜员面向仪器的方向作为参考方向,如果该值为正值,棱镜员向自己的左侧移动,反之向自己的右侧移动。

投影桩:当前测点投影到线路中线上对应的桩号。

宽度:当前测点偏离中线的距离。

d里程(里程差):投影桩与里程之差。

桩间距:放样时的里程增量,从大桩号向小桩号放样时该值为负。

偏移量:待放样点与其对应中线里程处的距离(不一定是待放样点到中线的垂直距离),该值为0时,表示放样中桩,该值为负值时,表示放样左(边)桩,否则表示放样右(边)桩。

偏向角:待放样点对应中线里程处与待放样点连线和线路中线的夹角$(0 \sim \pi)$,放样与线路非正交交叉的特殊点位(如桥墩)和边桩时,该字段十分必要。

桩间距、偏移量和偏向角的具体含义见图8-28。

图 8-28

按键说明:

测量:测量距离和角度。

记录:保存放样结果,并将桩号按桩间距递增。

重放:将桩号按桩间距递减。

坐标:进入[放样点坐标]对话框,查看待放样点的设计坐标。

EDM:切换到[EDM 设置]对话框。

另存:将当前测点存为控制点,点名为当前里程。

投影:将里程设置为当前投影桩,在进行地形、地物加桩放样时,该功能十分有用。

☞中边桩放样时,应确保偏移量、偏向角、桩间距设置正确。放样中桩时,偏移量输入0;放样左边桩时,偏移量输入负值;放样右边桩时,偏移量输入正值。

☞随着平面定线主点数据的增多,中边桩放样时某些环节的运行速度可能会有所降低。

☞中桩放样结果可作为纵断面测量成果,因此仪器高和棱镜高必须正确设置。

3.横断面测量

(1)在[道路放样—放样测量]中,按软功能键[F2]或数字键[2],进入[横断面测量]对话框(见图8-29)。

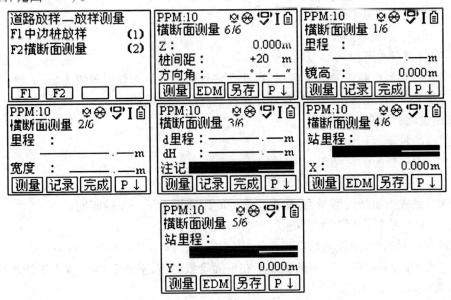

图 8-29

(2)横断面测量开始之前,首先根据需要在[横断面测量]6/6页正确设置桩间距。第6页屏幕显示Z坐标、桩间距和方向角。Z为当前测点的高程;桩间距为测量横断面时的里程增量;方向角为当前的视准轴方向与线路在测站点对应里程处法线的夹角。

（3）第1页屏幕显示里程和镜高。仪器默认里程从软件计算的第一点开始,若要从另一个点开始,请输入该点的里程,测完该里程横断面后,按[F3]（完成）键,里程自动按桩间距累加,并显示下一点的里程。测量之前请输入正确的棱镜高度。

（4）第2页屏幕显示里程和宽度。宽度为当前测点偏离中线的距离。

（5）第3页屏幕显示d里程和dH。d里程为当前测点对应里程与指定里程之差在当前边线上的投影,当前测点对应的里程大于指定里程时该值为正,否则为负,棱镜员可根据该字段值移动棱镜到指定断面;dH为当前测点相对前一个测点的高差。

（6）第4页屏幕显示站里程和X坐标。站里程为当前测站点对应的桩号;X为当前测点的纵坐标。

（7）第5页屏幕显示站里程和Y坐标。站里程含义同前,Y为当前测点的横坐标。

字段说明:

里程:待测横断面对应桩号。

镜高:测量之前需输入棱镜的正确高度。

宽度:当前测点偏离中线的距离。

d里程:当前测点对应里程与指定里程之差在当前边线上的投影,当前测点对应的里程大于指定里程时该值为正,否则为负,棱镜员可根据该字段值移动棱镜到指定断面。

高差:当前测点相对前一个测点的高差。

方向角:当前的视准轴方向与线路在测站点对应里程处法线的夹角,如果要测量测站所在的断面,请将该角度调整到0°或180°。

站里程:当前测站点对应的桩号（另存时,可将该字段作为点号）。

X:当前测点的纵坐标。

Y:当前测点的横坐标。

Z:当前测点的高程。

桩间距:测量横断面时的里程增量,从大桩号向小桩号作业时该值为负。

注记:另存为控制点时使用,对待存储控制点的简单描述。

按键说明:

测量:测量距离和角度。

记录:保存当前测量结果。

EDM:切换到[EDM设置]对话框。

完成:完成当前断面测量,并将里程按桩间距递增至下一个横断面。

另存:将当前测点保存为控制点,点名为站里程。

☞放样测量时,如果测站高程未知,则测站高程默认为-9999.000 m。

☞横断面测量时,如果当前测点不在平面定线的控制范围之内,就无法计算出有效的宽度和里程差,因此该测点就无法保存。

8.3.4.5　成果查看

实现对中边桩放样成果及横断面测量成果的查看;各项成果只可以查看和删除,不允许编辑和修改。

1. 启动

在[道路放样—主菜单]对话框中,按软功能键[F3]或数字键[3],进入[道路放样—成果查看]对话框(见图 8-30)。

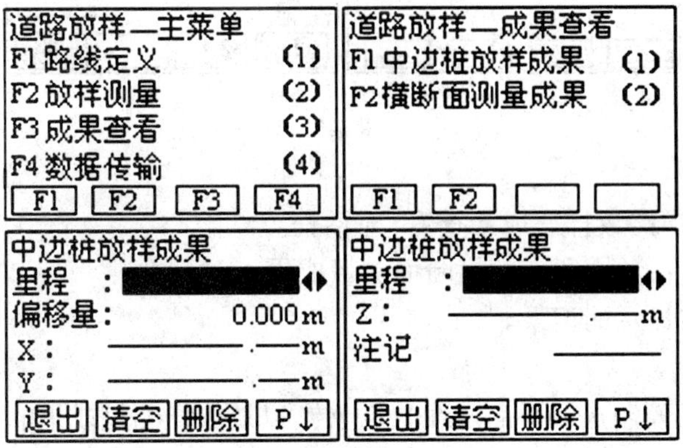

图 8-30

2. 中边桩放样成果

(1)在[道路放样—成果查看]对话框中,按软功能键[F1]或数字键[1],进入[中边桩放样成果]对话框。

(2)第 1 页屏幕显示里程、偏移量、纵坐标 X、横坐标 Y。

(3)第 2 页屏幕显示里程和 Z 坐标(即高程)。

字段说明:

里程:指定的放样点里程。

偏移量:指定的放样点偏离道路中线的距离,即[中边桩放样]时的偏移量。

X:实测点的纵坐标。

Y:实测点的横坐标。

Z:实测点的高程。

按键说明:

退出:返回到[道路放样—成果查看]对话框。

清空:删除当前作业中所有的中边桩放样成果。

删除:删除当前显示的记录。

3. 横断面测量成果

(1)在[道路放样—成果查看]对话框中,按软功能键[F2]或数字键[2],进入[横断面测量成果]对话框(见图 8-31)。

(2)屏幕显示里程、宽度、高程、注记。

字段说明:

里程:横断面所对应的里程。

宽度:断面点偏离中线的距离。

高程:该测点的实际高程。

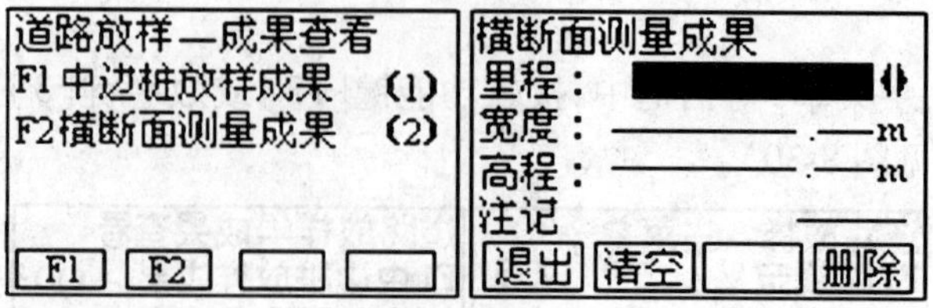

```
道路放样—成果查看          横断面测量成果
F1 中边桩放样成果    (1)   里程：███████████◀▶
F2 横断面测量成果    (2)   宽度：_____.__m
                          高程：_____.__m
                          注记_____
 F1   F2          ┃ 退出 清空      删除
```

图 8-31

按键说明：

退出：返回到[道路放样—成果查看]对话框。

清空：删除当前作业中所有的横断面测量成果。

删除：删除当前显示的记录。

8.3.4.6 数据传输

实现已知数据(控制点和平面定线)的上传，以及放样测量成果的下载。

1. 启动

在[道路放样—主菜单]中，按软功能键[F4]或数字键

图 8-32

[4]，进入[道路放样—数据传输]对话框(见图 8-32)。

2. 数据传输

传输类型分为两种：上传，即将数据从 PC 机传至全站仪，该操作仅适用于已知数据(控制点和平面定线)；下载，即将数据从全站仪传至 PC 机，该操作适用于所有类型的数据。

数据类型分为四种：控制点、平面定线、放样结果和横断面。

替换模式分为两种：完全，即删除当前作业中已存在的所有同类型数据；否，即不删除已存在的同类型数据。

☞选择上传时，替换模式只能是完全，建议在上传之前先将原有数据下载下来作为备份；选择下载时替换模式只能是否。

3. 桌面工具及操作步骤

桌面工具主要用来实现 PC 机与全站仪之间的数据传输。桌面工具的数据传输界面如图 8-33 和图 8-34 所示。桌面工具软件可由用户向中纬公司申请索取。

(1)通过串口线将全站仪与 PC 机连接，运行桌面工具。

(2)点击"打开串口"，配置并打开 PC 机端口。

(3)分别在 TPS(全站仪)端和 PC 端设置传输类型(上传、下载或发送、接收)和数据类型(控制点、平面定线、放样结果、横断面等)，并保证两端设置一致。

(4)PC 端设置完毕后，在 TPS(全站仪)端按[F4](确认)开始传输。

☞必须保证 TPS 端和 PC 端的通信参数完全一致；必须保证两端的传输类型一致(上传—发送；下载—接收)；必须保证两端的数据类型一致。

☞上传数据时，首先通过"浏览…"按钮选中待上传的数据文件，然后点击"发送数据"按钮，最后在 TPS 端按[F4](确认)即可。

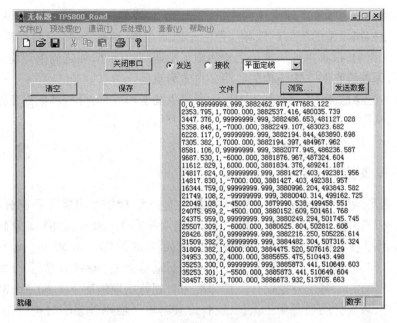

图 8-33　桌面工具的数据传输界面 1

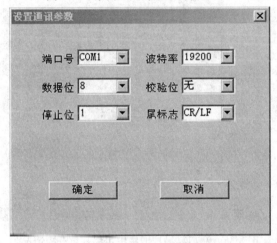

图 8-34　桌面工具的数据传输界面 2

8.4　全站仪在基坑水平位移监测中的应用

近年来,随着我国城市化的快速发展,城市地面空间日趋紧张,三维城市空间越来越多地被人们开发利用,于是,出现了越来越多的深基坑开挖。在基坑开挖的施工过程中,基坑内外的土体将由原来的静止土压力状态向被动和主动土压力状态转变,应力状态的改变引起围护结构承受荷载并导致围护结构和土体的变形,围护结构的内力和变形中的任一量值超过容许的范围,将造成基坑的失稳破坏或对周围环境造成不利影响。深基坑开挖工程往往在建筑密集的市中心,施工场地四周有建筑物和地下管线,基坑开挖所引起的土体变形将在一定程度上改变这些建筑物和地下管线的正常状态,当土体变形过大时,会造成邻近结构和设施的失效或破坏。但由于地质条件、荷载条件、材料性质、施工条件等复杂因素的影响,很难单纯从理论上预测施工中遇到的问题,加之周围环境对基坑变形的严格要求,深基坑临时支护结构的监测显得尤为重要。

在深基坑位移监测中,合理利用观测时所采集的变形数据,分析和把握变形体的变形特征和规律,从而对其变形趋势做出预测,即是变形监测的目的。

下面对一具体案例进行说明。

8.4.1 工程概况

拟建工程场地位于海南省海口市,本期基坑支护为7#楼及附属商业部分地下室,设计地下室为一层。本工程设计 ±0.000 相当于绝对标高 3.600 m(1985 国家高程基准),现状场地较为平整,基坑支护设计时按现场地面标高 3.00～3.50 m(施工相对标高 -0.10～-0.60 m)起计,基坑开挖底面定在地下室承台底标高(含垫层),相对标高为 -1.700～-7.050 m,基坑开挖设计支护深度为自现状场地地面下 1.60～6.85 m。设计采用放坡开挖,坡面挂网喷混凝土保护,坡脚设置木桩及堆码砂袋临时护脚,本工程基坑施工情况参见图 8-35。

图 8-35　海口某经济适用房工程基坑开挖情况

8.4.1.1　仪器使用

针对此基坑,采用苏州一光 RTS312L 全站仪进行基坑水平位移监测。苏州一光 RTS312L 全站仪采用全新设计的支架,外形紧凑美观、结构稳定,操作设置更趋合理。它采用了全新的测距技术,测距速度快,测距精度为 $\pm(2\ \text{mm} + 2 \times 10^{-6}D)$,距离最小显示精确到 0.2 mm;测角精度为 $\pm 2''$,最小读数为 $1''$。

8.4.1.2　水平位移监测布点

基坑位移监测是在岩土开挖施工及建成运行过程中,用科学仪器、设备和手段对支护结构的位移进行的动态观测。基坑开挖期间对周边环境影响范围一般在 2 倍的基坑开挖深度。本工程主要采用相对测量的方法,在远离施工区(大于 3 倍基坑开挖深度)的稳定区域设立 3 个基准点,基准点均采用 100 cm 长,直径 14 mm 的钢钎嵌入地面,并采用砖混结构围护,编号分别为 J1、J2、J3。在工地南侧某三层框架结构已有建筑屋面上设立工作基点,编号为 G01、G02,在这两个工作基点上可以俯视观测全部观测点。工作基点与基准点构成变形监测的首级网,用来测量工作基点相对于基准点的变形量。由于这种变形量较小,所以要求监测精度高,复测间隔时间长,本工程 3~4 个月复测一次。根据现场实际情况,本基坑支护结构顶部水平位移观测点共布置 22 个水平位移点,编号分别为 CD1~CD22。水平位移监测点的布置情况如图 8-36 所示。

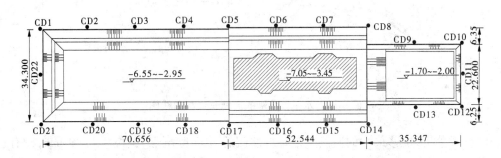

图 8-36　水平位移监测点布置图　(单位:m)

8.4.2　位移监测方法

根据场地情况,建立独立坐标系(各观测点在此坐标系下的坐标值应能直观地反映基坑周边的位移情况),用全站仪在各工作基点上分别设站,测得各监测点的角度和边长,每测站各观测 2 个测回,采用极坐标法求得各观测点在本坐标系下的坐标值,计算各观测时段各观测点的位移量。

在监测过程中,根据规范的要求,针对此基坑,基坑开挖时,每隔 5 天监测 次;基坑开挖到坑底至底板浇筑竣毕达到混凝土设计强度期间,加密观测,每 3 天监测 1 次,如出现异常或险情,增加监测频率,以确保基坑开挖的安全。底板混凝土达到设计强度后,每隔 5~10 天监测一次,直至施工至 ±0.000。

8.4.3　观测数据处理及分析

每次监测工作完成后,对各项测试数据用微机进行计算分析,及时将有关监测数据及相应图表打印送交有关各方(业主、监理、施工单位)以判断基坑及周边建筑的安全性。当监测的变形值达到最大允许变形值的 80% 时,应当向相关单位发出预警;当监测结果超出最大变形允许值时,应发出警报,并视情况增加监测频率。基坑监测结束后,对所测资料进行全面的综合计算分析,提交基坑监测成果报告。经过对此基坑的 24 期位移监测数据进行处理,得到如图 8-37 所示的部分有代表性位置监测点在 5 个月内的时间—位移曲线图。

8.4.4　结论

苏州一光 RTS312L 全站仪的精度较高,完全满足在基坑监测中的应用要求。如前所述,利用苏州一光 RTS312L 全站仪对海口此工程进行了基坑水平位移监测,通过对测量

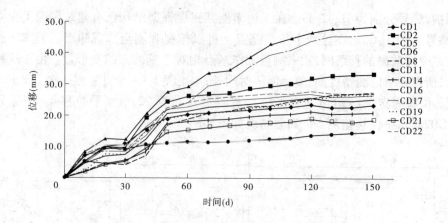

图 8-37　水平位移观测时间—位移曲线图

数据的整理分析,位移最大的监测点是基坑北侧的 CD5 监测点,其位移为 49 mm,没有达到报警值,确保了基坑的安全。通过对基坑的跟踪监测,可以确认基坑的安全程度,使施工可以放心、安全地顺利进行。事实表明,全站仪可以准确、有效地测量基坑的水平位移,对于基坑的位移监测起到至关重要的作用。

8.5　数字水准仪在基坑垂直位移监测中的应用

近年来,基坑工程逐步向信息化施工的方向发展,为了保证工程可以顺利、安全地进行,在基坑开挖及结构构筑期间开展严密的施工监测是很有必要的。沉降监测是现代基坑监测的一项重要工作,按规范要求,应按二等水准测量的方法施测。在基坑沉降监测中主要使用精密水准仪对基坑进行沉降监测,精密水准仪包括精密光学水准仪和精密数字水准仪。现今,为了减小读数误差和提高作业速度,广泛采用精密数字水准仪进行基坑沉降监测。

8.5.1　工程概况

这里叙述的工程实例与 8.4 节为同一工程,参见 8.4.1 小节。

8.5.2　监测方案与要点

8.5.2.1　仪器选择

针对此基坑,采用苏州一光 EL302A 数字水准仪进行基坑沉降位移监测。EL302A 数字水准仪采用新的软件设计,对线路测量进行了优化,严格按照等级测量规范流程进行测量,使水准测量工作简单、高效。高程测量精度:电子读数的精度为 ±0.7 mm/km,此精度满足基坑的沉降监测要求。

8.5.2.2　垂直位移监测布点

基坑开挖期间对周边环境影响范围一般在 2 倍的基坑开挖深度。本工程主要采取相对测量的方法,在远离施工区(大于 3 倍基坑开挖深度)的稳定区域设立 3 个水准基点,3 个基准点间距大于 30 m,基准点宜选在带基础的建筑物底部或坚实的空旷区域,由这 3 个基准点构成水准测量控制网,必要时可与业主单位提供的已知水准高程点进行联测,确定其绝对高程。水准测量控制网每 3 个月左右复测一次,以监测基准点的稳定情况。

为了保证沉降观测的精度,在布设水准线路时,按照工程测量规范的要求,二等水准视距不超过 50 m,前后视的距离较差不超过 1 m,前后视的距离较差累积值不超过 3 m,视线离地面最低高度应大于 0.5 m。施测前,先量距确定架站和立尺的位置并做好标记。水准线路尽量布设成闭合水准路线,亦可布设成附合线路,注意水准线路的总的测站数应布设成偶数。水准观测时间尽量选择在上午温差变化小、成像稳定的时段进行,在阳光下测量必须撑伞。各期线路测量时尽可能固定测站位置和水准线路。

根据现场实际情况,本基坑支护结构顶部沉降位移监测点共布置 22 个沉降位移点,如图 8-38 所示,这些点与基准点 J1 组成闭合的二等水准路线。

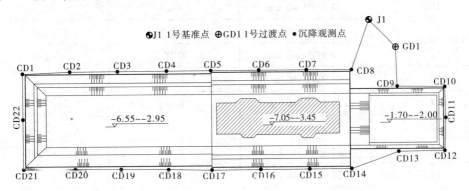

图 8-38 垂直位移水准路线图 (单位:m)

8.5.2.3 监测要点

(1)监测前应使仪器适应环境温度 5 ~ 10 min;读数时应该有足够的时间等待补偿器稳定。

(2)阳光较强烈时,应使用测伞遮蔽阳光。

(3)当测量现场有震动时,须在震动消失后才能进行测量。

(4)采用正确的观测顺序:奇数站为"后—前—前—后";偶数站为"前—后—后—前";同时需注意总的测站数为偶数。

8.5.3 观测数据处理及分析

根据对 23 次监测结果的数据处理,其沉降量及闭合差均满足相关规范的要求。各期观测的计算结果列于表 8-11 中,图 8-39 为部分有代表性位置监测点在 5 个月内的时间—位移曲线图。

表 8-11　各期水准路线误差

观测次数	测站数/千米数	实测闭合差(mm)	允许闭合差 ±4$\sqrt{L}$ (mm)
1	24 站/0.46 km	0.8	±2.71
2	24 站/0.46 km	−0.6	±2.71
3	24 站/0.46 km	1.1	±2.71
4	24 站/0.46 km	−1.3	±2.71
5	24 站/0.46 km	−0.7	±2.71
6	24 站/0.46 km	−0.4	±2.71
7	24 站/0.46 km	0.2	±2.71
8	24 站/0.46 km	0.4	±2.71
9	24 站/0.46 km	−0.9	±2.71
10	24 站/0.46 km	−0.3	±2.71
11	24 站/0.46 km	−0.6	±2.71
12	24 站/0.46 km	0.2	±2.71
13	24 站/0.46 km	−0.7	±2.71
14	24 站/0.46 km	0.9	±2.71
15	24 站/0.46 km	0.7	±2.71
16	24 站/0.46 km	0.6	±2.71
17	24 站/0.46 km	0.4	±2.71
18	24 站/0.46 km	0.5	±2.71
19	24 站/0.46 km	−0.8	±2.71
20	24 站/0.46 km	−0.3	±2.71
21	24 站/0.46 km	−0.7	±2.71
22	24 站/0.46 km	0.4	±2.71
23	24 站/0.46 km	−0.6	±2.71

从表 8-11 中可以统计得出:最小闭合差 0.2 mm,为允许闭合差的 7%,最大闭合差 −1.3 mm,为允许闭合差的 48%。小于 1/3 限差闭合差个数是 21 个,百分比为 91.3%;小于 1/2 限差闭合差个数是 23 个,百分比为 100%。

水准测量结束后,应按式(5-5)计算每千米水准测量高差全中误差。根据 23 期观测结果计算出 $M_W = ±1.0$ mm,$M_W = ±1.0$ mm $< ±2.0$ mm,即实测每千米水准测量高差全中误差是限差的 50%。

闭合差和每千米水准测量高差全中误差指标远远小于相应规范所规定的允许误差,这充分说明了苏州一光 EL302A 数字水准仪精度的可靠性和稳定性,同时也说明了

EL302A 数字水准仪用于沉降观测等各种高精度测量工作的可行性。

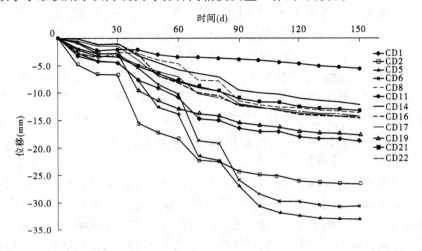

图 8-39　垂直位移观测时间—位移曲线图

8.5.4　结论

在此次基坑监测中,使用苏州一光 EL302A 数字水准仪对基坑的沉降进行了跟踪监测,确保了施工的顺利进行。苏州一光 EL302A 数字水准仪表现出了精度高、稳定性好、测量方便等优点,非常适合基坑的沉降监测。

8.6　全站仪使用注意事项、保养与维护

8.6.1　全站仪使用中应注意的问题

全站仪与传统的测量仪器相比具有很多优点,但在使用过程中,人们往往过分地依赖和信任它,并用传统的测量方式及习惯理解它,常常出现概念和操作错误;实质上它完全是按人们预置的作业程序、功能和参数设置进行工作的,在全站仪的使用中应注意如下几个问题。

8.6.1.1　全站仪的测量功能

全站仪是由测距仪、电子经纬仪、电子补偿器、微处理机组合的一个整体。测量功能可分为基本测量功能和程序测量功能。基本测量功能包括电子测距、电子测角(水平角、垂直角);程序测量功能包括水平距离和高差的切换显示、三维坐标测量、对边测量、放样测量、偏心测量、后方交会测量、面积计算等。应特别注意的是,只要开机,电子测角系统即开始工作并实时显示观测数据,其他测量功能只是测距及数据处理。全站仪的程序测量功能均为单镜位(盘左或盘右)观测数据或计算数据。在地形测量和一般工程测量、施工放样测量中精度已足够,但在等级测量中仍需要按规范要求进行观测、检核、记录、平差计算等。

8.6.1.2　全站仪的观测数据

全站仪尽管生产厂家、型号繁多，但其功能大同小异，原始观测数据只有斜距 SD、水平方向值 HR、天顶距 VZ。电子补偿器检测的是仪器垂直轴倾斜在 X 轴（视准轴方向）和 Y 轴（水平轴方向）上的分量，并通过程序计算自动改正由于垂直轴倾斜对水平角和垂直角的影响。所以，全站仪的观测数据为水平角、垂直角、倾斜距离，其他测量方式实际上都是由这三个原始观测数据通过内置程序间接计算并显示出来的。应特别注意的是，所有观测数据和计算数据都只是半个测回的数据，因此在等级测量中不能用内存功能，手工记录水平角、垂直角、倾斜距离这三个原始数据是十分必要的。

8.6.1.3　全站仪的度盘配置

光学经纬仪在进行等级测量时，为了消除度盘的分划误差，各测回之间需要进行度盘配置。因为光学仪器度盘上的分划是固定的，每一角度值在度盘上的位置固定不变。而电子仪器由于采用的是电子度盘，每一度盘的位置可以设置为不同的角度值。如仪器照准某一后视方向设置为 0°，顺时针转动 30°，显示角度为 30°；再次照准同一个后视方向设置为 30°，再顺时针转动 30°，则显示角度变为 60°，而电子度盘的位置实际上并未改变。所以，使用时应注意，只要仪器在不同的测站点对中、整平后，对应电子度盘的位置已经固定，即使后视角度设置不同，角度值并不固定地对应度盘上某个位置，测量时也无须进行度盘配置。

8.6.1.4　全站仪的正、倒镜观测

在角度测量中，光学经纬仪采用正、倒镜的观测方法可以消除仪器的视准轴误差、横轴倾斜误差、度盘偏心差、竖盘指标差。全站仪虽然具有自动补偿改正功能，视准轴误差和竖盘指标差也可通过仪器检验后的参数预置自动改正，但在不同的观测条件下，预置参数可能会发生变化导致改正数出现错误。另外，仪器自动改正后的残余误差也会给观测结果带来影响。所以，在等级测量中，仍需要正、倒镜观测，同样需要做记录、检核。

8.6.1.5　全站仪的左、右角观测

光学经纬仪的水平度盘刻度是顺时针刻划的，无论照准部顺时针转动还是逆时针转动，观测的角度均为右角。全站仪的右角观测是指仪器的水平度盘在照准部顺时针转动时水平角增加，逆时针转动时水平角减小；左角观测是指仪器的水平度盘在照准部逆时针转动时水平角增加，顺时针转动时水平角减小。电子度盘的刻度可根据需要设置左、右角观测（一般为右角）。

同一目标点的左角和右角的关系是：HR + HL = 360°。如某一点的右角水平方向值 HR = 30°，当设置为左角显示时，该点的 HL = 330°。在绝大多数测量情况下，水平角必须设置为右角 HR 模式，因为右角模式与方位角的定义一致。只有在需要设置为左角 HL 时才能使用左角模式，如向左转动一定的角度，再测设一定的距离来放样某点的平面位置。在坐标测量、数据采集、放样、程序测量时，必须使用右角 HR 模式，否则测量必定出错。

8.6.1.6　全站仪的放样功能

全站仪显示的度盘读数中已经对仪器的三轴误差影响进行了自动改正，因此在放样时需要特别注意。例如，放样一条直线时，不能采取与传统光学经纬仪相同的方法（只纵

向转动望远镜),而应采取旋转照准部180°的方法测设;放样一条竖线时,应使用水平微动螺旋使水平角度显示的读数完全一致,而不能只简单地转动望远镜。因为望远镜的水平方向和垂直方向不同,补偿改正数的大小也不同。使用距离和角度放样测量、坐标放样测量时,注意输入测站点坐标、后视点坐标后再对后视点坐标进行一次确认,并将测量后视点坐标与已知后视点坐标进行检核。

8.6.1.7　全站仪的补偿功能

仪器误差对测角精度的影响主要是由于仪器三轴之间关系的不正确造成的。光学经纬仪主要是通过对三轴之间关系的检验校正来减少仪器误差对测角精度的影响;而全站仪则主要是通过补偿改正实现的。先进的全站仪已实现了三轴补偿功能,三轴补偿的全站仪是在双轴补偿器的基础上,用机内计算软件来改正因横轴误差和视准轴误差对水平度盘读数的影响。即使照准部水平方向固定,只要上下转动望远镜水平度盘的显示读数仍会有较大的变化,而且与垂直角的大小、正负有关。

8.6.1.8　全站仪的电子整平

当 X、Y 方向的倾斜均为零时,从理论上讲,当照准部水平方向固定上下转动望远镜时,水平度盘读数就不会发生变化。但有些仪器在进行上述操作后水平度盘读数仍会发生变化,这是因为全站仪补偿器有零位误差存在。所以,在使用时应注意对补偿器进行零位误差的检验和校正,电子气泡的居中必须以长水准气泡的检验校正为准,先检验长水准气泡,后检验电子气泡。

8.6.1.9　全站仪的坐标显示

全站仪的坐标显示有两种设置方式,即 N、E、Z 和 E、N、Z。测量常用的坐标表示为 X、Y、H,与 N、E、Z 相同,如果设置错误就会造成测量结果的错误。在设置坐标显示为 E、N、Z 时,坐标应按 Y、X、H 输入,如果还按 X、Y、H 来输入,测量必然出错。

8.6.1.10　全站仪的存储器

全站仪的存储器分为内部和外部两种。内部存储器是全站仪整体的一个部分,而电子记录簿、存储卡、便携机则是配套的外围设备。目前,全站仪大多采用内部存储器对所采集的数据进行存储。外业工作结束后应及时传输数据,在数据的初始化前应认真检查所存储的数据是否已经导出,确认无误后方可进行。使用数据存储虽然省去了记录的麻烦,避免了记录错误,但存储器不能进行各项限差的检核,因此等级测量中不应使用存储器记录,仍需人工记录、检核。

当全站仪设置为外部存储器时,仪器在数据采集下测量的点的信息将通过数据线传输给外围设备,在仪器的内部存储器中是没有数据的。因此,当测量完毕在仪器的内存中找不到数据时,请检查仪器存储器的设置是否正确。

8.6.1.11　全站仪的误操作

全站仪在操作过程中难免发生错误,无论在何种情况下发生误操作均可回到基本测量模式,再进入相应的测量模式进行正确操作。

以上问题,在测量过程中只要观测者认真、仔细观察仪器的工作状态和数据显示内容,就可以及时发现错误和避免错误发生。所以,只有掌握全站仪的工作原理、熟悉操作步骤、明确测量功能、合理设置仪器参数、正确选择测量模式,才能真正充分发挥全站仪在测量工作中的优势。

8.6.2 全站仪的保养与维护

8.6.2.1 全站仪保管的注意事项

（1）仪器的保管由专人负责，每天现场使用完毕带回办公室，不得放在现场工具箱内。全站仪最好存放在常温的环境中，不要存放在空调房里。

（2）仪器箱内应保持干燥，要防潮防水并及时更换干燥剂。仪器必须放置在专门架上或固定位置。

（3）仪器长期不用时，应一个月左右定期取出通风防霉并通电驱潮，以保持仪器良好的工作状态。

（4）仪器放置要整齐，不得倒置。

8.6.2.2 使用操作的注意事项

（1）开工前应检查仪器箱背带及提手是否牢固。

（2）开箱后提取仪器前，要看准仪器在箱内放置的方式和位置。装卸仪器时，必须握住提手。将仪器从仪器箱取出或装入仪器箱时，请握住仪器提手和底座，不可握住显示单元的下部。切不可拿仪器的镜筒，否则会影响内部固定部件，从而降低仪器的精度。应握住仪器的基座部分，或双手握住望远镜支架的下部。仪器用毕，先盖上物镜罩，并擦去表面的灰尘。装箱时各部位要放置妥帖，合上箱盖时应无障碍。

（3）在太阳光照射下使用仪器，应给仪器打伞，并戴上遮阳罩，以免影响观测精度。在杂乱环境下测量，仪器要有专人守护。当仪器架设在光滑的表面时，要用细绳（或细铅丝）将三脚架三个脚联起来，以防滑倒。

（4）当架设仪器在三脚架上时，尽可能用木制三脚架，因为使用金属三脚架可能会产生振动，从而影响测量精度。

（5）当测站之间距离较远时，搬站时应将仪器卸下，装箱后背着走。行走前要检查仪器箱是否锁好，检查安全带是否系好。当测站之间距离较近时，搬站时可将仪器连同三脚架一起靠在肩上，但仪器要尽量保持直立放置。

（6）搬站之前，应检查仪器与脚架的连接是否牢固，搬运时，应把制动螺旋略微锁紧，使仪器在搬站过程中不致晃动。

（7）仪器任何部分发生故障，不能勉强使用，应立即检修，否则会加剧仪器的损坏程度。

（8）光学元件应保持清洁，如沾染灰沙必须用毛刷或柔软的擦镜纸擦掉。禁止用手指抚摸仪器的任何光学元件表面。清洁仪器透镜表面时，请先用干净的毛刷扫去灰尘，再用干净的脱脂棉蘸酒精由透镜中心向外一圈圈地轻轻擦拭。除去仪器箱上的灰尘时切不可用任何稀释剂或汽油，而应用干净的布块蘸中性洗涤剂擦洗。

（9）在潮湿环境中工作，作业结束，要用软布擦干仪器表面的水分及灰尘后装箱。回到办公室后立即开箱取出仪器放于干燥处，彻底晾干后再装箱内。

（10）冬天室内、室外温差较大时，仪器搬出室外或搬入室内，应隔一段时间后才能开箱。

8.6.2.3 仪器转运的注意事项

（1）首先把仪器装在仪器箱内，再把仪器箱装在专供转运用的木箱内，并在空隙处填以泡沫、海绵、刨花或其他防震物品。装好后将木箱或塑料箱盖子盖好。需要时应用绳子捆扎结实。

（2）无专供转运的木箱或塑料箱的仪器不应托运，应由测量员亲自携带。在整个转运过程中，要做到人不离开仪器，如乘车，应将仪器放在松软物品上面，并用手扶，在颠簸厉害的道路上行驶时，应将仪器抱在怀里。

（3）注意轻拿轻放、放正、不挤不压，无论天气晴雨，均要事先做好防晒、防雨、防震等措施。

8.6.2.4 电池使用的注意事项

全站仪的电池是全站仪最重要的部件之一，现在全站仪所配备的电池一般为 Ni - MH（镍氢电池）或锂电池，电池的好坏、电量的多少决定了外业时间的长短。

（1）建议在电源打开期间不要将电池取出，因为此时存储数据可能会丢失，因此请在电源关闭后再装入或取出电池。

（2）可充电电池可以反复充电使用，但是如果在电池还存有剩余电量的状态下充电，则会缩短电池的工作时间，此时，电池的电压可通过刷新予以复原，从而改善作业时间，充足电的电池放电时间约需 8 h。

（3）不要连续进行充电或放电，否则会损坏电池和充电器，如有必要进行充电或放电，则应在停止充电约 30 min 后再使用充电器。

（4）不要在电池刚充电后就进行充电或放电，有时这样会造成电池损坏。

（5）超过规定的充电时间会缩短电池的使用寿命，应尽量避免。

（6）电池剩余容量显示级别与当前的测量模式有关，在角度测量的模式下，电池剩余容量够用，并不能够保证电池在距离测量模式下也能用，因为距离测量模式耗电高于角度测量模式，当从角度测量模式转换为距离测量模式时，由于电池容量不足，不时会中止测距。

（7）电池长期不用时应每月充电一次。仪器长期不用应至少三个月通电检测一次，防止电子元器件受潮。

总之，只有在日常的工作中，注意全站仪的使用和维护，注意全站仪电池的充放电，才能延长全站仪的使用寿命，使全站仪的功效发挥到最大。

思考题与习题

8.1 什么是数字测图？数字测图有什么特点？

8.2 数字测图的作业模式有哪些？

8.3 什么是地形数据编码？数据编码的内容有哪些？数据编码的原则是什么？主流数据编码方案有哪些？

8.4 试叙述圆形构筑物倾斜度测量的原理与步骤。

8.5 试叙述现代高层民用建筑倾斜度测量的原理与步骤。

8.6 试叙述中纬 ZT20 Pro 系列全站仪道路放样程序的主要功能与特点。

8.7 圆曲线细部点的放样方法有哪些？

8.8 偏角法放样圆曲线细部点的方法有哪两种？哪一种放样的精度高？为什么？

8.9 中纬 ZT20 Pro 系列全站仪道路放样程序中线路定义有哪两种方法？

8.10 缓和曲线常数有哪些？解释其含义并写出其计算公式。

8.11 试叙述如何使用全站仪对基坑作水平位移监测。

8.12 试叙述如何使用数字水准仪对基坑作垂直位移监测。

8.13 全站仪使用中应注意的问题有哪些？

8.14 全站仪的保养与维护应注意哪些问题？

8.15 试叙述圆曲线加缓和曲线的测设原理。

8.16 已知交点 JD 的里程为 11 + 538.50 m，圆曲线的半径 $R = 230$ m，转向角 $\alpha_{右} = 40°$，细部桩间距 $l_0 = 20$ m，试用偏角法计算圆曲线主点及细部点的测设数据。

8.17 在图 8-40 所示曲线中，有关的交点测量坐标及交点里程见表 8-12，在 JD_{32} 处线路转向角 $\alpha_{左} = 29°30'23''$，设计选配半径 $R = 300$ m、缓和曲线长 $l_0 = 70$ m，试计算详细测设曲线时各桩点的测量坐标。

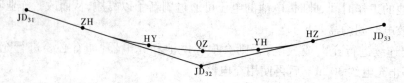

图 8-40

表 8-12 有关的交点测量坐标及交点里程

点名	JD_{31}	JD_{32}	JD_{33}
里程	K52 + 833.140	K53 + 408.720	K54 + 546.810
X	4 357 150.236	4 356 982.241	4 357 233.268
Y	587 040.122	587 596.301	588 710.268

参 考 文 献

[1] 武汉测绘学院控制测量教研室,同济大学大地测量教研室.控制测量学[M].北京:测绘出版社, 1986.

[2] 王侬,过静珺.现代普通测量学[M].2版.北京:清华大学出版社,2009.

[3] 合肥工业大学,重庆建筑大学,天津大学,等.测量学[M].4版.北京:中国建筑工业出版社,1995.

[4] 李天和.工程测量(非测绘类)[M].郑州:黄河水利出版社,2006.

[5] 赵世平.测量实验与实习教程[M].郑州:黄河水利出版社,2008.

[6] 何保喜.全站仪测量技术[M].2版.郑州:黄河水利出版社,2010.

[7] 刘文谷.全站仪测量技术[M].北京:北京理工大学出版社,2014.

[8] 李青岳.工程测量学[M].北京:测绘出版社,1984.

[9] 冯晓,吴斌.现代工程测量仪器应用手册[M].北京:人民交通出版社,2005.

[10] 中国有色金属工业协会.GB 50026—2007 工程测量规范[S].北京:中国计划出版社,2008.

[11] 赵世平,陈奋,肖方.全站仪补偿器的原理与应用[J].海南大学学报:自然科学版,2004,22(2).

[12] 刘经南,叶晓明,杨蜀江.数字电子水准仪原理综述[J].电子测量与仪器学报,2009,23(7).

[13] 魏善明,王文祥,张民,等.Leica TS30 在深基坑位移监测中的应用[J].测绘通报,2014(1).

[14] 张志勇.数字水准仪的原理特点及测量算法综述[J].大坝与安全,2004.

[15] 包宝华,陈星辰,付兵,等.Trimble DiNi12 数字水准仪原理与应用[J].城市勘测,2007(5).

[16] 刘旭春.高精度数字水准仪在沉降监测中的应用[J].测绘通报,2006(1).

[17] 中纬测量系统(武汉)有限公司.中纬全站仪 ZT20 用户手册 V1.0[Z].

[18] 中纬测量系统(武汉)有限公司.中纬数字水准仪 ZDL700 用户手册 V1.0[Z].

[19] 中纬测量系统(武汉)有限公司.道路放样说明书[Z].

[20] 苏州一光仪器有限公司.苏州一光全站仪 RTS310 用户手册[Z].

[21] 苏州一光仪器有限公司.苏州一光数字水准仪 EL302A 用户手册[Z].

[22] 徕卡测量系统有限公司.徕卡全站仪原理[Z].